江苏高校品牌专业建设工程·建筑工程技术专业

建筑材料与检测

主　编　高淑娟　刘淑红　王　倩
副主编　徐永红　郭　妍　杨　曲
参　编　韩美玲　徐开胜

U0250404

南京大学出版社

图书在版编目(CIP)数据

建筑材料与检测/ 高淑娟,刘淑红,王倩主编
. —南京：南京大学出版社，2016.8(2023.1重印)
ISBN 978-7-305-17404-9

Ⅰ．①建… Ⅱ．①高… ②刘… ③王… Ⅲ．①建筑材
料—检测—教材 Ⅳ．①TU502

中国版本图书馆 CIP 数据核字(2016)第 188511 号

出版发行	南京大学出版社	
社　　址	南京市汉口路 22 号	邮　　编　210093
出 版 人	金鑫荣	

书　　名	**建筑材料与检测**	
主　　编	高淑娟　刘淑红　王　倩	
责任编辑	何永国	编辑热线　025-83597482
照　　排	南京开卷文化传媒有限公司	
印　　刷	广东虎彩云印刷有限公司	
开　　本	787×1092　1/16　印张 17.5　字数 404 千	
版　　次	2023 年 1 月第 1 版第 5 次印刷	
ISBN	978-7-305-17404-9	
定　　价	43.00 元	

网　　址	http://www.njupco.com
官方微博	http://weibo.com/njupco
微信服务号	njuyuexue
销售咨询热线	(025)83594756

编　委　会

主　任：袁洪志（常州工程职业技术学院）

副主任：陈年和（江苏建筑职业技术学院）
　　　　汤金华（南通职业大学）
　　　　张苏俊（扬州工业职业技术学院）

委　员：（按姓氏笔画为序）
　　　　马庆华（连云港职业技术学院）
　　　　玉小冰（湖南工程职业技术学院）
　　　　刘如兵（泰州职业技术学院）
　　　　刘　霁（湖南城建职业技术学院）
　　　　汤　进（江苏商贸职业学院）
　　　　李晟文（九州职业技术学院）
　　　　杨建华（江苏城乡建设职业学院）
　　　　何隆权（江西工业贸易职业技术学院）
　　　　徐永红（常州工程职业技术学院）
　　　　常爱萍（湖南交通职业技术学院）

前　言

　　"建筑材料与检测"课程是高职高专土建施工和建设工程管理两大类专业学生必须学习的一门专业基础课。通过学习和训练,学生可以掌握常用建筑材料的基本性能和检测方法,学会阅读标准,学会根据标准规范检测建筑材料性能并判断质量好坏。本书适用于高职高专土建施工和建设工程管理专业的学生使用,也可以作为建筑工程材料专业、建筑装饰材料专业用书。

　　本书以土建施工中常用建筑材料等的产品质量标准、方法标准为蓝本,将材料员、试验员所要求掌握的建筑材料基本知识、建筑材料物理性能及建筑材料检测方法等相关内容有机地融入教材,注重理论与实践的有机结合,文字表达力求准确、浅显易懂,并加大了实践环节的文字篇幅,重视岗位职业能力的培养。本书在编写过程中引用了国家、行业颁布的最新规范和标准,力求反映最新、最先进的技术和知识。

　　本书共分 8 章,第 1 章为建筑材料检测基本知识,主要介绍材料的基本性质和试样制备、数据修约;第 2~7 章分别为水泥、骨料、混凝土、预拌砂浆、建筑钢材、防水材料,每一章由项目分析、基本性能、性能检测构成,同时有知识目标、能力目标和素质目标以及课后习题,可以指导学生自主学习或引导学生带着任务学习,并应用所学知识解决工程中的实际问题,培养学生分析问题、解决问题的能力;第 8 章为仪器自校自检方法,介绍如电热鼓风恒温干燥箱、混凝土拌合物维勃稠度仪等 36 种仪器的校准方法、校验用标准器具和用品、校验结果评定,指导学生校准常用仪器,这正是重视岗位职业能力培养的体现。

　　本书由常州工程职业技术学院高淑娟、刘淑红和连云港职业技术学院王倩担任主编,常州工程职业技术学院徐永红、福建林业职业技术学院郭妍和郴州职业技术学院杨曲担任副主编,山西职业技术学院韩美玲和常州工程职业技术学院徐开胜参与编写。

　　由于编者水平有限,本书存在疏漏和不足之处在所难免,敬请读者批评指正。

　　本书在编写过程中还得到了有关兄弟院校老师和企业专家的帮助和支持,同时在编写过程中参考了大量文献资料,在此一并表示衷心的感谢。

　　本书采用基于二维码的互动式学习平台,读者可通过微信扫描二维码获取本教材相关的电子资源,体现了数字出版和教材立体化建设的理念。

编　者

2016 年 7 月

目　录

第1章　材料性能检测的基本知识 ……………………………………………… 1

1.1　材料的基本性质 ………………………………………………………… 1

1.2　试样的准备 …………………………………………………………… 10

1.3　试验数据的处理 ……………………………………………………… 11

习题一 ………………………………………………………………………… 15

第2章　水泥 ……………………………………………………………………… 17

2.1　水泥基本知识 ………………………………………………………… 19

2.2　水泥的取样 …………………………………………………………… 26

2.3　水泥细度检验方法　筛析法 ………………………………………… 28

2.4　水泥比表面积测定方法　勃氏法 …………………………………… 32

2.5　水泥标准稠度用水量、凝结时间、安定性检验方法 ……………… 37

2.6　水泥胶砂强度检验方法（ISO 法） ………………………………… 44

2.7　检测水泥胶砂流动度 ………………………………………………… 48

习题二 ………………………………………………………………………… 51

第3章　骨料 ……………………………………………………………………… 54

3.1　砂的基本知识 ………………………………………………………… 55

3.2　碎石和卵石的基本知识 ……………………………………………… 62

3.3　现行砂、石检测标准 ………………………………………………… 67

3.4　检测砂含泥量 ………………………………………………………… 67

3.5　检测砂泥块含量 ……………………………………………………… 68

3.6　检测砂表观密度、堆积密度 ………………………………………… 69

3.7　检测砂颗粒级配、细度模数 ………………………………………… 72

3.8　检测砂含水率 ………………………………………………………… 74

3.9　检测碎石、卵石颗粒级配 …………………………………………… 74

3.10　检测碎石、卵石表观密度 …………………………………………… 75

3.11　检测碎石、卵石含水率 ……………………………………………… 77

3.12　检测碎石、卵石含泥量 ……………………………………………… 78

3.13　检测碎石、卵石泥块含量 …………………………………………… 79

3.14　检测碎石、卵石的针、片状颗粒总含量 …………………………… 80

3.15　检测石子的压碎指标 ·· 82

习题三 ·· 83

第4章　混凝土 ·· 85

4.1　混凝土基本知识 ·· 86

4.2　检测混凝土稠度 ·· 97

4.3　检测混凝土表观密度 ·· 101

4.4　检测混凝土凝结时间 ·· 102

4.5　检测混凝土强度 ·· 106

4.6　检测混凝土渗透性 ·· 110

4.7　检测混凝土抗冻性 ·· 113

4.8　混凝土的动弹性模量试验 ··· 124

4.9　检测混凝土抗蚀性 ·· 125

习题四 ·· 127

第5章　预拌砂浆 ·· 129

5.1　预拌砂浆基本知识 ·· 131

5.2　取样及试样制备 ·· 140

5.3　检测砂浆稠度 ·· 141

5.4　检测砂浆表观密度 ·· 142

5.5　检测砂浆分层度 ·· 143

5.6　检测砂浆保水性 ·· 144

5.7　检测砂浆凝结时间 ·· 146

5.8　检测砂浆抗压强度 ·· 147

5.9　检测砂浆拉伸黏结强度 ··· 149

5.10　检测砂浆抗冻性能 ·· 151

5.11　砂浆收缩试验 ·· 153

5.12　检测砂浆含气量 ·· 154

5.13　砂浆吸水率试验 ·· 155

5.14　砂浆抗渗性能试验 ·· 156

习题五 ·· 157

第6章　防水材料 ·· 159

6.1　防水材料基本知识 ·· 160

6.2　检测沥青针入度 ·· 168

6.3　检测沥青的延度 ·· 172

6.4　检测沥青软化点 ·· 174

6.5　沥青取样法 ··· 178

6.6　检测沥青防水卷材拉伸性能 ……………………………………………… 182
6.7　检测高分子防水卷材拉伸性能 ……………………………………………… 184
6.8　检测沥青和高分子防水卷材不透水性 ……………………………………… 186
6.9　检测沥青防水卷材耐热性 …………………………………………………… 188
6.10　检测沥青防水卷材低温柔性 ……………………………………………… 192
6.11　检测高分子防水卷材低温弯折性 ………………………………………… 194
6.12　沥青和高分子防水卷材抽样 ……………………………………………… 196
习题六 ……………………………………………………………………………… 197

第7章　建筑钢材 ………………………………………………………………… 199
7.1　建筑钢材基本知识 …………………………………………………………… 200
7.2　钢筋拉伸性能检测 …………………………………………………………… 219
7.3　钢筋冷弯性能检测 …………………………………………………………… 226
习题七 ……………………………………………………………………………… 228

第8章　仪器自校自检方法 ……………………………………………………… 230
8.1　电热鼓风恒温干燥箱校验方法 ……………………………………………… 230
8.2　可调温电炉校验方法 ………………………………………………………… 231
8.3　电热恒温水浴箱校验方法 …………………………………………………… 232
8.4　低温实验箱校验方法 ………………………………………………………… 233
8.5　混凝土实验用搅拌机校验方法 ……………………………………………… 234
8.6　混凝土拌合物维勃稠度仪校验方法 ………………………………………… 235
8.7　坍落度筒及捣棒校验方法 …………………………………………………… 237
8.8　混凝土拌合物容量筒校验方法 ……………………………………………… 238
8.9　混凝土成型用标准振动台校验方法 ………………………………………… 239
8.10　混凝土抗压试模校验方法 ………………………………………………… 240
8.11　混凝土抗折试模校验方法 ………………………………………………… 241
8.12　标准养护室校验方法 ……………………………………………………… 242
8.13　建筑用砂试验筛校验方法(1) …………………………………………… 243
8.14　建筑用砂试验筛校验方法(2) …………………………………………… 244
8.15　建筑用石子试验筛校验方法(1) ………………………………………… 246
8.16　建筑用石子试验筛校验方法(2) ………………………………………… 247
8.17　建筑用砂、石容积升校验方法 …………………………………………… 249
8.18　石子针、片状规状仪校验方法 …………………………………………… 250
8.19　石子压碎指标值测定仪校验方法 ………………………………………… 251
8.20　砂浆稠度仪校验方法 ……………………………………………………… 252
8.21　砂浆分层度仪校验方法 …………………………………………………… 252
8.22　砂浆抗压试模校验方法 …………………………………………………… 253

8.23 水泥净浆搅拌机校验方法 ……………………………………………… 254

8.24 水泥标准稠度及凝结时间测定仪校验方法 ………………… 255

8.25 水泥雷氏夹校验方法 ……………………………………………… 256

8.26 水泥细度标准筛校验方法 ……………………………………… 257

8.27 水泥胶砂流动度测定仪校验方法 ………………………………… 258

8.28 水泥胶砂搅拌机校验方法 ……………………………………… 259

8.29 水泥试模校验方法 ………………………………………………… 260

8.30 水泥胶砂试体振实台校验方法 ………………………………… 261

8.31 水泥沸煮箱校验方法 …………………………………………… 262

8.32 水泥抗压夹具校验方法 ………………………………………… 263

8.33 沥青针入度仪校验方法 ………………………………………… 264

8.34 沥青延度仪校验方法 …………………………………………… 265

8.35 石油沥青软化点仪校验方法 …………………………………… 266

8.36 玻璃量瓶、量筒校验方法 ……………………………………… 267

参考文献 ………………………………………………………………… 269

第1章　材料性能检测的基本知识

本章主要介绍建筑材料的基本物理性质、力学性质、与水有关的性质，以及建筑材料的耐久性、外观、外形等；介绍试样的取样方法和处理方法；较详细地介绍试验数据的处理方法。通过学习应掌握材料的基本性质和基本的数据处理方法。

1.1　材料的基本性质

构成建筑物的建筑材料在使用过程中要受到各种因素的作用，例如用于各种受力结构的材料要受到各种外力的作用；用于建筑物不同部位的材料还可能受到风吹、日晒、雨淋、温度变化、冻融循环、磨损、化学腐蚀等作用。为了保证建筑物经久耐用，就要求所选用的建筑材料能够抵抗各种因素的作用。而要能够合理地选用材料，就必须掌握各种材料的性质。

本章所讲述的材料基本性质，是指材料处于不同的使用条件和使用环境时，必须考虑的最基本的、共有的性质。对于不同种类的材料，由于在建筑中所起的作用不同，应考虑的基本性质也不尽相同。

1.1.1　材料的密度、表观密度与堆积密度

1. 密度

密度是指材料在绝对密实状态下单位体积的质量，用下式表示。

$$\rho = \frac{m}{V} \tag{1-1}$$

式中，ρ 为密度，g/cm^3；m 为材料在干燥状态的质量，g；V 为材料在绝对密实状态下的体积，cm^3。

材料在绝对密实状态下的体积是指不包括孔隙在内的体积。除了钢材、玻璃等少数材料外，绝大多数材料内部都存在一些孔隙。在测定有孔隙的材料密度时，应把材料磨成细粉，干燥后，用密度瓶（李氏瓶）测定其体积，用李氏瓶测得的体积可视为材料绝对密实状态下的体积。材料磨得越细，测得的密度值越精确。

2. 表观密度

表观密度是指材料在自然状态下单位体积的质量，用下式表示。

$$\rho_0 = \frac{m}{V_0} \tag{1-2}$$

式中，ρ_0 为表观密度，g/cm^3 或 kg/cm^3；m 为材料的质量，g 或 kg；V_0 为材料在自然状态下

的体积,cm³或 m³。

材料在自然状态下的体积又称为表观体积,是指包含材料内部孔隙在内的体积。几何形状规则的材料,可直接按外形尺寸计算出表观体积;几何形状不规则的材料,可用排液法测量其表观体积,然后按式(1-2)计算出表观密度。

当材料含有水分时,其质量和体积将发生变化,影响材料的表观密度。故在测定表观密度时,应注明其含水情况。一般情况下,材料的表观密度是指在气干状态(长期在空气中干燥)下的表观密度。在烘干状态下的表观密度,称为干表观密度。

3. 堆积密度

堆积密度是指粉状(水泥、石灰等)或散粒材料(砂子、石子等)在堆积状态下单位体积的质量,用下式表示。

$$\rho_0' = \frac{m}{V_0'} \qquad (1-3)$$

式中,ρ_0'为堆积密度,kg/cm³;m 为材料的质量,kg;V_0'为材料的堆积体积,m³。

材料的堆积体积包含了颗粒内部的孔隙和颗粒之间的空隙。测定材料的堆积密度时,按规定的方法将散粒材料装入一定容积的容器中,材料质量是指填充在容器内的材料质量,材料的堆积体积则为容器的容积。

在建筑工程中,计算材料的用量和构件的自重,进行配料计算以及确定材料的堆放空间时,经常要用到密度、表观密度和堆积密度等数据。表 1-1 列举了常用建筑材料的密度、表观密度和堆积密度。

表 1-1　常用建筑材料的密度、表观密度和堆积密度

材料名称	密度/(g/cm³)	表观密度/(g/cm³)	堆积密度/(g/cm³)
建筑钢材	7.85	7.85	—
普通混凝土	—	2.10~2.60	
烧结普通砖	2.50~2.70	1.60~1.90	
花岗岩	2.70~3.0	2.50~2.90	
碎石(石灰岩)	2.48~2.76	2.30~2.70	1.40~1.70
砂	2.50~2.60	—	1.45~1.65
粉煤灰	1.95~2.40		0.55~0.80
木材	1.55~1.60	0.40~0.80	—
水泥	2.8~3.1		1.20~1.30
普通玻璃	2.45~2.55	2.45~2.55	
铝合金	2.7~2.9	2.70~2.90	
黏土空心砖	2.2~2.5	1.00~1.40	
轻骨料混凝土	—	0.80~1.90	
黏土	2.50~2.60	—	1.60~1.80

1.1.2 材料的密实度与孔隙率、填充率与空隙率

1. 密实度与孔隙率

（1）密实度。

密实度是指材料体积内被固体物质充实的程度，以 D 表示。可按下式计算。

$$D = \frac{V}{V_0} = \frac{\rho_0}{\rho} \times 100\%$$
(1 - 4)

（2）孔隙率。

孔隙率是指在材料体积内，孔隙体积所占的比例，以 P 表示。可按下式计算。

$$P = \frac{V_0 - V}{V_0} = 1 - \frac{V}{V_0} = \left(1 - \frac{\rho_0}{\rho}\right) \times 100\%$$
(1 - 5)

材料的密实度和孔隙率之和等于1，即 $D + P = 1$。

孔隙率的大小直接反映了材料的致密程度。孔隙率越小，说明材料越密实。

材料内部孔隙可分为连通孔隙和封闭孔隙两种构造。连通孔隙不仅彼此连通而且与外界相通，封闭孔隙不仅彼此封闭而且与外界相隔绝。孔隙按其孔径尺寸大小可分为细小孔隙和粗大孔隙。材料的许多性能（如强度、吸水性、吸湿性、耐水性、抗渗性、抗冻性、导热性等）都与孔隙率的大小和孔隙特征有关。

2. 填充率与空隙率

（1）填充率。

填充率是指散粒材料在堆积体积中被其颗粒所填充的程度，以 D' 表示。可按下式计算。

$$D' = \frac{V_0}{V_0'} = \frac{\rho_0'}{\rho_0} \times 100\%$$
(1 - 6)

（2）空隙率。

空隙率是指散粒材料在堆积体积中，颗粒之间的空隙所占的比例，以 P' 表示。可按下式计算。

$$P' = \frac{V_0' - V_0}{V_0'} = 1 - \frac{V_0}{V_0'} = \left(1 - \frac{\rho_0'}{\rho_0}\right) \times 100\%$$
(1 - 7)

材料的填充率和空隙率之和等于1，即 $D' + P' = 1$。

空隙率的大小反映了散粒材料的颗粒之间互相填充的致密程度。空隙率可作为控制混凝土骨料级配及计算砂率的依据。

1.1.3 材料与水有关的性质

1. 亲水性与憎水性

材料与水接触时能被水湿润的性质称为亲水性。具备这种性质的材料称为亲水性材料。大多数建筑材料，如砖、混凝土、木材、砂、石等都属于亲水性材料。

材料与水接触时不能被水浸润的性质称为憎水性。具备这种性质的材料称为憎水性材料,如沥青、石蜡、塑料等。憎水性材料一般能阻止水分渗入毛细管中,因而可用做防水材料,也可用于亲水性材料的表面处理,以降低其吸水性。

2. 吸水性

材料在水中吸收水分的性质称为吸水性。吸水性的大小用吸水率表示,吸水率有两种表示方法:质量吸水率和体积吸水率。

(1) 质量吸水率。

质量吸水率是指材料在吸水饱和时,所吸收水分的质量占材料干燥质量的百分比。质量吸水率的计算公式如下。

$$W_质=\frac{m_湿-m_干}{m_干}\times100\%\qquad(1-8)$$

式中,$W_质$为材料的质量吸水率;$m_干$为材料在干燥状态下的质量,kg;$m_湿$为材料在吸水饱和后的质量,kg。

(2) 体积吸水率。

体积吸水率是指材料在吸水饱和时,所吸收水分的体积占材料自然状态体积的百分比。体积吸水率的计算公式如下。

$$W_体=\frac{V_水}{V_1}=\frac{m_湿-m_干}{m_干}\times\frac{1}{\rho_水}\times100\%\qquad(1-9)$$

式中,$W_体$为材料体积吸水率;V_1为材料在自然状态下的体积,m^3;$V_水$为材料在吸水饱和时水的体积,m^3;$\rho_水$为水的密度,kg/cm^3。

质量吸水率与体积吸水率存在以下关系。

$$W_体=W_质\frac{\rho_0}{\rho_水}\qquad(1-10)$$

材料的吸水性取决于材料本身的亲水性,也与孔隙率大小及孔隙特征有关。一般孔隙率愈大,吸水率也愈大。如果材料具有细微而连通的孔隙,则其质量吸水率较大,往往超过100%,这时最好用体积吸水率表示其吸水性,如加气混凝土、软木等轻质材料。若是封闭型孔隙,水分就不容易渗入,水分虽然容易渗入封闭型粗大的孔隙,但仅能浸润孔壁表面而不易在孔内存留。所以封闭或粗大孔隙材料,其体积吸水率较低,常小于孔隙率,这类材料常用质量吸水率表示它的吸水性。

各种材料的质量吸水率相差很大,如花岗岩等坚密岩石的质量吸水率仅为0.5%～0.7%;普通混凝土为2%～3%;黏土砖为8%～20%;而木材或其他轻质材料的质量吸水率则常大于100%。

3. 吸湿性

材料在潮湿空气中吸收水分的性质称为吸湿性。吸湿性的大小用含水率表示。含水率是指材料含水的质量占材料干燥质量的百分比,可按下式计算。

$$W_含=\frac{m_含-m}{m}\times100\%\qquad(1-11)$$

式中，$W_含$ 为材料的含水率，%；$m_含$ 为材料含水时的质量，g 或 kg；m 为材料在干燥状态下的质量，g 或 kg。

当较干燥的材料处于较潮湿的空气中时，会吸收空气中的水分；而当较潮湿的材料处于较干燥的空气中时，便会向空气中释放水分。在一定的温度和湿度条件下，材料与周围空气湿度达到平衡时的含水率称为平衡含水率。

材料含水率的大小，除与材料的孔隙率、孔隙特征有关外，还与周围环境的温度和湿度有关。一般材料孔隙率越大，材料内部细小孔隙、连通孔隙越多，材料的含水率越大；周围环境温度越低，相对湿度越大，材料的含水率也越大。

材料吸水或吸湿后，质量增加，保温隔热性下降，强度、耐久性降低，体积发生变化，多对工程产生不利影响。在常用的建筑材料中，木材的吸湿性特别强，它能在潮湿空气中大量吸收水分而增加质量，降低强度和改变尺寸，因此木门窗在潮湿环境中往往不易开关。保温材料如果吸收水分后，会大大降低保温效果，故对保温材料应采取有效的防潮措施。

4. 耐水性

材料长期在饱和水作用下不破坏，其强度也不显著降低的性质称为耐水性。一般材料遇水后，强度都有不同程度的降低，如花岗岩长期浸泡在水中，强度将下降 3% 左右，普通黏土砖和木材强度下降更为显著。材料耐水性的大小用软化系数表示。软化系数计算公式如下。

$$K_软 = \frac{f_饱}{f_干} \tag{1-12}$$

式中，$K_软$ 为材料的软化系数；$f_饱$ 为材料在吸水饱和状态下的抗压强度，MPa；$f_干$ 为材料在干燥状态下的抗压强度，MPa。

软化系数的值在 0~1 之间，软化系数越小，说明材料吸水饱和后的强度降低越多，其耐水性就越差。通常将软化系数大于 0.85 的材料称为耐水性材料，耐水性材料可以用于水中和潮湿环境中的重要结构；用于受潮较轻或次要结构时，材料的软化系数也不宜小于 0.75。处于干燥环境中的材料可以不考虑软化系数。

5. 抗渗性

材料抵抗压力水（也可指其他液体）渗透的性质称为抗渗性。建筑工程中许多材料常含有孔隙、空洞或其他缺陷，当材料两侧的水压差较高时，水可能从高压侧通过材料内部的孔隙、空洞或其他缺陷渗透到低压侧。这种压力水的渗透，不仅会影响工程的使用，而且渗入的水还会带入腐蚀性介质或将材料内的某些成分带出，造成材料的破坏。因此长期处于有压水中时，材料的抗渗性是决定工程耐久性的重要因素。材料抗渗性的大小用渗透系数或抗渗等级表示。

（1）渗透系数。

根据达西定律，渗透系数的计算公式如下。

$$K = \frac{Qd}{AtH} \tag{1-13}$$

式中，K 为材料的渗透系数，cm/h；Q 为时间 t 内的渗水总量，cm³；d 为试件的厚度，cm；A 为材料垂直于渗水方向的渗水面积，cm²；t 为渗水时间，h；H 为材料两侧的水压差，cm。

渗透系数 K 越小,材料的抗渗性越好。对于防水、防潮材料,如沥青、油毡、沥青混凝土、瓦等材料,常用渗透系数表示其抗渗性。

(2)抗渗等级。

对于砂浆、混凝土等材料,常用抗渗等级来表示抗渗性。抗渗等级是以规定的试件在标准试验方法下所能承受的最大水压力来确定。抗渗等级以符号"P"和材料可承受的水压力值(以 0.1 MPa 为单位)来表示,如混凝土的抗渗等级为 P6、P8、P12、P16,表示分别能构承受 0.6 MPa、0.8 MPa、1.2 MPa、1.6 MPa 的水压而不渗水。材料的抗渗等级越高,其抗渗性越强。

材料抗渗性的好坏与材料的孔隙率特征有关,孔隙率小且封闭孔隙多的材料,其抗渗性就好。对于地下建筑及水工构筑物,要求材料具有较高抗渗性;对于防水材料,则要求具有更好的抗渗性。

6.抗冻性

材料的抗冻性是指材料在吸水饱和状态下,能经受多次冻融循环作用而不破坏,同时也不严重降低强度的性质。冰冻的破坏作用是由于材料孔隙内的水分结冰而引起的,水结冰时体积约增大 9%,从而对孔隙产生压力而使孔壁开裂。当冰被融化后,某些被冻胀的裂缝中还可能再渗入水分,再次受冻结冰时,材料会受到更大的冻胀和裂缝扩张。如此反复冻融循环,最终导致材料破坏。

材料抗冻性的大小用抗冻等级表示。抗冻等级表示材料经过的冻融次数,其质量损失、强度下降不低于规定值,并以符号"F"及材料可承受的最多冻融循环次数表示。例如混凝土抗冻等级 F25、F50、F100 等,指混凝土所能承受的最多冻融循环次数是 25 次、50 次、100 次,强度下降不超过 25%,质量损失不超过 5%。

材料的抗冻性主要与孔隙率、孔隙特征、抵抗胀裂的强度等有关,工程中常从这些方面改善材料的抗冻性。对于室外温度低于-15℃的地区,其主要工程材料必须进行抗冻性试验。

1.1.4 材料的外形尺寸及外观

建筑材料的品种繁多,产品的外观、形状也各不相同,有粉粒状的,如水泥、砂等;有块状、板状、线状的,如各种砖、玻璃、板材、管材等;也有不定型的液体状的,如涂料等。这就涉及这些产品的外形、外观是否符合要求。

1.材料的外形尺寸

材料的外形尺寸是指具有固定尺寸规格的材料的外形大小,包括长度、宽度、厚度、直径等,一般用毫米或米来表示,其尺寸偏差直接影响产品的等级。

2.外观

材料的外观主要是指颜色、表面缺陷、表面光泽度、平整度、角直度等,一般外观质量直接影响其产品的等级。

1.1.5 材料的力学性能

1.材料的强度

材料因承受外力(荷载),所具有抵抗变形不致破坏的能力,称作强度。破坏时的最大应力,为材料的极限强度。

外力(荷载)作用的主要形式,有压、拉、弯曲和剪切等,因而所对应的强度有抗压强度、抗拉强度、抗弯(折)强度和抗剪强度。图 1-1 中,列举了几种强度试验时的受力情况,对于识别外力的作用形式和所测强度的类别,是相当直观的。

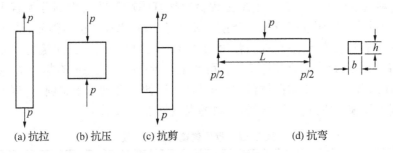

(a) 抗拉　　(b) 抗压　　(c) 抗剪　　　　　　(d) 抗弯

图 1-1　材料受力示意图

材料的这些强度是通过静力试验来测定的,故总称为静力强度。材料的静力强度是通过标准试件的破坏试验而测得。材料的抗压、抗拉和抗剪的计算公式为

$$f=\frac{P}{A} \qquad (1-14)$$

式中, f 为材料的极限强度(抗压、抗拉或抗剪), N/mm^2 ; P 为试件破坏时的最大荷载,N; A 为试件受力面积, mm^2 。

材料的抗弯强度与试件的几何外形及荷载施加的情况有关,对于矩形截面和条形试件,当其二支点的中间作用一集中荷载时,其抗弯极限强度按下式计算

$$f_m=\frac{3PL}{2bh^2} \qquad (1-15)$$

式中, f_m 为材料的抗弯极限强度, N/mm^2 ; P 为试件破坏时的最大荷载,N; L 为试件两支点间的距离,mm; b 、 h 为分别为试件截面的宽度和高度,mm。

材料的强度与其组成及结构有关,即使材料的组成相同,其构造不同,强度也不同。材料的孔隙率愈大,则强度愈低。对于同一品种的材料,其强度与孔隙率之间存在近似直线的反比关系,如图 1-2 所示。

一般表观密度大的材料,其强度也高。晶体结构的材料,其强度还与晶粒粗细有关,其中细晶粒的强度高。玻璃是脆性材料,抗拉强度很低,但当制成玻璃纤维后,则成了很好的抗拉材料。

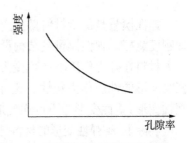

图 1-2　材料强度与孔隙率的关系

材料的强度还与其含水状态及温度有关,含有水分的材料,其强度较干燥时的低。一般温度高时,材料的强度将降低,沥青混凝土尤为明显。

材料的强度与其测试所用的试件形状、尺寸有关,也与试验时加荷速度及试件表面形状有关。相同材料采用小试件测得的强度比大试件的高;加荷速度快者,强度值偏高;试件表面不平或表面涂润滑剂的,所测得强度值偏低。

由此可知,材料的强度是在特定条件下测定的数值。为了使试验结果准确,且具有可比性,各个国家都制定了统一的材料试验标准。在测定材料强度时,必须严格按照规定的试验方法进行。材料强度是大多数材料划分等级的依据。

2. 强度等级

各种材料的强度差别甚大。土木工程材料按其强度值的大小划分为若干个强度等级,如烧结普通砖按抗压强度分为 5 个强度等级;硅酸盐水泥按抗压强度和抗折强度分为 4 个强度等级,普通混凝土按其抗压强度分为 12 个强度等级等。建筑材料划分强度等级,对生产者和使用者均有重要意义。它可使生产者在控制质量时有据可依,从而保证产品质量;对使用者则有利于掌握材料的性能指标,以便于合理选用材料,正确地进行设计和便于控制工程施工质量。常用建筑材料的强度见表 1-2 所示。

表 1-2 常用建筑材料的强度　　　　　　　　　　　单位:MPa

材料	抗压强度	抗拉强度	抗弯强度
花岗岩	100~250	5~8	10~14
烧结普通砖	7.5~30	—	1.8~4.0
普通混凝土	7.5~60	1~4	2.0~8.0
松木(须纹)	30~50	80~120	60~100
钢材	235~1 600	235~1 600	—

3. 材料的弹性与塑性

材料在外力作用下产生变形,当外力取消后变形即可消失并能完全恢复到原始形状的性质称为弹性。材料的这种可恢复的变形称为弹性变形。弹性变形属可逆变形,其数值大小与外力成正比,其比例系数 E 称为弹性模量。材料在弹性变形范围内,弹性模量为常数,其值等于应力与应变之比,即

$$E = \frac{\alpha}{\varepsilon} \qquad (1-16)$$

弹性模量是衡量材料抵抗变形能力的一个指标。弹性模量愈大,材料愈不易变形,亦即刚度愈好。弹性模量是结构设计的重要参数。

材料在外力作用下产生变形,当外力取消后,不能恢复变形的性质称为塑性。这种不可恢复的变形称为塑性变形,塑性变形为不可逆变形。

实际上,纯弹性变形的材料是没有的,通常一些材料在受力不大时,表现为弹性变形,当外力超过一定值时,则呈现塑性变形,如低碳钢就是典型的这种材料。另外许多材料在受力时,弹性变形和塑性变形同时产生,这种材料当外力取消后,弹性变形即可恢复,而塑性变形不能消失,混凝土就是这类材料的代表。弹塑性材料的变形

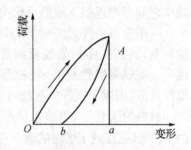

图 1-3 弹塑性材料的变形曲线

曲线如图 1-3 所示,图中 ab 为可恢复的弹性变形,bO 为不可恢复的塑性变形。

4. 材料的耐磨性

耐磨性是材料表面抵抗磨损的能力。材料的耐磨性用磨损率表示,其计算公式为

$$N = \frac{m_1 - m_2}{A} \qquad (1-17)$$

式中,N 为材料的磨损率,g/cm^2;m_1、m_2 分别为材料磨损前、后的质量,g;A 为试件受磨损面积,cm^2。

材料的耐磨性与材料的组成成分、结构、强度、硬度等因素有关。在土木工程中,对于用作踏步、台阶、地面、路面等部位的材料,应具有较高的耐磨性。一般说,强度较高且密实的材料,其硬度较大,耐磨性较好。

1.1.6 材料的耐久性

材料的耐久性是指材料在环境的多种因素作用下,能经久不变质、不破坏,长久地保持其性能的性质。

耐久性是材料的一项综合性质,诸如抗冻性、抗风化性、抗老化性、耐化学腐蚀性等均属耐久性的范围。此外,材料的强度、抗渗性、耐磨性等也与材料的耐久性有着密切关系。

1. 环境对材料的作用

在构筑物使用过程中,材料除内在原因使其组成、构造、性能发生变化以外,还长期受到周围环境及各种自然因素的作用而破坏。这些作用可概括为以下几方面:

(1) 物理作用。包括环境温度、湿度的交替变化,即冷热、干湿、冻融等循环作用。材料在经受这些作用后,将发生膨胀、收缩,产生内应力。长期的反复作用,将使材料渐遭破坏。

(2) 化学作用。包括大气和环境水中的酸、碱、盐等溶液或其他有害物质对材料的侵蚀作用,以及日光等对材料的作用,使材料产生本质的变化而破坏。

(3) 机械作用。包括荷载的持续作用或交变作用引起材料的疲劳、冲击、磨损等破坏。

(4) 生物作用。包括菌类、昆虫等的侵害作用,导致材料发生腐朽、蛀蚀等破坏。

各种材料耐久性的具体内容,因其组成和结构不同而异。例如钢材易氧化而锈蚀;无机非金属材料常因氧化、风化、碳化、溶蚀、冻融、热应力、干湿交替作用等而破坏;有机材料多因腐烂、虫蛀、老化而变质等。

2. 材料耐久性的测定

对材料耐久性最可靠的判断,是对其在使用条件下进行长期的观察和测定,但这需要很长时间。为此,近年来采用快速检验法,这种方法是模拟实际使用条件,将材料在实验室进行有关的快速试验,根据试验结果对材料的耐久性做出判定。在实验室进行快速试验的项目主要有:干湿循环、冻融循环、碳化、加湿与紫外线干燥循环、盐溶液浸渍与干燥循环、化学介质浸渍等。

3. 提高材料耐久性的重要意义

在设计选用土木工程材料时,必须考虑材料的耐久性问题。采用耐久性良好的土木

工程材料,对节约材料、保证建筑物长期正常使用、减少维修费用、延长建筑物使用寿命等,均具有十分重要的意义。

1.2 试样的准备

1.2.1 试样的准备

试样是试验对象的代表。通过对试样的测试就可以确定试验对象的质量。因此试样必须具有充足的代表性。

当试验对象为一均匀总体,即试验对象的各个部分都是相同分布时,随机取样是最基本的方法。所谓随机取样,就是指试验对象中的任何一点被抽取的概率是相同的。为了保证取样的随机性,可以采用抽签的办法,也可以借助于随机数表来确定取样点。

1. 简单随机取样

大宗的松散材料,多单元的可以在每个单元中取几个点。单元数很大时,也可以在几个单元中各取一点。独立单元的可先将这个大单元划分为许多相等的小单元,然后在每个小单元中取一个点。从所有各点取出等量的试样组成混合样。

2. 阶段性随机取样

首先从 N 个单元构成的总体中抽取 n 个单元,然后又从这 n 个单元的每个单元中取 m 个点,这称为两阶段取样。必要时可以多阶段取样。从所有各点取出等量的试样组成混合样。

3. 分层随机取样

当试验对象为一非均匀总体,即试验对象的各个部分的质量有所不同时,可采用分层随机取样的方法。分层随机取样时把一个大的总体人为地划分为 k 个分总体,再在每一个分总体内进行随机取样,将所有取得的试样组成混合样。

1.2.2 试样的处理方法

1. 均化

在试验之前,对于采集的混合样,必须充分均化。大块的固体材料,在均化之前应先行粉碎。松散材料的均化,常用的方法是将各堆材料平摊并叠加起来,然后垂直切取分成数堆,再将各堆平摊并叠加,反复数次直至均匀,液体材料可通过彻底搅拌来实现均化。

2. 缩分

当采集的试样数量较多,而试验所需的数量较少时,便需要对采集的试样进行缩分。松散材料的缩分又分两种方法,可根据条件选择使用。

(1)用分料器:将样品拌和均匀后通过分料器,留下接料斗中的其中一份,用另一份再次通过分料器。重复上述过程,直至把试样缩分到试验所需数量为止。

(2)人工四分法缩分:将试样拌和均匀后在平板上摊平成"圆饼",然后沿相互垂直的两条直径把"圆饼"分成大致相等的四份,取其对角的两份重新拌匀,再摊平成"圆饼"。重复上述过程,直至把试样缩分到试验所需数量为止。

1.3　试验数据的处理

1.3.1　数据计算与误差分析

1. 误差的产生与分类

材料的质量用数据来描述,数据通过试验取得。然而由试验观测所得的数值(即试验数据)并不完全等于试验对象的真正数值(或称真值),它只是客观情况的近似结果。试验数据与真值之间的差异称为误差。误差依据产生的原因可分为系统误差、过失误差和偶然误差。

由于试验设备的不准确,试验条件的非随机性变化,试验方法的非随机性变化,试验方法的不合理以及试验人员个人的习惯偏向而产生的误差为系统误差。系统误差是一种有规律的、重复出现的误差。由于试验人员的疏忽大意以致操作错误而产生的误差为过失误差。过失误差无一定的规律可循。

通过对试验过程的质量控制,上述两种误差都可以避免产生。

除系统误差和过失误差以外的一切误差称为偶然误差。产生偶然误差的原因都具有无规则性,例如试验人员对仪器度盘最小分格的判断,试验条件(温度、电压等)无规则的涨落以及仪器性能的不稳定等。当反复观测一个量时,这种误差表现为有时大有时小,不能人为地加以控制。由于偶然误差具有随机性的特点,它必然服从于正态分布规律。因此可以运用数学方法对试验数据进行处理,从而达到提高试验准确度的目的,使试验结果最大限度地接近于真值。

2. 算术平均值

当试验次数极大地增加时,算术平均值接近于真值。但事实上试验次数不可能太多,所以在很多试验项目中规定进行 3 次(有时为 6 次)平行试验,取试验所得的数据计算出算术平均值作为试验结果。

算术平均值按下式计算。

$$\bar{x} = \frac{x_1 + x_2 + x_3 + \cdots + x_n}{n} \tag{1-18}$$

式中,$\bar{x}$ 为算术平均值;$x_1, x_2, x_3, \cdots, x_n$ 为各个试验数据;n 为试验次数。

3. 剩余误差

各个试验数据与算术平均值之差称为剩余误差,按下式计算。

$$v_i = x_i - \bar{x} \tag{1-19}$$

式中,v_i 为某个试验数据的剩余误差;x_i 为某个试验数据。

4. 平均误差

所有试验数据的平均误差按下式计算。

$$v = \frac{|x_1 - \bar{x}| + |x_2 - \bar{x}| + |x_3 - \bar{x}| + \cdots + |x_n - \bar{x}|}{n} = \frac{\sum_{i=1}^{n} |v_i|}{n} \tag{1-20}$$

式中，v 为平均误差。

5. 标准差

在试验数据比较分散的情况下，将算术平均值作为试验结果时，个别的大误差在平均过程中会被众多的小误差所淹没，导致对试验对象做出不正确的评价。为了恰当地评价试验对象，需要采用标准差。

标准差即标准误差，在实际工作中由于试验次数有限，所以按下式计算。

$$\sigma = \sqrt{\frac{(x_1-\bar{x})^2+(x_2-\bar{x})^2+(x_3-\bar{x})^2+\cdots+(x_n-\bar{x})^2}{n-1}} = \sqrt{\frac{\sum\limits_{i=1}^{n} v_i^2}{n-1}}$$

$$(1-21)$$

式中，σ 为标准差。

标准差对最大误差与最小误差比较敏感。数据愈分散，标准差愈大；数据愈接近，标准差愈小。根据误差分布函数，可以计算出绝对值大于标准差的误差，其出现概率约 32%。也就是说约有 68% 的试验数据，其误差都在标准差的数值以内。

6. 变异系数

变异系数是表示标准差占算术平均值的百分数。由于标准差所表示的是绝对误差，变异系数可以表示相对误差，便于不同项目之间有关试验精度的比较。变异系数按下式计算。

$$\delta = \frac{\sigma}{\bar{x}} \times 100\%$$

$$(1-22)$$

式中，δ 为变异系数。

1.3.2 数值修约规则

1. 术语

（1）修约间隔。

是确定修约保留位数的一种方式。修约间隔的数值一经确定，修约值即应为该数值的整数倍。

例1：如指定修约数间隔为 0.1，修约值即应在 0.1 的整数倍中选取，相当于将数值修约到一位小数。

例2：如指定修约数间隔为 1 000，修约值即应在 1 000 的整数倍中选取，相当于将数值修约到"千"位数。

（2）有效位数。

对没有小数位且以若干个零结尾的数值，从非零数字最左一位向右数得到的位数减去无效零（即仅为定位用的零）的个数；对其他十进位数，从非零数字最左一位向右数而得到的位数，就是有效位数。

例1：260 000，若有两个无效零，则为四位有效位数，应写为 $2\ 600 \times 10^2$；若有三个无效零，则为三位有效位数，应写成 260×10^3。

例 2:2.8、0.28、0.028、0.002 8 均为两位有效数;0.002 80 为三位有效位数。

例 3:11.585 为五位有效位数;1.00 为三位有效位数。

(3) 半个单位修约(0.5 单位修约)。

指修约间隔为指定数位的 0.5 单位,即修约到指定数位的 0.5 单位。

例如:将 35.27 修约到个数位的 0.5 单位,得 35.5。(修约方法见"5.0.5 单元修约与 0.2 单元修约")

(4) 0.2 单位修约。

指修约间隔为指定数位的 0.2 单位,即修约到指定数位的 0.2 单位。

例如:将 832 修约到"百"数位的 0.2 单位,得 840。(修约方法见"5.0.5 单元修约与 0.2 单元修约")

2. 确定修约位数的表达方式

(1) 指定数位。

① 指定修约间隔为 10^{-n}(n 为正整数),或指明将数值修约到 n 位小数。

② 指定修约间隔为 1,或指明将数值修约到个位数。

③ 指定修约间隔为 10^n,或指明将数值修约到 10^n 数位(n 为正整数),或指明将数值修约到"十""百""千"……数位。

(2) 指定将数值修约成 n 位有效位数。

3. 进舍位规则

(1) 拟舍弃数字的最左一位数字小于 5 时,则舍去,即保留的各位数字不变。

例 1:将 16.143 9 修约到一位小数,得 16.1。

例 2:将 16.143 9 修约到两位有效位数,得 16。

(2) 拟舍弃数字的最左一位数字大于 5 或者是 5,而其后跟有并非全部为 0 的数字时,则进一,即保留的末位数字加 1。

例 1:将 1 296 修约到"百"位数,得 $13×10^2$(特定时可写为 1 300)。

例 2:将 1 286 修约成三位有效位数,得 $129×10$(特定时可写为 1 290)。

例 3:将 10.502 修约到个位数,得 11。

注:"特定时"的含义系指修约间隔或有效位数明确时。

(3) 拟舍弃数字的最左一位数字为 5,而其后无数字或皆为 0 时,若所保留的末位数字为奇数(1,3,5,7,9)则进一,为偶数(2,4,6,8,0)则舍弃。

例 1:修约间隔为 0.1(或 10^{-1})。

拟修约数值	修约值
1.150	1.2
1.450	1.4

例 2:修约间隔为 100(或 10^2)。

拟修约数值	修约值
250	$2×10^2$(特定时可写成 200)
350	$4×10^2$(特定时可写成 400)

例 3:将下列数字修约成两位有效位数。

拟修约数值   修约值

0.032 5   0.032

32 500 32×10^3（特定时可写成 32 000）

（4）负数修约时，先将它的绝对值按上述（1）、（2）规定进行修约，然后在修约值前面加上负号。

例 1：将下列数字修约到"十"位数。

拟修约数值   修约值

-355 -36×10（特定时可写成-360）

-325 -32×10（特定时可写成-320）

例 2：将下列数字修约成两位有效位数。

拟修约数值   修约值

-365 -36×10（特定时可写成-360）

$-0.036 5$ -0.036

4. 不许连续修约

拟修约数字应在确定修约位数后一次修约获得结果，而不得多次按"3. 进舍位规则"连续修约。

例如：修约 15.454 6，修约间隔为 1。

正确的做法：15.454 6→15

不正确的做法：15.454 6→15.455→15.46→15.5→16

在具体的实施中，有时测试与计算部门先将获得数值按指定的修约位数多一位或几位报出，而后由其他部门判定。为避免产生连续修约的错误，应按下述步骤进行。

（1）报出数值最右的非零数字为 5 时，应在数值后面加"（+）"或"（-）"或不加符号，以分别表明已进行过舍、进或未舍未进。

例如：16.50(+) 表示实际值大于 16.50，经修约舍弃成为 16.50；16.50(-) 表示实际值小于 16.50，经修约进一成为 16.50。

（2）如果判定报出值需要进行修约，当拟舍弃数字的最左一位数字为 5 而后面无数字或皆为 0 时，数值后面有（+）号者进一，数值后面有（-）号者舍去，其他仍按"3. 进舍位规则"进行。

例如，将下列数字修约到个数位后进行判定（报出值多留一位到一位小数）。

实测值   报出值   修约值

15.454 6   15.5(-)   15

16.520 3   16.5(+)   17

17.500 0   17.5   18

$-15.454 6$ $-15.5_{(-)}$ -15

5. 0.5 单元修约与 0.2 单元修约

（1）0.5 单元修约。

将拟修约数值乘以 2，按指定数位依本节"3. 进舍位规则"修约，所得数值再除以 2。

例如，将下列数字修约到个数位的 0.5 单元（或修约间隔为 0.5）。

拟修约数值 (K)	乘 2 (2K)	2K 修约值 (修约间隔为 1)	K 修约值 (修约间隔为 0.5)
60.25	120.50	120	60.0
60.38	120.76	121	60.5
−60.75	−121.50	−122	−61.0

(2) 0.2 单元修约。

将拟修约数值乘以 5,按指定数位依本节"3.进舍位规则"修约,所得数值再除以 5。

例如,将下列数字修约到个数位的 0.2 单元(或修约间隔为 0.2)。

拟修约数值	乘 5	2K 修约值	K 修约值
830	4 150	4 200	840
842	4 210	4 200	840
−930	−4 650	−4 600	−920

习题一

一、填空题

1. 散粒材料的总体积是由固体体积、_____和_____组成。

2. 材料与水有关的性质有亲水性与憎水性、_____、_____、吸湿性、_____和 _____。

3. 同种材料的孔隙率越_____,其强度越高。当材料的孔隙一定时,_____孔隙越多,材料的保温性能越好。

4. 在水中或长期处于潮湿状态下使用的材料,应考虑材料的_____性。

5. 当孔隙率相同时,分布均匀而细小的封闭孔隙含量愈大,则材料的吸水率_____、保温性能_____、耐久性_____。

6. 孔隙率越大,材料的导热系数越_____,其材料的绝热性能越_____。

二、选择题

1. 材料在水中吸收水分的性质称为(   )。

A. 吸水性   B. 吸湿性   C. 耐水性   D. 渗透性

2. 材料的耐水性用(   )来表示。

A. 渗透系数   B. 抗冻性   C. 软化系数   D. 含水率

3. 一般而言,材料的导热系数是(   )。

A. 金属材料＞无机非金属材料＞有机材料

B. 金属材料＞有机材料＞无机非金属材料

C. 金属材料＜有机材料＜无机非金属材料

D. 金属材料＜无机非金属材料＜有机材料

4. 材料的耐水性可用软化系数表示,软化系数是(   )。

A. 吸水后的表观密度与干表观密度之比

B. 饱水状态的抗压强度与干燥状态的抗压强度之比

C. 饱水后的材料质量与干燥质量之比

D. 饱水后的材料体积与干燥体积之比

5. 材料的抗渗标号为 P6,说明该材料所能承受的最大水压力为(　　)。

A. 6 MPa   B. 0.6 MPa

C. 60 MPa   D. 66 MPa

三、问答题

1. 什么是材料的绝对密度、表观密度和堆积密度?它们有何不同之处?

2. 建筑材料的亲水性和憎水性含义是什么?在建筑工程中有什么实际意义?

3. 什么是材料的吸水性、吸湿性、耐水性、抗渗性和抗冻性?各用什么指标表示?

4. 材料的孔隙率与孔隙特征对材料的表观密度、吸湿、吸水、抗渗、抗冻等性能有何影响?

四、计算题

1. 某材料吸水饱和后质量为 110 g,比干燥时重了 10 g,计算此材料的吸水率。

2. 含水率为 10% 的砂 220 g,计算其干燥后的质量。

3. 称取松散密度为 1 400 kg/m³ 的干砂 200 g,装入广口瓶中,再把瓶中注满水,这时称重为 500 g。已知空瓶加满水时的重量为 377 g,假定砂子不吸水,求该砂的表观密度及空隙率。

第2章　水　泥

扫一扫可见
本章电子资源

　项目分析

水泥是基本建设中最重要的建筑材料。随着现代化工业的发展,它在国民经济中的地位日益提高,应用也日益广泛。

现在水泥已广泛应用于工业建筑、民用建筑、水工建筑、道路建筑、农田水利建设和军事工程等方面。由水泥制成的各种水泥制品,如坑木、轨枕、水泥船和石棉水泥制品等广泛应用于工业、交通等部门,在代钢、代木方面,也越来越显示出技术经济上的优越性。

由于钢筋混凝土、预应力钢筋混凝土和钢结构材料的混合使用,才有高层、超高层、大跨度以及各种特殊功能的建筑物。新的产业革命,又为水泥行业提出了扩大水泥品种和扩大应用范围的新课题。开发占地球表面71%的海洋是人类进步的标志,而海洋工程的建造,如海洋平台、海洋工厂,其主要建筑材料就是水泥。此外,如宇航工业、核工业以及其他新型工业的建设,也需要各种无机非金属材料,其中最为基本的是水泥为主的复合材料。因此水泥的发展对保证国家建设计划的顺利进行起着十分重要的作用。

水泥按性能和用途可分为通用水泥、专用水泥和特种水泥。通用水泥是指用于一般土木建筑工程的水泥,如硅酸盐水泥、普通硅酸盐水泥、矿渣硅酸盐水泥、火山灰硅酸盐水泥、粉煤灰硅酸盐水泥和复合硅酸盐水泥;专用水泥是指有专门用途的水泥,如砌筑水泥、道路水泥、油井水泥等;特种水泥是指某种性能比较突出的水泥,如快硬硅酸盐水泥、膨胀水泥、喷射水泥、抗硫酸盐水泥等。

　项目内容

本项目的主要内容包括检测水泥细度、标准稠度、流动度、凝结时间、体积安定性、强度和耐磨性。通过本项目的训练,学生可达到如下知识、能力和素质目标。

　知识目标

(1) 掌握通用水泥的定义、品种、混合材的掺量与质量要求;

(2) 掌握国家标准对不同品种水泥的细度、安定性、凝结时间、强度的要求;

(3) 掌握水泥密度、细度、标准稠度、安定性、凝结时间、流动度、强度等物理性能的表示方法和物理意义;

(4) 掌握国家标准规定的水泥密度、细度、标准稠度、安定性、凝结时间、流动度、强度

等物理性能的检验原理；

（5）掌握水泥密度、细度、标准稠度、安定性、凝结时间、流动度、强度等物理性能的影响因素；

（6）掌握水泥密度、细度、标准稠度、安定性、凝结时间、流动度、强度等物理性能与水泥耐久性能之间的关系；

（7）理解水泥合格品和不合格品的区别；

（8）理解水泥不同质量等级要求；

（9）了解水泥生产流程质量控制图表的制作要点；

（10）了解水泥企业化验室的工作职责；

（11）掌握各仪器的操作规程；

（12）了解各仪器的校正方法。

 能力目标

（1）能根据不同的水泥品种（硅酸盐水泥、普通硅酸盐水泥、矿渣硅酸盐水泥、粉煤灰硅酸盐水泥、火山灰质硅酸盐水泥、复合硅酸盐水泥），查阅、选择、使用标准；

（2）能根据企业的生产流程质量控制表有代表性地取样，正确地制样、留样；

（3）能根据相应的标准及时准确地检验水泥的密度；

（4）能根据相应的标准及时准确地检验水泥的细度；

（5）能根据相应的标准及时准确地检验水泥的标准稠度；

（6）能根据相应的标准及时准确地检验水泥的安定性；

（7）能根据相应的标准及时准确地检验水泥的凝结时间；

（8）能根据相应的标准及时准确地检验水泥的流动度；

（9）能根据相应的标准及时准确地检验水泥的强度；

（10）能正确处理检验数据；

（11）能完整填写原始记录和台账；

（12）能及时向有关生产岗位和单位通报检验结果；

（13）能根据检验结果正确区分水泥质量等级；

（14）能通过阅读仪器使用说明书，会安全正确地操作仪器；

（15）能正确维护保养仪器；

（16）能简单处理检测过程中产生的废弃物；

（17）能查阅、分析、选择、整理相关资料；

（18）能与团队成员团结合作；

（19）能自我学习；

（20）能协调品质管理部物理检验组内部关系。

素质目标

（1）通过项目实施过程中的咨询、初步方案设计培养学生资料查阅能力、经济成本意识和自我学习的能力；

（2）通过项目实施过程中的检测、小组汇报等环节培养学生安全操作意识、严谨的工作态度、团队合作精神、吃苦耐劳的精神和环境保护意识。

2.1 水泥基本知识

水泥在拌水后既能在空气中硬化又能在水中硬化，属于水硬性胶凝材料。其加水拌合后能在物理、化学作用下，从浆体变成坚固的石状体，并能胶结砂、石等散粒状物料而具有一定的机械强度。

通用水泥即通用硅酸盐水泥，各品种的组分和代号应符合表2-1的规定。

表2-1 通用硅酸盐水泥组分

品种	代号	组 分				
		熟料＋石膏	粒化高炉矿渣	火山灰质混合材料	粉煤灰	石灰石
硅酸盐水泥	P·I	100	—	—	—	—
	P·II	≥95	≤5	—	—	—
		≥95	—	—	—	≤5
普通硅酸盐水泥	P·O	≥80且<95	>5且≤20[a]	—	—	—
矿渣硅酸盐水泥	P·S·A	≥50且<80	>20且≤50[b]	—	—	—
	P·S·B	≥30且<50	>50且≤70[b]	—	—	—
火山灰质硅酸盐水泥	P·P	≥60且<80	—	>20且≤40[c]	—	—
粉煤灰硅酸盐水泥	P·F	≥60且<80	—	—	>20且≤40[d]	—
复合硅酸盐水泥	P·C	≥50且<80	>20且≤50[e]			

[a] 本组分材料为符合标准GB/T 175—2007中5.2.3的活性混合材料，其中允许用不超过水泥质量8%且符合标准GB/T 175—2007中5.2.4的非活性混合材料或不超过水泥质量5%且符合标准GB/T 175—2007中5.2.5的窑灰代替。

[b] 本组分材料为符合GB/T 203—2008或GB/T 18046—2008的活性混合材料，其中允许用不超过水泥质量8%且符合标准GB/T 175—2007中第5.2.3条的活性混合材料或符合标准GB/T 175—2007中第5.2.4条的非活性混合材料或符合标准GB/T 175—2007中第5.2.5条的窑灰中的任一种材料代替。

[c] 本组分材料为符合GB/T 2847—2005的活性混合材料。

[d] 本组分材料为符合GB/T 1596—2005的活性混合材料。

[e] 本组分材料为由两种（含）以上符合标准GB/T 175—2007中第5.2.3条的活性混合材料或/和符合标准GB/T 175—2007中第5.2.4条的非活性混合材料组成，其中允许用不超过水泥质量8%且符合标准GB/T 175—2007中第5.2.5条的窑灰代替。掺矿渣时混合材料掺量不得与矿渣硅酸盐水泥重复。

通用硅酸盐水泥主要材料有硅酸盐水泥熟料、石膏、活性混合材料、非活性混合材料、窑灰和助磨剂等。硅酸盐水泥熟料是由主要含 CaO、SiO_2、Al_2O_3、Fe_2O_3 的原料，按适当比例磨成细粉烧至部分熔融所得的以硅酸钙为主要矿物成分的水硬性胶凝物质。其中硅酸钙矿物不小于 66%，氧化钙和氧化硅质量比不小于 2.0。石膏有天然石膏（应符合 GB/T 5483 中规定的 G 类或 M 类二级（含）以上的石膏或混合石膏）和工业副产石膏（以硫酸钙为主要成分的工业副产物）。活性混合材料应符合 GB/T 203—2008、GB/T 18046—2006、GB/T 1596—2005、GB/T 2847—2005 标准要求的粒化高炉矿渣、粒化高炉矿渣粉、粉煤灰、火山灰质混合材料。非活性混合材料包括活性指标分别低于 GB/T 203—2008、GB/T 18046—2006、GB/T 1596—2005、GB/T 2847—2005 标准要求的粒化高炉矿渣、粒化高炉矿渣粉、粉煤灰、火山灰质混合材料和石灰石、砂岩，其中石灰石中的三氧化二铝含量应不大于 2.5%。

2.1.1　水泥密度

水泥绝对密实密度简称水泥密度，是指水泥在干燥条件下和绝对密实（没有空隙）状态下，水泥单位体积的质量，单位为"g/cm³"。水泥容积密度是指水泥在自然状态下（包括颗粒内部和颗粒之间的空隙）单位体积的质量，单位为"g/mL"。通常所说的水泥密度指绝对密实密度。

水泥密度是油井、堵塞、地热等特殊工程需用水泥的重要建筑性质之一。在这些特殊工程的施工中，为了便于浇注，保证工程质量，根据地层压力和地质条件等的不同，而需要配制不同密度的水泥浆。因此这些特殊工程在使用水泥时必须检验和控制水泥的密度。水泥的品种不同，它的密度也不相同，其一般的变动范围如下：

硅酸盐水泥、普通硅酸盐水泥	$3.1 \sim 3.2$ g/cm³
矿渣硅酸盐水泥	$3.0 \sim 3.1$ g/cm³
火山灰硅酸盐水泥、粉煤灰硅酸盐水泥	$2.7 \sim 3.1$ g/cm³
复合硅酸盐水泥	$2.8 \sim 3.0$ g/cm³
高铝水泥	$3.1 \sim 3.3$ g/cm³
少熟料和无熟料水泥	$2.2 \sim 2.8$ g/cm³

影响水泥密度的主要因素有熟料的矿物组成、熟料的焙烧程度、混合材的种类和掺量以及水泥的贮存时间和条件。熟料的各单体矿物的密度是各不相同的，一般地，C_2S（$2CaO \cdot SiO_2$）的密度为 3.28 g/cm³、C_3S（$3CaO \cdot SiO_2$）的密度为 3.14 g/cm³、C_3A（$3CaO \cdot Al_2O_3$）的密度为 3.04 g/cm³、C_4AF（$4CaO \cdot Al_2O_3 \cdot Fe_2O_3$）的密度为 3.77 g/cm³，其中以 C_4AF 的密度为最大，所以熟料中 C_4AF 含量增加，水泥的密度可以提高。水泥贮存时间长，尤其是在比较潮湿的条件下贮存时，由于水泥逐渐吸收空气中的水分和二氧化碳而风化，生成密度较小的产物，使水泥的密度减小。生烧熟料比重小，过烧熟料比重大，煅烧正常的熟料比重介于两者之间。

2.1.2　水泥细度

水泥的粗细程度（颗粒大小），称为水泥的细度。水泥一般是由几微米到几十微米的大小不同的颗粒组成的。

水泥细度对水泥的性能影响很大,在一定程度上,水泥粉磨得越细,越有利于加速水泥的水化、凝结和硬化过程,对提高水泥强度,特别是对提高早期强度有较好的效果。此外,水泥粉磨得越细,其表面积越大,与水拌和时,它们的接触面积越大,水化反应越快,而且越完全。一般试验条件下,水泥颗粒大小与水化的关系是:$<10\ \mu m$,水化最快;$3\sim30\ \mu m$,是水泥主要的活性部分;$>60\ \mu m$,水化缓慢;$>90\ \mu m$,表面水化,只起微集料作用。水泥比表面积与水泥有效利用率(一年龄期)的关系是:$3\ 000\ cm^2/g$ 时,只有 44% 可水化发挥作用;$7\ 000\ cm^2/g$ 时,有效利用率可达 80% 左右;$10\ 000\ cm^2/g$ 时,有效利用率可达 $90\%\sim95\%$。在水化过程中,由于水泥颗粒被 $C-S-H$ 凝胶所包围,反应速率逐渐为扩散所控制。据有关研究表明,当包裹层厚度达到 $25\ \mu m$ 时,扩散非常缓慢,水化实际停止。因此,凡粒径在 $50\ \mu m$ 以上的水泥颗粒,就可能有未水化的内核部分遗留。所以必须将水泥磨到合适的细度,才能充分发挥其活性。

在其他条件相同的情况下,水泥强度随比表面积的增加而提高,其影响程度对早期强度最为显著。随后,扩散逐渐控制水化进程,比表面积的作用就退居次要位置。因此在 90 天特别是到 1 年以后,细度对强度已几乎无影响。同时,提高细度的效果对于原有较粗的水泥较为明显,当增大到超过 $5\ 000\ cm^2/g$ 后,除了 1 d 的强度外,其他龄期的强度增长就减少。

水泥越细,比表面积过大,小于 $3\ \mu m$ 颗粒太多,虽然水化速度很快,水泥有效利用率很高,但是,因水泥比表面积大,水泥浆体要达到同样流动度的需水量就过多,将使硬化水泥浆体因水分过多引起孔隙率增加而降低强度,当这种损失超过水泥有效利用率提高而增加的强度时,则水泥强度下降。试验表明,在通常成型试验条件下,水泥细度越细,水泥强度越高,特别是 1 d,3 d 的早期强度;但小于 $10\ \mu m$ 颗粒大于 $50\%\sim60\%$ 时或水泥比表面积大于 $5\ 000\sim6\ 000\ cm^2/g$ 时,7 d,28 d 强度开始下降。干缩率也随细度的提高而增加,但其中可能包括水灰比对干缩率的影响。不过,从水泥越细水化越快考虑,浆体内凝胶含量的增多,应该是引起干缩率增大的一个主要原因。

相同比表面积的水泥,可具有各种不同的颗粒级配。而且由于部分熟料矿物易磨性的差别,故粒度不同的颗粒,在组成上并不一样。曾经测得硅酸三钙在细颗粒中含量较高,而硅酸二钙在粗颗粒中偏多。至于铝酸三钙和铁铝酸四钙在各种大小颗粒中的分布则大致相同。

研究表明,在同一比表面积的情况下,颗粒分布范围越窄,即无论大粒或小粒都为数不多,属于所谓的"窄级配"时,水泥强度会有一定的提高。这主要是因为在相同比表面积时,窄级配的水泥水化较快,形成的水化产物有所增多的缘故。因此,采用窄级配的水泥,就可能在粉磨不太细的前提下,获得相同的强度。不过,水泥的颗粒分布变窄后,标准稠度需水量要有所增大。而且,有的试验还表明,如果细颗粒例如 $<3\ \mu m$ 一级的颗粒太少时,对水化进程的进展反而不利。

在生产过程中,当熟料中 f-CaO 较高时,水泥磨得细些,f-CaO 就可较快吸收水分而消解,因而可降低其破坏作用,改善水泥的安定性。但是,在提高水泥细度的同时,磨机的台时产量要下降,电耗、球段和衬板的消耗也必然相应增加。而且,随着水泥比表面积的提高,干缩和水化放热速率变大;在贮存时,则越会受潮。因此,合适的水泥细度,应该是使水泥质量能满足规定要求,并须与磨机产量以及成本等各种技术经济指标综合考虑,慎重选定。同时还应采用较佳的颗粒级配,以满足不同的性能要求。

2.1.3 需水性

在用水泥制作净浆、砂浆或者拌制混凝土时,都必须加入适量的水分。这些水分一方面与水泥粉起水化反应,使其凝结硬化,另一方面使净浆、砂浆和混凝土具有一定的流动性和可塑性,以便于施工时浇灌成型。因此,需水性也是水泥重要建筑性质之一。其他条件相同的情况下,需水量愈低,水泥石的质量会愈高。

水泥的需水性常用水泥净浆标准稠度用水量和水泥胶砂流动度来表示。

1. 标准稠度

水泥净浆在某一用水量和特定测试方法下达到的稠度,称为水泥的标准稠度,这一用水量即称为水泥的标准稠度用水量,它是水泥净浆需水性的一种反映,用100克水泥需用水的毫升数(%)表示。

水泥标准稠度用水量由以下三部分组成:

(1) 在诱导期开始前被新生成的水化物结合的结晶水(通常不足10%);

(2) 湿润新生成水化物表面和填充其空隙的水;

(3) 填充原始水泥颗粒间的空隙和在水泥颗粒表面形成足够厚度的水膜,从而使水泥浆体达到标准稠度的用水量。

前两部分的用水量较小,最大用水量是第三部分的用水量。第三部分的用水量主要决定于水泥颗粒空隙和水泥颗粒表面积的多少,以及水膜厚度的大小。

当其他条件不变时,为达到一定的流动性(坍落度),混凝土用水量将随水泥标准稠度用水量的增大而增大。对普通混凝土,水泥标准稠度用水量每增减1%,要维持混凝土坍落度不变,则每方混凝土用水量相应约增减6～8 kg水。

混凝土专家匡楚胜以水泥标准稠度用水量25%作为标准值,得出混凝土用水量随水泥标准稠度用水量增减而变化的经验公式:

$$\Delta w = C(N-0.25) \times 0.8$$

式中,Δw 为每立方米混凝土用水量变化值,kg/m³;C 为每立方米混凝土水泥用量,kg/m³;N 为水泥标准稠度用水量,%。

若标准稠度用水量越大,则水泥净浆达到标准稠度的用水量、水泥砂浆达到规定流动度的用水量,以及水泥混凝土达到一定坍落度的用水量也都越大,使其净浆、砂浆、混凝土的水灰比越大,其孔隙越多,密实度越小,从而使水泥及其混凝土的施工性能、力学性能和耐久性能变差。

一般来说,水泥标准稠度用水量的变化范围如下:

硅酸盐水泥　　　　　　　　　　　　　　　21%～28%

普通硅酸盐水泥	23%～28%
矿渣硅酸盐水泥	24%～30%
火山灰质硅酸盐水泥及粉煤灰硅酸盐水泥	26%～32%

影响水泥需水量的因素很多,主要有水泥熟料的矿物组成、水泥的细度、混合材的种类及掺量等。水泥熟料的各单体矿物中,需水量的大小是不同的,所以当熟料中的矿物组成发生改变时,水泥的需水量会随之改变。水泥的细度愈细,包围细小颗粒需要的水量也愈多,所以水泥的标准稠度用水量将增大,反之,用水量会减小。

2. 水泥胶砂流动度

水泥胶砂流动度是水泥胶砂可塑性的反映,它表示水泥胶砂在跳桌上按规定操作进行跳动试验后,胶砂底部扩散直径的大小,以毫米数表示。

按照 GB/T 175—2007 中的 8.6 条款,火山灰硅酸盐水泥、粉煤灰硅酸盐水泥、复合硅酸盐水泥和掺火山灰质混合材的普通硅酸盐水泥进行胶砂强度检验时,其用水量按 0.50 水灰比和胶砂流动度不小于 180 mm 来确定,当流动度小于 180 mm 时,应以 0.01 的整数倍递增方法将水灰比调整至胶砂流动度不小于 180 mm。

水泥胶砂流动度的影响因素主要有水泥细度、混合材的种类和掺量、水泥熟料中 SO_3 的含量、水泥熟料中 C_3A 的含量。水泥细度越粗,加入越少的水即能使水泥胶砂在跳桌上扩散直径达到 180 mm;掺矿渣、钢渣和优质粉煤灰的水泥,需水量也相应减少;水泥熟料中 SO_3 含量必须控制在一个合适的范围内,才能确保水泥有合适的需水量;水泥熟料中 C_3A 的含量增加,需水量会增加。

2.1.4　凝结时间

水泥从加水开始到失去流动性,即从可塑状态发展到比较致密的固体状态所需要的时间,称为水泥的凝结时间。

为了更好地反映水泥的凝结时间,有利于建筑施工,水泥的凝结时间又人为地分为初凝时间和终凝时间。水泥从加水开始到水泥浆开始失去流动性,也就是到水化产物开始凝聚具有一定结构时所需要的时间即为初凝时间,水泥从加水开始到发展为比较致密的固体状态,也就是到发展为具有一定的结构强度时所需要的时间即为终凝时间。

水泥的凝结时间是水泥的重要建筑性质之一,在建筑施工中具有重要的意义。根据混凝土、砂浆施工的要求,水泥既不能初凝时间太短,也不能终凝时间太长。初凝时间太短,混凝土、砂浆将来不及搅拌、运输、浇捣或砌筑,影响工程的质量;终凝时间太长,则将延长脱模时间及养护时间,而影响施工进度。

GB/T 175—2007 规定:硅酸盐水泥初凝时间均不得早于 45 min,终凝时间不得迟于 390 min。普通硅酸盐水泥、矿渣硅酸盐水泥、粉煤灰硅酸盐水泥、火山灰质硅酸盐水泥和复合水泥初凝时间均不得早于 45 min,终凝时间不大于 600 min。在实际生产中,以上六大品种的初凝时间一般在 1～3 h,终凝时间一般在 4～6 h。

水泥的瞬凝和假凝是水泥加水调和后立即发生的两种不正常的快凝现象。瞬凝时放出大量的热,迅速结硬,使施工不能进行;假凝时不明显地放热,出现假凝后,如不再加水而继续搅拌则仍可以恢复塑性,而且以后强度并不明显地降低。

影响水泥凝结时间的因素是多方面的,凡是影响水泥水化速度的因素一般都能影响水泥凝结时间。如熟料中 f - CaO 含量,K_2O、Na_2O 含量,熟料的矿物组成,混合材料掺量,粉磨细度,水泥用水量及贮存时间等。

2.1.5 水泥体积安定性

水泥浆在凝结、硬化后是否因体积膨胀不均匀而变形的性能,称为水泥的体积安定性,简称为水泥的安定性。安定性直接反映了水泥质量的好坏,是水泥国家标准规定的品质指标中的一项重要指标。水泥安定性合格是保证砂浆、混凝土工程等质量的必要条件,否则,水泥安定性不合格,将使砂浆、混凝土工程等产生变形,出现弯曲、裂纹甚至崩溃,造成严重的质量事故。因此世界各国在控制水泥质量标准时,对于水泥体积安定性给予十分的重视。我国标准中明确规定水泥的安定性不合格严禁出厂。

水泥安定性不合格的原因,主要是由于水泥熟料中含有过多的 f - CaO、方镁石或者水泥中石膏(SO_3)掺加量过多造成的。GB/T 175—2007、GB/T 12958—1999 及 GB/T 1344—1999 对六大品种水泥的安定性作如下规定:

(1)熟料中氧化镁的含量不宜超过 5.0%。如果水泥经压蒸安定性试验合格,则熟料中氧化镁的含量允许放宽到 6.0%;

(2)矿渣水泥中 SO_3 的含量不得超过 4.0%,其他五大品种水泥中 SO_3 的含量均不得超过 3.5%;

(3)沸煮法检验水泥安定性时必须合格。在生产中一般控制:回转窑煅烧的熟料中 f - CaO 的含量 2.0%~3.0%,立窑煅烧的熟料中 f - CaO 的含量小于 2.0%~3.0%。

2.1.6 水泥强度

水泥胶砂硬化试体承受外力破坏的能力称为水泥的强度。强度的大小用破坏时的应力表示。根据受力形式的不同,水泥强度通常分抗压强度、抗拉强度和抗折强度三种。

(1)抗压强度:水泥胶砂硬化试体在压力作用下的强度极限,称为水泥的抗压强度。单位为兆帕(MPa)。

(2)抗拉强度:水泥胶砂硬化试体在拉力作用下的强度极限,称为水泥的抗拉强度。单位为兆帕(MPa)。

(3)抗折强度:水泥胶砂硬化试体在弯曲力作用下的强度极限,称为水泥的抗折强度。单位为兆帕(MPa)。

水泥的强度是水泥国家标准规定的品质指标中的一项主要指标。检验水泥的强度,一方面可以确定水泥强度等级,对比水泥的质量,合理地指导生产,另一方面可以根据水泥强度等级,设计混凝土的组成,合理地使用水泥,保证工程质量。六大品种水泥强度等级各龄期强度如表 2-2 所示。

表 2-2 六大品种水泥强度等级各龄期强度

品种	强度等级	抗压强度		抗折强度	
		3 d	28 d	3 d	28 d
硅酸盐水泥	42.5	17.0	42.5	3.5	6.5
	42.5R	22.0	42.5	4.0	6.5
	52.5	23.0	52.5	4.0	7.0
	52.5R	27.0	52.5	5.0	7.0
	62.5	28.0	62.5	5.0	8.0
	52.5R	32.0	62.5	5.5	8.0
普通硅酸盐水泥	42.5	16.0	42.5	3.5	6.5
	42.5R	21.0	42.5	4.0	6.5
	52.5	22.0	52.5	4.0	7.0
	52.5R	26.0	52.5	5.0	7.0
矿渣硅酸盐水泥 粉煤灰硅酸盐水泥 火山灰质硅酸盐水泥	32.5	10.0	32.5	2.5	5.5
	32.5R	15.0	32.5	3.5	5.5
	42.5	15.0	42.5	3.5	6.5
	42.5R	19.0	42.5	4.0	6.5
	52.5	21.0	52.5	4.0	7.0
	52.5R	23.0	52.5	4.5	7.0
复合水泥	32.5	11.0	32.5	2.5	5.5
	32.5R	16.0	32.5	3.5	5.5
	42.5	16.0	42.5	3.5	6.5
	42.5R	21.0	42.5	4.0	6.5
	52.5	22.0	52.5	4.0	7.0
	52.5R	26.0	52.5	5.0	7.0

　　GB/T 175—2007 规定:硅酸盐水泥强度等级分为 42.5、42.5R、52.5、52.5R、62.5、62.5R 六个等级;普通硅酸盐水泥的强度等级分为 42.5、42.5R、52.5、52.5R 四个等级;矿渣硅酸盐水泥、火山灰质硅酸盐水泥、粉煤灰硅酸盐水泥、复合硅酸盐水泥的强度等级分为 32.5、32.5R、42.5、42.5R、52.5、52.5R 六个等级。水泥强度等级是按规定龄期的抗压强度和抗折强度来划分的,各强度等级水泥的各龄期强度不得低于表 2-2 数值。

　　影响水泥强度的因素很多,主要有熟料的矿物组成、煅烧程度、冷却速度、水泥的细度、用水量、外加剂、养护条件及贮存情况等。

2.1.7 保水性和泌水性

不论是在实验室做实验,还是在工地上配制砂浆或混凝土时,常会发现不同品质的水泥有不同现象,有的水泥凝结时会将拌合水保留起来,有的水泥在凝结过程中会析出一部分拌合水。这种析出的水往往会覆盖在试体或构筑物的表面上,或从模板底部渗溢出来。水泥的这种保留水分的性能,称为保水性;水泥析出水分的性能称为泌水性或析水性。保水性和泌水性这两个名称,实际上指的是一种事物的两个相反现象。

泌水性对制造均质混凝土是有害的,因为从混凝土中泌出的水常会聚集在浇灌面层,这样就使这一层混凝土和下一次浇灌的一层混凝土之间产生出一层含水较高的间层。无疑地,这将妨碍混凝土层与层间的结合,因而破坏了混凝土的均质性。分层现象不仅会在混凝土各浇灌层的两面上发生,而且也会在混凝土内部发生。因为从水泥砂浆中析出来的水分,还常会聚集在粗集料的钢筋下表面,这样不仅会使混凝土与钢筋握裹力大为减弱,而且还会因这些水分的蒸发而留下许多微小的空隙,从而降低混凝土强度和抗水性。

2.2 水泥的取样

根据《水泥取样方法》(GB/T 12573—2008),水泥的取样应按下列方法执行。

2.2.1 取样工具

(1) 自动取样器,可自行设计制作,常见自动取样器参见如下:

自动取样采用图 2-1 所示的自动连续取样器,其他能够取得有代表性样品的机械取样装置亦可采用。

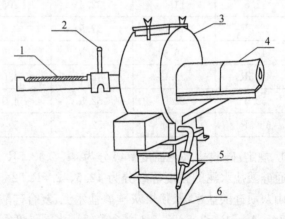

1. 入料处;2. 调节手柄;3. 混料筒;4. 电机;5. 配重锤;6. 出料口

图 2-1 自动连续取样器

(2) 手工取样器,可自行设计制作,常见手工取样器参见如下:
① 袋装水泥,采用图 2-2 所示的取样管。
② 散装水泥,采用图 2-3 所示的取样管。

也可采用其他能够取得有代表性样品的手工取样工具。

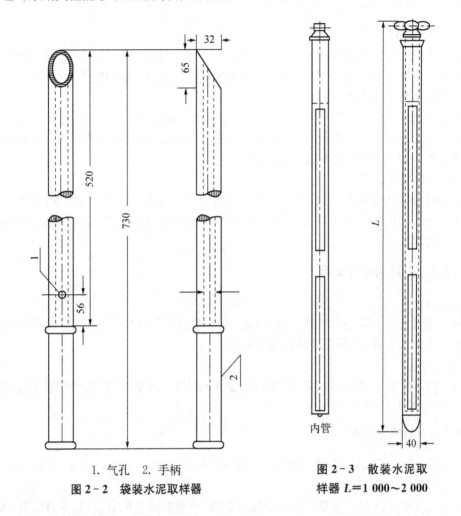

1. 气孔　2. 手柄

图 2-2　袋装水泥取样器

图 2-3　散装水泥取

样器 $L=1\,000\sim2\,000$

2.2.2　取样部位

（1）水泥输送管路中（适用于机械取样）。

（2）袋装水泥堆场。

（3）散装水泥卸料处或输送水泥运输机具上。

注：不应在污染严重的环境中取样。

2.2.3　样品数量

（1）混合样。

取样数量应符合各相应水泥标准的规定。一般常用的几种硅酸盐水泥为 12 kg。

（2）分割样。

① 袋装水泥：每 1/10 编号从一袋中取至少 6 kg。

② 散装水泥：每 1/10 编号在 5 min 内取至少 6 kg。

2.2.4 取样步骤

（1）手工取样。

袋装水泥取样。采用图 2-2 的取样管取样。随机选择 20 袋以上不同的部位，将取样管沿对角线插入水泥适当深度，用大拇指按住气孔，小心抽出取样管。将所取样品放入洁净、干燥、不易受污染的容器中。

散装水泥取样。当所取水泥深度不超过 2 m 时，采用图 2-3 的槽形管式取样器取样。通过转动取样器内管控制开关，在适当位置插入水泥一定深度，关闭后小心抽出。将所取样品放入洁净、干燥、不易受污染的容器中。

（2）自动取样。

采用自动取样器取样。采用图 2-1 的自动取样装置取样。该装置一般安装在尽量接近于水泥包装机的管路中，从流动的水泥流中取出样品，然后将样品放入洁净、干燥、不易受污染的容器中。

2.2.5 样品制备与试验

（1）混合样。

每一编号所取水泥混合样通过 0.9 mm 方孔筛后充分混匀，一次或多次将样品缩分到标准要求的规定量，均分为试验样和封存样。

（2）分割样。

每一编号所取 10 个分割样应分别通过 0.9 mm 方孔筛并按规范进行试验，不得混杂。

注：样品不得混入杂物及结块。

2.2.6 包装与贮存

（1）样品取得后应存放在密封的金属容器中，加封条。容器应洁净、干燥、防潮、密闭、不易破损、不与水泥发生反应。

（2）封存样品的容器应至少在一处加盖清晰、不易擦掉的标有编号、取样试件、地点、人员的密封印，如只在一处，标志应在器壁上。

（3）封存样应密封储存，储存期应符合相应水泥标准的规定。试验样与分割样亦应妥善储存。

（4）封存样应贮存于干燥、通风的环境中。

2.3 水泥细度检验方法 筛析法

2.3.1 检测标准

水泥细度依据《水泥细度检验方法 筛析法》(GB/T 1345—2005)进行检验。

2.3.2 检测原理

根据一定量水泥在一定孔径筛子上的筛余量大小来反映水泥的粗细。筛余量越大，水泥越粗；反之，水泥越细。检测中采用 45 μm 方孔标准筛和 80 μm 方孔标准筛对水泥试样进行筛析试验，用筛上筛余物的质量百分数来表示水泥样品的细度。

2.3.3 检测仪器

1. 试验筛

（1）试验筛由圆形筛框和筛网组成，筛网符合 GB/T 6005—2008 R20/380 μm，GB/T 6005—2008 R20/345 μm 的要求，分负压筛、水筛和手工筛三种，负压筛和水筛的结构尺寸如图 2-4 和图 2-5 所示。负压筛应附有透明筛盖，筛盖与筛上口应有良好的密封性。手工筛结构符合 GB/T 6003.1，其中筛框高度为 50 mm，筛子的直径为 150 mm。

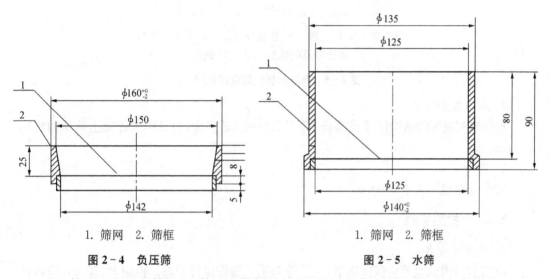

1. 筛网 2. 筛框

图 2-4 负压筛

1. 筛网 2. 筛框

图 2-5 水筛

（2）筛网应紧绷在筛框上，筛网和筛框接触处，应用防水胶密封，防止水泥嵌入。

（3）筛孔尺寸的检验方法按 GB/T 6003.1—2012 进行。由于物料会对筛网产生磨损，试验筛使用 100 次后需要重新标定。

2. 负压筛析仪

（1）负压筛析仪由筛座、负压筛、负压源及收尘器组成，其中筛座由转速为 30±2 r/min 的喷气嘴、负压表、控制板、微电机及壳体等构成，如图 2-6 所示。

（2）筛析仪负压可调范围为 4 000~6 000 Pa。

（3）喷气嘴上口平面与筛网之间距离为 2~8 mm。

（4）喷气嘴的上口尺寸如图 2-6 所示。

（5）负压源和收尘器，由功率≥600 W 的工业吸尘器和小型旋风收尘筒组成或用其他具有相当功能的设备。

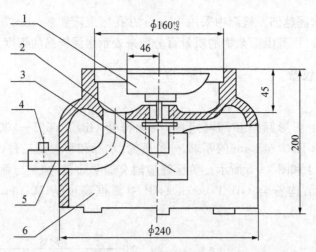

1. 喷气嘴　2. 微电机　3. 控制板开口　4. 负压表接口
5. 负压源及收尘器接口　6. 壳体

图 2-6　负压筛析仪筛座示意图

3. 水筛架和喷头

水筛架和喷头的结构尺寸应符合 JC/T 728—2005 规定,但其中水筛架上筛座内径为 140 mm。

4. 天平

最小分度值不大于 0.01 g。

2.3.4　检测步骤

1. 检测前准备

检测前所用试验筛应保持清洁,负压筛和手工筛应保持干燥。检测时,80 μm 筛析试验称取试样 25g,45 μm 筛析试验称取试样 10 g。

2. 负压筛析法

(1) 筛析试验前,应把负压筛放在筛座上,盖上筛盖,接通电源,检查控制系统,调节负压至 4 000~6 000 Pa 范围内。

(2) 称取试样精度至 0.01 g,置于洁净的负压筛中,放在筛座上,盖上筛盖,接通电源,开动筛析仪连续筛析 2 min,在此期间如有试样附着在筛盖上,可轻轻地敲击筛盖使试样落下。筛毕,用天平称量全部筛余物。

(3) 注意事项。

① 检测前要检查被测样品,不得受潮、结块或混有其他杂质。

② 检测前应将带盖的干筛放在干筛座上,接通电源,检查负压、密封情况和控制系统等一切正常后,方能开始正式试验。

③ 检测时,当负压小于 4 000 Pa 时,应清理吸尘器内水泥。使负压恢复正常。

④ 每做完一次筛析检测,应用毛刷清理一次筛网,以防筛网被堵塞。

3. 水筛法

(1) 筛析试验前,应检查水中无泥、砂,调整好水压及水筛的位置,使其能正常运转。

并控制喷头底面和筛网之间距离为 35～75 mm。

（2）称取试样精度至 0.01 g，置于洁净的水筛中，立即用淡水冲洗至大部分细粉通过后，放在水筛架上，用水压为 0.05±0.02 MPa 的喷头连续冲洗 3 min。筛毕，用少量水把筛余物冲至蒸发皿中，等水泥颗粒全部沉淀后，小心倒出清水，烘干并用天平称量全部筛余物。

（3）注意事项。

① 检测前要仔细检查水压、水质、喷头、筛子、筛座是否符合规定要求。

② 用分散水流对筛内水泥进行冲洗时，水压要控制在 0.05±0.02 MPa，喷头离筛网的距离约 50 mm，筛子在筛座上的旋转速度约为 50 r/min。

③ 喷头应防止堵塞，堵塞孔数不能超过 20 个。发现喷头孔洞堵塞，要及时疏通。

④ 使用筛（或更换新筛时）须定期用标准粉（二级）进行检验，当试验筛的修正系数在 0.8～1.2 以内时方可使用，否则，需重新更换新筛。

4. 手工筛析法

（1）称取试样精度至 0.01 g，倒入手工筛内。

（2）用一只手持筛往复摇动，另一只手轻轻拍打，往复摇动和拍打过程应保持近于水平。拍打速度每分钟约 120 次，每 40 次向同一方向转动 60°，使试样均匀分布在筛网上，直至每分钟通过的试样量不超过 0.03 g 为止。称量全部筛余物。

5. 其他粉状物筛析

对其他粉状物或采用 45～80 μm 以外规格方孔筛进行筛析试验时，应指明筛子的规格、称样量、筛析时间等相关参数。

6. 试验筛的清洗

试验筛必须经常保持洁净，筛孔通畅。使用 10 次后要进行清洗。金属框筛、铜丝网筛清洗时应用专门的清洗剂，不可用弱酸浸泡。

2.3.5　结果计算及处理

1. 计算

水泥试样筛余百分数按下式计算：

$$F=\frac{R_t}{W}\times100 \tag{2-1}$$

式中，F 为水泥试样的筛余百分率，%；R_t 为水泥筛余物的质量，g；W 为水泥试样的质量，g；结果计算至 0.1%。

2. 筛余结果的修正

试验筛的筛网会在试验中磨损，因此筛析结果应进行修正。修正的方法是将计算结果乘以该试验筛按国家标准标定后得到的有效修正系数，即为最终结果。

实例：用 A 号实验筛对某水泥样的筛余值为 5%，而 A 号实验筛的修正系数为 1.1，则该水泥样的最终结果为 5%×1.1=5.5%。

合格评定时，每个样品应称取两个试样分别筛析，取筛余平均值为筛析结果。若两次筛余结果绝对误差大于 0.5%时（筛余值大于 5.0%时可放宽至 1.0%）应再做一次试样，取两次相近结果的算术平均值作为最终结果。

3. 试样结果

负压筛法、水筛法和手工筛析法测定的结果发生争议时,以负压筛析法为准。

2.4 水泥比表面积测定方法 勃氏法

2.4.1 检测标准

水泥比表面积依据《水泥比表面积测定方法 勃氏法》(GB/T 8074—2008)测定。

2.4.2 检测原理

根据一定量气体透过含有一定空隙率和规定厚度的试样层时所受到的阻力的不同而引起空气流速的变化来计算水泥的比表面积。粉料越细,空气透过时阻力越大,则一定量空气通过同样厚度的料层所需的时间就越长,比表面积值就愈大,反之,测定的比表面积就越小。

2.4.3 检测仪器

(1) 透气仪由透气圆筒、捣器、压力计、抽气装置等四部分构成,如图 2-7 所示。

透气圆筒如图 2-8 所示,为放置水泥试样用,是一内径为 12.70±0.05 mm 的钢质圆筒,圆筒下部锥度与压力计上玻璃磨口锥度一致,连接严密。在圆筒内壁距离上口边 55±10 mm 处有一突出的宽度为 0.5~1 mm 的边缘,以放置金属穿孔板。穿孔板为一钢质或其他不受腐蚀的金属制成的薄板,厚度为 1.0±0.1 mm,板面上均匀分布 35 个直径 1 mm 的小孔,穿孔板与圆筒内壁密合。

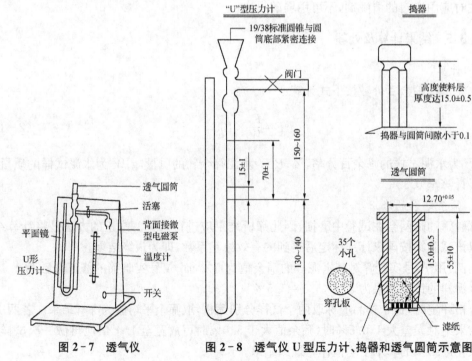

图 2-7 透气仪   图 2-8 透气仪 U 型压力计、捣器和透气圆筒示意图

捣器如图 2-8 所示,为捣实圆筒内水泥试样至固定厚度时用。捣压时,支承环必须与圆筒口接触,这时捣器底面与穿孔板之间距离为 15.0±0.5 mm。

压力计如图 2-8 所示,由外径 9 mm 的具有标准的玻璃管制成(管内装有带色的蒸馏水)。压力计一个臂的顶部有一锥形磨口与透气圆筒紧密连接,在连接透气圆筒的压力计臂上刻有环形线。从压力计底部往上 280~300 mm 处有一出口管,管上装有阀门,连接抽气装置。

抽气装置,用小型电磁泵或抽气球。

(2) 烘干箱,温控灵敏度±1℃。

(3) 分析天平,分度值为 1 mg。

(4) 秒表,精确到 0.5 s。

2.4.4　检测步骤

1. 仪器校准

(1) 仪器漏气的检查。将透气圆筒上口用橡皮塞塞紧,接到压力计上。用抽气装置从压力计一臂中抽出部分气体后关闭阀门,观察是否漏气(3~5 s 内压力计液面未下降,即不漏气)。若发现漏气,用活塞油脂加以密封。

(2) 试料层体积的测定:用水银代替测定料层体积。将两片滤纸沿圆筒壁放入透气圆筒内,用一直径比透气圆筒略小的细长棒往下按,直到滤纸平整放在金属的穿孔板上。然后装满水银,用一小块薄玻璃板轻压水银表面,使水银面与圆筒口平齐,并须保证在玻璃板和水银表面之间无气泡或空洞存在。从圆筒中倒出水银,称量,精确至 0.05 g。重复几次测定,直到数值基本不变为止。然后从圆筒中取出一片滤纸,用约 3.3 g 的水泥倒入圆筒,并轻敲圆筒的边,使水泥层表面平坦后,再把取出的一片滤纸盖在水泥层上面,用捣器压实料层直至捣器的支持环与圆筒边紧密接触并旋转两周,取出捣器,再把水银装满圆筒压平,倒出水银称量,重复几次,直到水银称量值相差小于 50 mg 为止。圆筒内水泥料层应捣压坚实,若太松或水泥太多达不到要求体积时,应调整水泥试用量。其体积 V (cm³)按下式计算。

$$V=\frac{(P_1-P_2)}{\rho_{水银}}\qquad(2-2)$$

式中,P_1 为未装水泥时充满圆筒的水银质量,g;P_2 为装入水泥后充满圆筒的水银质量,g;$\rho_{水银}$ 为试验温度下水银的密度,g/cm³(见表 2-3)。

试料层体积的测定至少应进行两次,每次应单独压实,取两次数值相差不超过 0.005 cm³ 的平均值。每隔一季度至半年应重新校正试料层体积,以避免因圆筒磨损造成的试验误差(使用滤纸改变时也应重新校正)。

2. 试样的制备

(1) 将在 110±10 ℃烘干 1 h,并在干燥器内冷却到室温的标准试样,倒入 100 mL 的密闭瓶内,用力摇动 2 min,使试样松散。静置 2 min 后打开瓶盖,轻轻搅拌,使在松散过程中落到表面的细粉分布到整个试样中。

（2）水泥试样先通过 0.9 mm 方孔筛,再在 110±10 ℃烘干 1 h,并在干燥器内冷却至室温。

（3）确定试样量。校正试验用的标准试样量和被测定水泥的质量,应达到制备的试样层中空隙率为 0.500±0.005。所需试样量按下式计算。

$$W = \rho V(1-\varepsilon) \tag{2-3}$$

式中,W 为需要的试样量,g;V 为圆筒中试料层体积,cm^3;ρ 为试样密度,g/cm^3;ε 为圆筒内水泥层捣实后的空隙率,即圆筒中水泥空隙的体积与水泥总体积的比值。一般水泥采用 0.500±0.005。

（4）水泥试料层的制备。将穿孔板放入圆筒内,上面铺一张圆形滤纸并压紧边缘。将计算好的水泥称量(精确到 0.001 g)倒入圆筒内,轻敲圆筒的边,并使水泥表面平坦后,再在其上面放一片滤纸,用捣器均匀捣实试料至支持环紧紧地接触圆筒顶边并旋转两周,慢慢取出捣器。

3. 检测步骤

（1）把装有试料层的透气圆筒连接到压力计上,要保证紧密连接不漏气,并不振动试料层。

（2）打开微型电磁泵慢慢从压力计一臂抽出空气,直到压力计内液面上升到扩大部下端时关闭阀门。当压力计内液体的凹月面下降到第一个刻线时开始计时,当液体的凹月面下降到第二条刻线时停止计时。记录液面从第一刻线到第二刻线所需的时间(以 s 记录),并记下试验时的温度(℃)。每次通气试验,应重新制备试料层。

2.4.5 数据处理

（1）当被测物料的密度、试料层中空隙率与标准试样相同,试验温差≤±3℃时,按下式计算。

$$S = \frac{S_S \sqrt{T}}{\sqrt{T_S}} \tag{2-4}$$

如试验温差>±3℃时,按下式计算。

$$S = \frac{S_S \sqrt{T} \sqrt{\eta_S}}{\sqrt{T_S} \sqrt{\eta}} \tag{2-5}$$

式中,S 为被测试样的比表面积,cm^2/g;S_S 为标准试样的比表面积,cm^2/g;T 为被测试样试验时,压力计中液面降落测得的时间,s;T_S 为标准试样试验时,压力计中液面降落测得的时间,s;η 为被测试样试验温度下的空气黏度,$Pa \cdot s$;η_S 为标准试样试验温度下的空气黏度,$Pa \cdot s$。

（2）当被测试样的试料层中空隙率与标准试样试料层中空隙率不同,试验时温差≤±3℃时,按下式计算。

$$S = \frac{S_S \sqrt{T}(1-\varepsilon_S) \sqrt{\varepsilon^3}}{\sqrt{T_S}(1-\varepsilon) \sqrt{\varepsilon_S^3}} \tag{2-6}$$

如试验温差＞±3℃时，按下式计算。

$$S = \frac{S_S \sqrt{T}(1-\varepsilon_S)\sqrt{\varepsilon^3}\sqrt{\eta_S}}{\sqrt{T_S}(1-\varepsilon)\sqrt{\varepsilon_S^3}\sqrt{\eta}} \tag{2-7}$$

式中，ε 为被测试样试料层中的空隙率；ε_S 为标准试样试料层中的空隙率。

（3）当被测试样的密度和空隙率均与标准试样不同，试验时温差≤±3℃时，按下式计算。

$$S = \frac{S_S \sqrt{T}(1-\varepsilon_S)\sqrt{\varepsilon^3}\rho_S}{\sqrt{T_S}(1-\varepsilon)\sqrt{\varepsilon_S^3}\rho} \tag{2-8}$$

如试验温差＞±3℃时，按下式计算。

$$S = \frac{S_S \sqrt{T}(1-\varepsilon_S)\sqrt{\varepsilon^3}\rho_S\sqrt{\eta_S}}{\sqrt{T_S}(1-\varepsilon)\sqrt{\varepsilon_S^3}\rho\sqrt{\eta}} \tag{2-9}$$

式中，ρ 为被测试样的密度，g/cm^3；ρ_S 为标准试样的密度，g/cm^3。

（4）水泥比表面积应由两次透气试验结果的平均值确定。如两次试验结果相差2%以上时，应重新试验。计算精确至 $10\ cm^2/g$。以 cm^2/g 为单位算得的比表面积值换算为 m^2/kg 单位时，需乘以系数 0.1。

（5）当同一水泥用手动勃氏透气仪测定的结果与自动勃氏透气仪测定的结果有争议时，以手动勃氏透气仪测定结果为准。

不同温度下的水银密度、空气黏度如表 2-3 所示。水泥层空隙率如表 2-4 所示。空气流过时间如表 2-5 所示。

表 2-3 不同温度下的水银密度、空气黏度

室温/℃	水银密度/(g/cm^3)	空气黏度/($Pa \cdot s$)	$\sqrt{\eta}$
8	13.58	0.0 001 749	0.01 322
10	13.57	0.0 001 759	0.01 326
12	13.57	0.0 001 768	0.01 330
14	13.56	0.0 001 778	0.01 333
16	13.56	0.0 001 788	0.01 337
18	13.56	0.0 001 798	0.01 341
20	13.55	0.0 001 808	0.01 345
22	13.54	0.0 001 818	0.01 348
24	13.54	0.0 001 828	0.01 352
26	13.53	0.0 001 837	0.01 355
28	13.53	0.0 001 847	0.01 359
30	13.52	0.0 001 857	0.01 363
32	13.52	0.0 001 867	0.01 366
34	13.51	0.0 001 876	0.01 370

表 2-4 水泥层空隙率

水泥层空隙率 ε	$\sqrt{\varepsilon^3}$	水泥层空隙率 ε	$\sqrt{\varepsilon^3}$
0.495	0.348	0.515	0.369
0.496	0.349	0.520	0.374
0.497	0.350	0.525	0.380
0.498	0.351	0.530	0.386
0.499	0.352	0.535	0.391
0.500	0.354	0.540	0.397
0.501	0.355	0.545	0.402
0.502	0.356	0.550	0.408
0.503	0.357	0.555	0.413
0.504	0.358	0.560	0.419
0.505	0.359	0.565	0.425
0.506	0.360	0.570	0.430
0.507	0.361	0.575	0.436
0.508	0.362	0.580	0.442
0.509	0.363	0.590	0.453
0.510	0.364	0.610	0.465

表 2-5 空气流过时间

单位:s

T	$\sqrt{T}$	T	$\sqrt{T}$	T	$\sqrt{T}$	T	$\sqrt{T}$	T	$\sqrt{T}$	T	$\sqrt{T}$
26	5.10	42	6.48	58	7.62	74	8.60	90	9.49	115	10.72
27	5.20	43	6.56	59	7.68	75	8.66	91	9.54	120	10.95
28	5.29	44	6.63	60	7.75	76	8.72	92	9.59	125	11.18
29	5.39	45	6.71	61	7.81	77	8.77	93	9.64	130	11.40
30	5.48	46	6.78	62	7.87	78	8.83	94	9.70	135	11.62
31	5.57	47	6.86	63	7.94	79	8.89	95	9.75	140	11.83
32	5.66	48	6.93	64	8.00	80	8.94	96	9.80	145	12.04
33	5.74	49	7.00	65	8.06	81	9.00	97	9.85	150	12.25
34	5.83	50	7.07	66	8.12	82	9.06	98	9.90	155	12.45
35	5.92	51	7.14	67	8.19	83	9.11	99	9.95	160	12.65
36	6.00	52	7.21	68	8.25	84	9.17	100	10.00	170	13.04
37	6.08	53	7.28	69	8.31	85	9.22	102	10.10	180	13.42
38	6.16	54	7.35	70	8.37	86	9.27	104	10.20	190	13.78
39	6.24	55	7.42	71	8.43	87	9.33	106	10.30	200	14.14
40	6.32	56	7.48	72	8.49	88	9.38	108	10.39	210	14.49
41	6.40	57	7.55	73	8.54	89	9.43	110	10.49	220	14.87

2.4.6 注意事项

（1）空隙率是指试料层中孔的容积与试料层总的容积之比，P·I、P·II 水泥采用 0.500±0.000 5，其他水泥或粉料的空隙率选用 0.530± 0.000 5。如果有些粉料按上式计算出的试样量在圆筒的有效体积中容纳不下或经捣实后未能充满圆筒的有效体积，则允许适当地改变空隙率。

（2）防止仪器各部分接头处漏气，保证仪器的气密性。

（3）透气仪的 U 形压力计内颜色水的液面应保持在压力计最下面一条环形刻线上，如有损失或蒸发应及时补充。

（4）试验时穿孔板的上下面应与测定料层体积时的方向一致，以防止由于仪器加工精度方面的原因而影响圆筒体积大小，从而导致测定结果的不准确。

（5）圆筒内穿孔板上的滤纸应与圆筒内径一致，如滤纸直径太大，则使滤纸皱曲，影响空气流过，如果直径太小，则会引起一部分水泥外溢，黏附在圆筒壁上，使测定结果发生误差。因而推荐使用勃氏透气仪专用圆形滤纸片。

（6）捣压时捣器支持环应与圆筒上口面接触并旋转两周，保证料层达到一定厚度。

（7）在使用抽气泵抽气时，不要抽气太猛，应使液面徐徐上升，以免颜色水损失。

（8）如果使用的滤纸品种、质量有变动，或者调换穿孔板时，应重新标定圆筒体积和标准时间（T_S）。

（9）圆筒体积应每隔 3～6 个月标定一次。

（10）水泥试样必须先通过 0.9 mm 方孔筛，再在 110±5 ℃下烘干并在干燥器中冷却至室温。

（11）测定时应尽量保持温度不变，以防止空气黏度发生变化影响测定结果。

2.5 水泥标准稠度用水量、凝结时间、安定性检验方法

2.5.1 检测标准

水泥标准稠度用水量、凝结时间、安定性依据《水泥标准稠度用水量、凝结时间、安定性检验方法》GB/T 1346—2011 检验。

2.5.2 检测仪器

（1）水泥净浆搅拌机。采用 JC/T 729—2005 规定的水泥净浆搅拌机。该搅拌机采用公转与自转相结合的行星轨迹运动，叶片公转与自转皆用高速与低速两种速度（双转双连），控制系统具有按程序自动控制与手动控制两种功能。搅拌机拌和一次的自动控制程序为：慢速 120 ±3 s，停 15 s，快速 120±3 s。搅拌时搅拌叶片与锅底、锅壁的最小间隙为 2±1 mm，如图 2-9 所示。

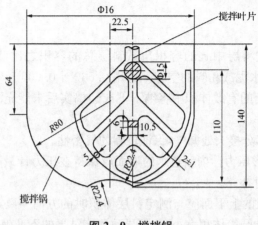

图 2-9 搅拌锅

(2) 水泥净浆标准稠度与凝结时间测定仪,如图 2-10 所示,由铁座 1 与可以自由滑动的金属圆棒 2 组成。松紧螺丝 3 用以调整金属棒的高低。金属棒上附有指针 4,利用量程 0~75 mm 标尺 5 指示金属棒下降距离。测定标准稠度用水量时,棒下装一标准稠度试杆(标准法),如图 2-11 所示,

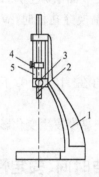

1. 铁座;2. 圆棒;3. 螺丝;4. 指针;5. 标尺

图 2-10 测定仪

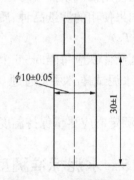

图 2-11 标准稠度试杆

测定凝结时间时,取下试杆或试锥,换上试针,如图 2-12 所示。金属棒装上试杆(试锥)或试针后总质量均为 300±1 g。

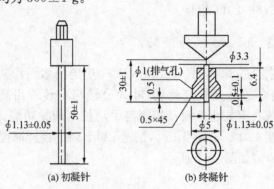

(a) 初凝针   (b) 终凝针

图 2-12 试针

（3）代用维卡仪，符合 JC/T 727—2005 的要求。

（4）雷氏夹。

雷氏夹由铜质材料制成，其结构如图 2-13 所示。当一根指针的根部先悬挂在一根金属丝或尼龙丝上，另一根指针的根部再挂上 300 g 质量砝码时，两根指针针尖的距离增加应在 17.5±2.5 mm 范围内，即 $2x=17.5±2.5$ mm，如图 2-14 所示。当去掉砝码后针尖的距离能恢复至挂砝码前的状态。

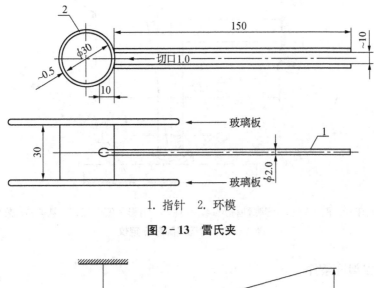

1. 指针 2. 环模

图 2-13 雷氏夹

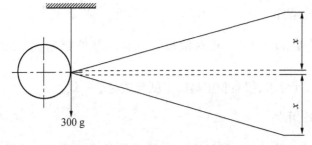

图 2-14 雷氏夹受力示意图

（5）煮沸箱，符合 JC/T 955—2005 的要求。

（6）雷氏夹膨胀测定仪，如图 2-15 所示，标尺最小刻度为 0.5 mm。

（7）量筒或滴定管，精度±0.5 mL

（8）天平，最大称量不小于 1 000 g，分度值不大于 1 g。

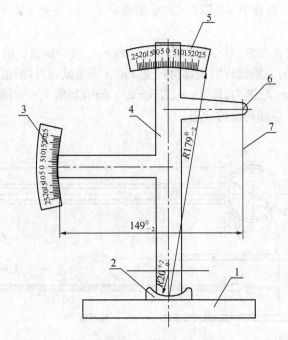

1. 底座；2. 模子座；3. 测弹性标尺；4. 立柱；5. 测膨胀值标尺；6. 悬臂；7. 悬丝

图 2-15　雷氏夹膨胀测定仪

2.5.3　温湿度条件

（1）试验室温度 20±2 ℃，相对湿度≥50%。养护箱温度 20±1 ℃，相对湿度≥90%。

（2）水泥试样、拌合水、仪器和用具的温度与试验室一致。

2.5.4　试样及用水

（1）水泥试样应充分拌匀，通过 0.9 mm 方孔筛并记录筛余物情况，但要防止过筛时混进其他水泥。

（2）试验用水必须是洁净淡水，若有争议时可用蒸馏水。

2.5.5　标准稠度检测步骤

1. 标准法

（1）实验前检查。测定仪金属棒应能自由下滑，搅拌机运转正常。

（2）调零点。将标准稠度试杆装在金属棒下，调整至试杆接触玻璃板时指针对准零点。

（3）用湿抹布将搅拌机叶片和搅拌锅擦一遍，根据水泥的品种、混合材掺量、细度等量好该试样达到标准稠度时大致所需的水量，倒入搅拌锅。然后称取 500 g 水泥试样，在 5~10 s 内小心将水泥加入水中。

（4）拌和时，先将锅放在搅拌机的锅座上，升至搅拌位置，启动搅拌机，低速搅拌

120 s,停 15 s,同时将叶片和锅壁上的水泥浆刮入锅间,接着高速搅拌 120 s 后停机。

(5) 拌和结束后,立即取适量水泥净浆一次性将其装入已置于玻璃底板上的试模中,用宽约 25 mm 的直边刀轻轻拍打超出试模部分的浆体 5 次以排除浆体中的孔隙,然后在试模表约 1/3 处,略倾斜于试模,分别向外轻轻刮掉多余净浆,再从试模边沿轻抹顶部一次,使净浆表面光滑,在去掉多余净浆和抹平的操作过程中,注意不要压实净浆;抹平后迅速将试模和底板移到维卡仪上,并将其中心定在试杆上,降低试杆直至与水泥净浆表面接触,拧紧螺丝 1～2 s 后,突然放松,使试杆垂直自由地沉入水泥净浆中。试杆停止沉入或释放试杆 30 s,记录试杆距底板之间的距离,升起试杆后,立即擦净,整个操作应在搅拌后 1.5 min 内完成。

(6) 以试杆沉入净浆并距底板 6±1 mm 的水泥净浆为标准稠度净浆。其拌和水量为该水泥的标准稠度用水量(P),按水泥质量的百分比计。

2. 代用法

(1) 采用代用法测定水泥标准稠度和用水量可用调整水量和不变水量两种方法的任一种测定。采用调整水量方法时拌和水量按经验找水,采用不变水量方法时拌和水量用 142.5 mL。

(2) 拌和结束后,立即将拌好的水泥净浆装入锥模中,用宽约 25 mm 的直边刀将浆体表面轻轻插捣 5 次,再轻振 5 次,刮去多余净浆;抹平后迅速放到试锥下面固定的位置上,将试锥降至净浆表面,拧紧螺丝 1～2 s 后,突然放松,使试锥垂直自由地沉入水泥净浆中。到试锥停止下沉或释放试锥 30 s,记录试锥下沉深度。整个操作应在搅拌后 1.5 min 内完成。

(3) 用调整水量法测定时,以试锥下沉深度 30±1 mm 时的净浆为标准稠度净浆。其拌和水量为该水泥标准稠度用水量(P),按水泥质量的百分比计。如下沉深度超出范围需另外称试样,调整水量,重新试验,直到达到 30±1 mm 为止。

(4) 用不变水量方法测定时,根据下式(或仪器上对应标尺)计算得到标准稠度用水量 P。当试锥下沉深度小于 13 mm 时,应改用调整水量法测定。

$$P=33.4-0.185S \tag{2-10}$$

式中,P 为标准稠度用水量,%;S 为试锥下沉深度,mm。

2.5.6　标准稠度用水量检测注意事项

(1) 试杆(或试锥)应表面光滑,试锥尖完整无损且无水泥浆或杂物充塞。

(2) 圆模(或锥模)放在仪器底座固定位置时,试杆(或试锥尖)应对着圆模(或锥模)的中心。

(3) 净浆拌好后用小刀将附在锅壁的净浆刮下,并人工拌和数次后再装模。

(4) 从装模到测量完毕,必须在 1.5 min 内完成。

2.5.7　凝结时间检测步骤

(1) 试验前准备工作,调整凝结时间测定仪的试针接触玻璃板时指针对准零点。

(2)试件的制备，以标准稠度用水量制成标准稠度净浆，装模和刮平后，立即放入湿气养护箱中。记录水泥全部加入水中的时间作为凝结的起始时间。

(3)初凝时间的测定。试件在湿气养护箱中养护至加水30 min时进行第一次测定。测定时，从湿气养护箱中取出试模放到试针下，降低试针与泥净浆表面接触。拧紧螺丝1～2 s后，突然放松，试针垂直自由地沉入水泥净浆。观察试针停止下沉或释放试针30 s时指针的读数。临近初凝时间时每隔5 min(或更短时间)测定一次，当试针沉至距底板4±1 mm时，为水泥达到初凝状态；由水泥全部加入水中至初凝状态的时间为水泥的初凝时间，用"min"表示。

(4)终凝时间的测定。为了准确观测试针沉入的状况，在终凝针上安装了一个环形附件。在完成初凝时间测定后，立即将试模连同浆体以平移的方式从玻璃板取下，翻转180°，直径大端向上，小端向下放在玻璃板上，再放入湿气养护箱中继续养护，临近终凝时每隔15 min(或更短时间)测定一次，当试针沉入试体0.5 mm时，即环形附件开始不能在试体上留下痕迹时，为水泥达到终凝状态，由水泥全部加入水中至终凝状态的时间为水泥的终凝时间，用"min"表示。

2.5.8 凝结时间的测定注意事项

(1)测定时应注意，在最初测定的操作时应轻轻扶持金属柱，使其徐徐下降，以防试针撞弯，但结果以自由下落为准。

(2)在整个测定过程中试针沉入的位置至少要距试模内壁10 mm。

(3)临近初凝时，每隔5 min(或更短时间)测定一次，临近终凝时每隔15 min(或更短时间)测定一次，到达初凝或终凝时应立即重复测一次，当两次结论相同时才能定为到达初凝。到达终凝时，需要在试体另外两个不同点测试，确认结论相同才能定到达终凝状态。

(3)每次测定不能让试针落入原针孔，每次测试完毕须将试针擦净并将试模放回湿气养护箱内，整个测试过程要防止试模受振。

2.5.9 安定性测定检测步骤

1.标准法

(1)试验前准备工作。

每个试样需成型两个试件，每个雷氏夹需配备两个边长或直径约80 mm、厚度4～5 mm的玻璃板，凡与水泥净浆接触的玻璃板和雷氏夹内都要稍稍涂上一层油(注：有些油会影响凝结时间，矿物油比较合适。)

(2)雷氏夹试件的成型。

将预先准备好的雷氏夹放在已擦油的玻璃板上，立即将已制好的标准稠度水泥净浆一次性装满雷氏夹，装浆时一只手轻轻扶持雷氏夹，另一只手用宽度约25 mm的直边刀在浆体表面轻轻插捣3次，然后抹平，盖上已擦油的玻璃板，接着立即将试件移至湿气养护箱内养护24±2 h。

(3)沸煮。

①调整好煮沸箱内水位，使能保证在整个过程中都能超过试件，不需中途添补试验

用水,同时又能保证在 30±5 min 内开始沸腾。

② 脱去玻璃板取下试件,先测量雷氏夹指针尖端间的距离(A),精确到 0.5 mm,接着将试件放入沸煮箱中的试件架上,指针朝上,然后在 30±5 min 内加热至沸并恒沸 180±5 min。

③ 结果判别。沸煮结束后,立即放掉箱中的热水,打开箱盖,待箱体冷却至室温,取出试件进行判别。测定雷氏夹指针尖端的距离(C),精确到 0.5 mm,当两个试件煮后指针尖端增加的距离($C-A$)的平均值差不大于 5.0 mm 时,即认为该水泥安定性合格。当两个试件煮后增加的距离($C-A$)的平均值差大于 5.0 mm 时,应用同一样品立即重做一次试验。以复检结果为准。

2. 代用法

(1) 试验前准备工作。

每个样品需准备两块边长约 100 mm 的玻璃板,凡与水泥净浆接触的玻璃板都要稍稍涂上一层油。

(2) 试饼的成型方法。

将制好的标准稠度净浆取出一部分分成两等份,使之成球形,放在预先准备好的玻璃板上,轻轻振动玻璃板并用湿布擦过的小刀由边缘向中央抹,做成直径 70~80 mm、中心厚约 10 mm、边缘渐薄、表面光滑的试饼,接着将试饼放入湿气养护箱内养护24±2 h。

(3) 煮沸。

调整好煮沸箱内水位,保证在整个过程中都能超过试件,不需中途添补试验用水,同时又能保证在 30±5 min 内开始沸腾。

脱去玻璃板取下试饼,在试饼无缺陷的情况下将试饼放在沸煮箱水中的篦板上,在 30±5 min 内加热至沸并恒沸 180±5 min。

(4) 结果判别。

沸煮结束后,立即放掉沸煮箱中的热水,打开箱盖,待箱体冷却至室温,取出试件进行判别。目测试饼未出现裂缝,用钢直尺检查也没有弯曲(使钢直尺和试饼底部紧靠,以两者间不透光为不弯曲)的试饼为安定性合格,反之为不合格。当两个试饼判别结果有矛盾时,该水泥的安定性为不合格。

2.5.10　安定性测定检测注意事项

(1) 检验用净浆必须是标准稠度净浆。

(2) 用试饼法检验水泥的安定性时,必须按规定标准制作试饼。

(3) 雷氏夹试件成型操作时应用一只手轻轻向下压住两根指针的焊点处,防止装浆时试模在玻璃板上产生移动。但不能用手捏雷氏夹而造成切口边缘重叠。

2.5.11 检测报告

检测报告应包括标准稠度用水量、初凝时间、终凝时间,雷氏夹膨胀值或试饼的裂缝、弯曲形态等所有的试验结果。

2.6 水泥胶砂强度检验方法(ISO 法)

2.6.1 检测标准

水泥胶砂强度依据《水泥胶砂强度的测定方法(ISO 法)》(GB/T 17671—1999)检测。

2.6.2 检测仪器

(1) 水泥胶砂搅拌机。采用 JC/T 681—2005 规定的水泥胶砂搅拌机。该搅拌机采用公转与自转相结合的行星轨迹运动,叶片公转与自转皆有高速与低速两种速度(双转双速),控制系统具有按程序自动控制与手动控制两种功能。搅拌机拌和一次的自动控制程序:慢速 30±1 s,再慢 30±1 s,并自动均匀地将砂子加入锅内,快速 30±1 s,停 90±1 s,快速 60±1 s。搅拌时搅拌叶片与锅底、锅壁的最小间隙为 3±1 mm,如图 2-16 所示。

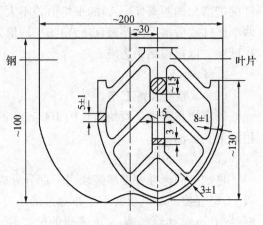

图 2-16 水泥胶砂搅拌机

(2) 振实台如图 2-17 所示。采用 JC/T 681—2005 规定的振实台。该振实台工作时以 1 次/秒的振动频率振动 60 次后自动停机。

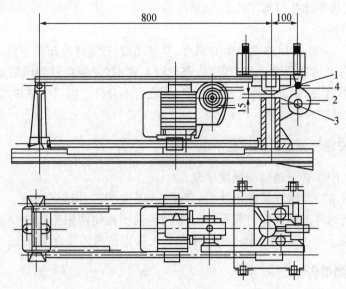

1. 突头;2. 凸轮;3. 止动器;4. 随动轮

图 2-17 振实台

（3）试模。由三个水平的模槽组成，可同时成型三条截面为 40 mm×40 mm×160 mm 的棱形试体，其材质和制造尺寸应符合 JC/T 726—2005 要求。

（4）播料器。将拌好的胶砂装入试模时用于播平料层。

（5）金属刮平尺。胶砂振实成型后用于刮去试模中多余的胶砂。

（6）抗折试验机。用于检验 40 mm×40 mm×160 mm 的棱形试体的抗折强度，其加荷形式是通过电动机带动传动丝杆，丝杆拖动砝码向前移动来实现的。在进行抗折强度试验时，整个加荷中以 50±10 N/s 的速率均匀地将载荷垂直加在棱柱体相对侧面上，直至折断。

（7）抗压试验机及抗压夹具。抗压试验机吨位以 20～30 t 为宜，在较大的五分之四量程范围内使用时记录的荷载应有±1%精度，并具有按 2 400±200 N/s 速率的加荷能力，应有一个能指示试件破坏时的荷载并把它保持到试验机卸荷时的指示器，可以用表盘里的峰值指针或显示器来达到。人工操纵的试验机应配有一个速度动态装置，以便于控制荷载增加。配用的抗压夹具应符合 JC/T 683—2005 的要求。

2.6.3 实验条件

（1）试体成型试验室的温度应保持在 20±2 ℃，相对湿度应不低于 50%。

（2）试体带模养护的养护箱或雾室温度保持在（20±1）℃，相对湿度不低于 90%。试体养护池水温度应在 20±1 ℃。

（3）试验室空气温度和相对湿度及养护池水温在工作期间每天至少记录一次。养护箱或雾室的温度与相对湿度至少每 4 h 记录一次，在自动控制的情况下记录次数可以酌减至一天记录两次。在温度给定范围内，控制所设定的温度应为此范围中值。

（4）水泥试样、标准砂、拌合水及试验用具的温度应与室温相同。

2.6.4 实验材料

（1）水泥试样应充分拌匀，通过 0.9 mm 方孔筛并记录筛余物。

（2）标准砂应符合 ISO 679 要求。

（3）仲裁试验或其他重要试验用蒸馏水，其他试验可用饮用水。

2.6.5 检测步骤

1. 试体成型

（1）试验前检查搅拌机及振实台运转是否正常。

（2）擦干净试模，四周的模板与底座的接触面上应涂干黄油，紧密装配，防止漏浆，模内壁均匀刷一薄层机油，便于脱模。

（3）按一份水泥、三份标准砂、半份水的质量配合比取样。一锅胶砂成型三条试体，每锅材料需要量如表 2-6 所示。

表 2-6　配制一锅胶砂的材料量

材料量 水泥品种	水泥/g	标准砂/g	水/mL
硅酸盐水泥			
普通硅酸盐水泥			
矿渣硅酸盐水泥	450±2	1 350±5	225±1
粉煤灰硅酸盐水泥			
复合硅酸盐水泥			
石灰石硅酸盐水泥			

（4）先将水加入锅里，再加入水泥，把锅放在固定架上，上升至固定位置，然后立即开动机器，低速搅拌 30 s 后，在第二个 30 s 开始的同时均匀地将砂子加入锅内（当各级砂是分级装时，从最粗粒级开始，依次将所需的每级砂量加完），把机器转至高速再搅拌 30 s。停拌 90 s，在停拌的第一个 15 s 内用一胶皮刮具将叶片和锅壁上的胶砂刮入锅中间。在高速下继续搅拌 60 s。各个阶段，时间误差应在±1 s 以内。

（5）在胶砂搅拌的同时将试模卡紧在振实台上。胶砂制备后立即用一个适当勺子直接从搅拌锅里将胶砂分两层装入试模，装第一层时，每个槽里约装入 300 g 胶砂，用大播料器垂直架在模套顶部沿每个模槽来回一次将料层播平，接着振实 60 次。再装入第二层胶砂，用小播料器播平，再振实 60 次。移走模套，从振实台上取下试模，用金属直尺以近 90°的角度架在试模模顶的一端，然后沿试模长度方向以横向锯割动作慢慢向另一端移动，一次将超过试模部分的胶砂刮去，并用同一直尺近乎水平的情况下将试体表面抹平。最后在试模上作标记或加字条标明试件编号和试件相对于振实台的位置。

2. 试件的养护

（1）去掉留在模子四周的胶砂，立即将做好标记的试模放入雾室或湿箱的水平架子上养护，一直养护到规定的脱模时间时取出脱模。脱模前，用防水墨汁或颜料笔对试体进行编号和做标记。编号时要注明水泥试样的编号、龄期、破型日期。

（2）用塑料锤或橡皮榔头或专门的脱模器拆开试模，取出试体。

（3）将做好标记的试件立即水平或竖直放在 20±1℃水中养护，水平放置时刮平面应朝上。除 24 h 龄期或延迟至 48 h 脱模的试体外，任何到龄期的试体应在试验（破型）前 15 min 从水中取出，揩去试体表面沉积物，并用湿布覆盖至试验为止。

3. 试体破型龄期

试体龄期是从水泥加水搅拌开始试验时算起。各龄期的试体必须在下列时间内进行破型试验：

龄期　　　　　　　　时间
24 h　　　　　　　　24 h±15 min
48 h　　　　　　　　48 h±30 min

72 h	72 h±45 min
7 d	7 d±2 h
≥28 d	≥28 d±8 h

4. 抗折强度试验

(1) 每龄期取出三条试体先做抗折强度试验。试验前须擦去试体表面的水分和砂粒。清除夹具上圆柱表面黏着的杂物,检查试体两侧面气孔情况,将气孔多或气孔大的一面向上作为加荷面,并应使试体两端面与夹具定位板平齐。

(2) 试体放入前应使杠杆在不受荷载的情况下成平衡状态,试体放入后调整夹具,使杠杆在试体折断时尽可能地接近平衡位置。

(3) 电动抗折试验机以 50±10 N/s 的速率均匀地将荷载垂直地加在棱柱体相对侧面上。试体折断后,取出两个断块,按整条试体形状放置并用湿抹布整好,清除夹具圆柱表面黏着的杂物,继续试验。

(4) 抗折强度 R_t 的单位以兆帕(MPa)表示,按下式进行计算或从标尺上直接读出每条试体的抗折强度值:

$$R_t = \frac{1.5F_t L}{b_3} \tag{2-11}$$

式中,F_t 为折断时施加于棱柱体中部的荷载,N;L 为支撑圆柱之间的距离,mm;b 为棱柱体正方形截面的边长,mm。

(5) 抗折强度值取三条试体试验强度值的平均值,精确至 0.1 MPa。当三个强度值中有超过平均值的 ±10% 时,应予以剔除,以剩下试体的数值平均值作为抗折强度值。

5. 抗压强度试验

(1) 抗折试验后的断块应立即进行抗压试验,抗压试验夹具应符合 JC/T 683 的要求,受压面积为 40 mm×40 mm。

(2) 试验时将抗压夹具摆置在试验机压板中心,清除试体受压面与上下加压板间的砂粒或杂物,以试体侧面为受压面。试体放入夹具时位置要到位,以确保试体受压面积为 40 mm×40 mm。

(3) 在整个加荷过程中以 2 400±200 N/s 的速率均匀地加荷直至破坏。试体受压后取出,记下试体破坏时荷载重力的大小,单位为牛顿(N),并清除压板下黏着的杂物,继续进行下一次试验。

(4) 抗压强度 R_c 以兆帕(MPa)为单位,按下式进行计算:

$$R_c = \frac{F_c}{A} \tag{1-12}$$

式中,F_c 为破坏时的最大荷载,N;A 为受压部分面积(40 mm×40 mm＝1 600 mm^2)。

(5) 每龄期以一组三个棱柱体上得到的六个断块抗压强度测定值的算术平均值作为试验结果,计算结果精确至 0.1 MPa。如果六个测定值中有一个超出六个平均值的 ±10%,就应剔除这个结果,而以剩下五个的平均数为结果。如果五个测定值中再有超过它们平均数的±10％的，则此组结果作废。

2.6.6 检测注意事项

（1）试验前检查所用仪器设备是否符合使用要求。

（2）装配试模时，涂油不能太多或太少。太多，会使成型试体缺棱、缺角、表面气孔多且大，并且在水中养护时由于油膜包裹了试体表面，阻止水泥在水中的进一步水化，从而使水泥强度下降；太少，易渗浆，脱模困难。

（3）在刚成型好的试模上做标记时要做在试体两端，以免影响试体的抗折强度。脱模前编号时，对于两个龄期以上的试体，在编号时应将同一试模中的三条试体分在两个以上龄期内，且同一龄期的三条试体不能标在试模中的同一位置。

（4）脱模时应非常小心，避免损坏试体而影响其强度。

（5）试模在蒸汽养护箱或雾室内养护时，要确保篦板水平，试模不能叠放。

（6）养护水池中的篦子不宜用木制的。试体在水中养护时彼此之间的间隔及试体上表面的水深不得小于5 mm，不允许在养护期间全部换水。每个养护池只能养护同一类型的水泥试体。

（7）在进行强度测试时，一定要按照正确的操作程序和要求进行。

2.7 检测水泥胶砂流动度

2.7.1 检测标准

水泥胶砂流动度依据《水泥胶砂流动度测定方法》(GB/T 2419—2005)进行检测。

2.7.2 检测原理

胶砂流动度是水泥胶砂可塑性的反映。胶砂流动度以胶砂在跳桌上按规定操作进行跳动试验后，以胶砂底部的扩散直径毫米数表示流动性好坏。

2.7.3 检测仪器

（1）胶砂搅拌机应符合 JC/T 681—2005 要求。

（2）跳桌结构如图 2-18 所示，跳桌可跳部分由推杆 6 和圆盘 7 组成。推杆下端装有凸轮 4，上端与圆盘螺丝连接。圆盘上面铺有玻璃板，玻璃板底下垫有画上十字的制图纸或塑料纸，玻璃板由卡子固定在圆盘上。电动旋转凸轮 4 时，推杆及其相连的圆盘产生跳动。跳动时圆盘底下的凸出部分与机架相击，而滑轮与凸轮并不相碰。

（3）圆模与模套如图 2-18 跳桌圆盘上面所示。截锥圆模与模套配合使用，用于在跳桌圆盘上成型胶砂试体。

（4）卡尺量程不小于 300 mm，分度值不大于 0.5 mm，用于测量跳桌跳动后胶砂底部的扩散直径。

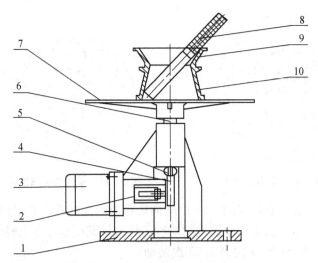

1. 机架　2. 接近开关　3. 电机　4. 凸轮　5. 滑轮　6. 推杆
7. 圆盘桌面　8. 捣棒 9. 模套　10. 截锥圆模

图 2-18　跳桌结构示意图

（5）捣棒用金属材料制成，直径为 20±0.5 mm，长度约 200 mm，捣棒底面与侧面成直角，其下部光滑，上部手柄滚花。

（6）小刀，刀口平直，长度大于 80 mm。

（7）天平，量程不小于 1 000 g，分度值不大于 1 g。

2.7.4　材料与检测条件

（1）标准砂应符合 ISO 679 要求。

（2）水泥试样、水及实验室温度、湿度应符合标准要求。

1.7.5　检测步骤

（1）如跳桌在 24 h 内未被使用，先空跳一个周期 25 次。

（2）在制备胶砂的同时，用潮湿棉布擦拭跳桌台面、试模内壁、捣棒以及胶砂接触的用具，将试模放在跳桌台面中央并用潮湿棉布覆盖。

（3）将拌好的胶砂分两层迅速装入流动试模，第一层装至截锥圆模高度约 2/3 处，用小刀在相互垂直的两个方向上各划 5 次，用捣棒由边缘至中心均匀捣压 15 次，之后装第二层胶砂，装至高出截锥圆模约 20 mm，用小刀在相互垂直的两个方向上各划 5 次，再用捣棒由边缘中心均匀捣压 10 次。捣压后应使胶砂略高于截锥圆模。捣压深度，第一层捣至胶砂高度的 1/2，第二层捣实不超过已捣实底层表面。捣压顺序如图 2-19 和图 2-20 所示。装胶砂和捣压时，用手扶稳试模，不要使其移动。

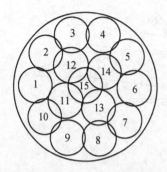

图 2-19　第一层捣压顺序

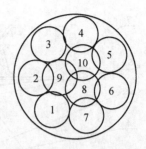

图 2-20　第二层捣压顺序

（4）捣压完毕，取下模套，用小刀由中间向边缘分两次以近水平的角度将高出截锥圆模的胶砂刮去并抹平，擦去落在桌面上的胶砂。将截锥圆模垂直向上轻轻提起，立刻开动跳桌，每秒钟一次，在 25±1 s 内完成 25 次跳动。

（5）跳动完毕，用卡尺测量胶砂底面最大扩散直径及与其垂直方向的直径，计算平均值，精确至 1 mm，即为该水量下的水泥胶砂流动度。流动度试验，从胶砂拌合开始到测量扩散直径结束，须在 6 min 内完成。

2.7.6　结果与计算

跳动完毕，用卡尺按跳桌台面上垂直的"十"字方向测量水泥胶砂底部扩散直径，取相互垂直的两直径，计算平均值，取整数，单位为毫米。该平均值即为该加水量的水泥胶砂流动度。

2.7.7　检测注意事项

（1）装胶砂和捣压时，要一手扶压圆锥模，捣压时切勿使圆锥模移动。

（2）水泥胶砂流动度的检验从加水拌和时算起，全过程在 6 min 内完成。

（3）用湿抹布擦搅拌锅、截锥圆模、模套、捣棒及跳桌台面时，抹布不要拧得太干，但也不能带水擦，适度拧一下即可。

（4）捣压时用力要均匀，力量大小要适当。用力大了有时可能从截锥下边泌水，流动度结果就小。用力小了砂浆捣实不好，有空洞，发散，振动时不是往下塌落，而是散落，直径无法测量。

（5）安装跳桌时要保证桌面呈水平状态，底座下面不允许加任何衬垫。

（6）跳桌跳动部分的总质量（其中包括圆盘、推杆、托轮、玻璃板、卡子及垫纸）为 3.45±0.01 kg，可跳动部分的落距为 10±0.1 mm，在使用中应严格控制。

（7）跳桌使用后每半年应全面检查，较长时间不用时，使用前应让其空跳十几次或更多次。

习题二

一、填空题

1. 负压筛析法测定水泥细度时用方孔边长为_____的试验筛,筛框的高为_____。筛析仪工作时负压应不低于_____,不高于_____。

2. 水泥安定性检测方法有试饼法和_____,二者有争议时以_____为准。试饼法测定水泥安定性时试饼的底部直径为_____,中心高度为_____。

3. 水泥流动度实验过程中,机械搅拌胶砂时应依次往搅拌锅中加入_____、_____和_____。

4. 水泥胶砂强度测定试验中所成型的水泥试体规格为_____。试体成型的实验室的温度应保持在_____,相对湿度应不低于_____。试体带模养护的养护箱或雾室温度保持在_____,相对湿度不低于_____。

5. 水泥凝结时间测定试验中第一次测定应在加水泥后_____分钟。当试针沉至距底板为_____时,即为水泥达到初凝状态。临近终凝应每隔_____时间测一次。当试针沉入净浆_____时,即为水泥的终凝状态。

6. 水泥在_____状态下,单位体积的质量称为水泥的密度。

7. 水泥加水后不正常凝结现象有两种:_____和_____。

8. 硅酸盐水泥熟料是主要含_____、_____、_____和_____化学成分的原料,按适当比例磨成细粉烧至部分熔融所得以_____为主要矿物成分的水硬性胶凝物质。

9. GB/T 175—2007 中规定普通硅酸盐水泥代号为_____,复合硅酸盐水泥代号为_____,硅酸盐水泥代号为_____,矿渣硅酸盐水泥代号为_____,火山灰质硅酸盐水泥代号为_____,粉煤灰硅酸盐水泥代号为_____。

10. 水泥细度试验筛修正系数超出_____范围时,试验筛应予淘汰。

二、选择题

1. 测定水泥细度,标准筛孔径为_____。

A. 0.9 mm　　　B. 0.80 mm　　　C. 0.080 mm　　　D. 0.02 mm

2. 测定水泥细度的仲裁法为_____。

A. 水筛法　　　B. 负压筛法　　　C. 干筛法　　　D. 筛析法

3. 用雷夹法测定水泥的安定性,当两个试体沸煮后所增加的距离平均值不大于_____时,认为安定性合格。

A. 10.0 mm　　　B. 5.0 mm　　　C. 2.5 mm　　　D. 1.0 mm

4. 净浆搅拌机叶片宽度为_____。

A. 120.4 mm　　　B. 110.4 mm　　　C. 105.4 mm　　　D. 100.4 mm

5. 下列物理性能测试时,应选用下列哪种仪器设备:

(1) 细度_____　　　　　　　　(2) 安定性_____

(3) 密度_____　　　　　　　　(4) 标准稠度_____

A. 维卡仪　　　　　B. 李氏比重瓶　　　C. 雷氏夹　　　　　D. 负压筛

6. 复合硅酸盐水泥的胶砂强度检验过程中,当流动度小于 180 mm 时,应以_____的整倍数递增的方法将水灰比调整至胶砂流动度不小于 180 mm。

A. 0.01　　　　　　B. 0.1　　　　　　　C. 0.001　　　　　　D. 0.02

7. 对试饼法测定水泥安定性描述正确的有_____。

A. 试饼的直径为 60±10 mm

B. 试饼中心厚约 10 mm

C. 沸煮时恒沸时间为 180±5 min

D. 试饼无裂纹,即认为水泥安定性合格

8. 水泥比表面积测定用的样品要先进行预处理,下列说法正确的是_____。

A. 先用 0.9 mm 方孔筛进行过筛　　　B. 在 110±5 ℃条件下烘干 1 h

C. 烘干后马上进行测试　　　　　　　D. 不用进行烘干

9. 对比表面积测定,下列说法正确的有_____。

A. 试验用仪器至少每年校准一次

B. 需要测定水泥的密度

C. 水泥比表面积应由二次透气试验结果的平均值确定。如二次试验结果相差 2%以上时,应重新试验

D. 当同一水泥用手动勃氏透气仪测定的结果与自动勃氏透气仪测定的结果有争议时,以自动勃氏透气仪测定结果为准

10. GB/T 175—2007 通用硅酸盐水泥于 2008 年 6 月 1 日实施,替代 GB/T 175—1999、GB/T 1344—1999、_____和_____。

A. GB/T 12958—1999　　　　　　　B. GB/T 12758—1999

C. GB/T 12658—1999　　　　　　　D. GB/T 12978—1999

11. 水泥出厂前取样时,正确的取样规定是_____。

A. 按同品种、同强度等级取样

B. 袋装和散装水泥分别取样

C. 每一编号为一个取样单位

D. 同一生产线且不超过规定批量的水泥为一个取样单位

12. 通用硅酸盐水泥按_____的品种和掺量分为硅酸盐水泥、普通硅酸盐水泥、矿渣硅酸盐水泥、火山灰质硅酸盐水泥、粉煤灰硅酸盐水泥和复合硅酸盐水泥。

A. 混合材料　　　　　　　　　　　B. 硅酸盐熟料

C. 原材料　　　　　　　　　　　　D. 原材料的矿物成分

13. 水泥抗压强度试验时,试验机的加荷速度为_____

A. 50±10 N/S　　　　　　　　　　B. 2 000±50 N/S

C. 2 400±200 N/S　　　　　　　　D. 100±10 N/S

14. 掺入普通硅酸盐水泥中的活性混合材料,允许用不超过水泥质量_____的窑灰代替。

A. 5%　　　　　　　B. 8%　　　　　　　C. 10%　　　　　　　D. 15%

15. 普通硅酸盐水泥中混合材料的掺量为_____。

A. >5％且≤20％   B. >10％且≤20％

C. >5％且≤30％   D. >5％且≤50％

二、问答题

1. 水泥胶砂流动度的测定结果用什么表示？如果往 450 g 普通硅酸盐水泥、1 350 g 标准砂中加入 238 mL 水，会导致结果偏大还是偏小？为什么？

2. 为什么要测定水泥净浆的标准稠度？标准法测水泥净浆标准稠度，净浆达到标准稠度时测试杆与玻璃板的距离为多少？如该距离大了，应怎么调节水量？

3. 水泥强度试验用标准砂主要技术要求是什么？

4. 水泥浆的硬化大致可分为哪几个阶段？各阶段有哪些变化？

5. 《通用硅酸盐水泥》(GB/T 175—2007)国家标准中对细度有什么要求？

三、计算题

1. 某同学在水泥胶砂强度的 3 天破型实验中测得以下数据：

抗折强度	2.36 MPa		2.63 MPa		2.58 MPa	
抗压强度	26.5 kN	26.8 kN	29.3 kN	29.8 kN	28.4 kN	27.1 kN

试求该水泥的 3 天抗折、抗压强度。如该水泥为普通硅酸盐水泥 32.5，请问测得的 3 天抗折、抗压强度是否符合国家标准？

2. 甲同学在一次水泥细度的测试过程中，共进行两次试验。一次试验的试样量为 25.86 g，筛余量为 1.02 g；第二次的试样量为 25.04 g，筛余量为 1.18 g。筛子的修正系数为 1.12，求该水泥样品的细度。

3. 一组普通硅酸盐水泥的比表面积，已知所用勃氏仪的试料层体积 $V = 1.898\ cm^3$，$S_S = 3\ 080\ cm^2/g$，$\rho_S = 3.17\ g/cm^3$，$T_S = 60.9\ s$，$\varepsilon_S = 0.5$，$t_S = 26.0\ ℃$，所测水泥的密度 $P = 3.03\ k/cm^3$，选用的空隙率 $\varepsilon = 0.53$，求制备试料层所需的试样量 m。如透气试验后，所得的检测数据如下：第一次透气试验 $T_1 = 48.0\ s$，$t_1 = 20.0\ ℃$，第二次透气试验 $T_2 = 48.4\ s$，$t_2 = 20.0\ ℃$，求该水泥的比表面积 S(在 20.0 ℃时，空气黏度 $\eta = 0.000\ 180\ 8\ Pa \cdot s$；在 26.0 ℃时，空气黏度 $\eta = 0.000\ 183\ 7\ Pa \cdot s$)。

4. 某一试样进行雷氏法安定性检验时，两个试件指针尖距离分别为 $A_1 = 9.5\ mm$、$A_2 = 10.0\ mm$、$C_1 = 15.5\ mm$、$C_2 = 15.0\ mm$，试计算该水泥试样安定性是否合格？

5. 标准法测定水泥标准稠度用水量时，量取的水为 136.6 mL，下沉至距玻璃板距离为 6.5mm，问该水泥的标准稠度用水量为多少？

第 3 章 骨 料

扫一扫可见
本章电子资源

 **项目分析**

　　普通混凝土是由水泥、水、砂和石四种基本材料所组成。水泥和水形成水泥浆包裹在砂粒表面并填充砂粒间的空隙形成水泥砂浆,水泥砂浆又包裹在石子表面并填充石子间的空隙。在混凝土硬化前,水泥浆起润滑作用,赋予混凝土拌合物一定的流动性,便于施工。硬化后,则将骨料胶结成一个坚实的整体,使其具有良好的强度和耐久性。砂、石在混凝土中起骨料作用,混凝土中骨料的体积约占混凝土总体积的 70％ 左右,骨料的质量对混凝土性能具有十分重要的影响。顾名思义,骨料就是作为混凝土骨架的材料,呈颗粒状,一部分来自天然的卵石、河砂,另一部分来自机制砂石。骨料形成的骨架除了承载应力外,还可抑制混凝土的收缩、防止开裂,减少水泥用量,提高混凝土的强度及耐久性。混凝土的技术性质很大程度上由原材料性质及相对含量决定,因此了解原材料性质及要求,合理选择原材料,才能保证混凝土的质量。

 项目内容

　　该项目主要包括检测砂的含泥量、泥块含量、表观密度、堆积密度、颗粒级配、细度模数、含水率。检测碎石、卵石的颗粒级配、表观密度、含水率、含泥量、泥块含量、针片状总含量和压碎指标。

 知识目标

　　(1) 理解砂、石在混凝土中所起的作用;

　　(2) 理解有害物质对砂、石性能的影响;

　　(3) 理解并掌握砂、石颗粒级配的含义及在工程上的应用;

　　(4) 理解并掌握砂细度模数的含义及在工程中的应用;

　　(5) 掌握砂、石的取样方法;

　　(6) 理解砂、石的物理性能的检验原理、目的和方法;

　　(7) 理解检验条件对检验结果的影响;

　　(8) 掌握数据处理方法和数据修约规则。

能力目标

（1）能够通过书刊、网络等途径查阅所需资料并进行分析整理；

（2）能够合理选择砂、石物理性能检验方法；

（3）能够根据国家标准、行业标准和企业管理制度制定经济、科学的砂、石物理性能检验方案；

（4）能够根据试验需要合理取样；

（5）能够正确选择试验仪器、设备；

（6）能够正确控制试验条件；

（7）能够正确使用干燥箱、标准筛、电子天平等；

（8）能够准确检验砂、石的物理性能；

（9）能够及时、正确处理数据并填写原始记录、台账；

（10）能够根据试验结果，判断砂、石的性能是否符合国家标准，从而进一步判断砂、石在工程上的用途；

（11）能按要求维护、保养所用仪器并保持试验室卫生良好。

 素质目标

（1）具备吃苦耐劳精神，不怕脏不怕累；

（2）具备诚信素质，实事求是地填写原始记录、台账；

（3）具备安全生产意识，安全使用试验仪器；

（4）具备良好的卫生习惯，保持试验室的清洁和整齐。

3.1 砂的基本知识

3.1.1 砂的物理性能

1. 砂的种类及特性

公称粒径在 0.15～4.75 mm 之间的骨料称为细骨料，亦即砂。按产源分为：天然砂和机制砂。

天然砂指自然生成的，经人工开采和筛分的粒径小于 4.75 mm 的岩石颗粒，包括河砂、湖砂、山砂、淡化海砂，但不包括软质、风化的岩石颗粒。河砂由于长期受水流的冲刷作用，颗粒表面比较圆滑，洁净、质地坚硬，产源广泛，是配制混凝土的理想材料；海砂质地坚硬，但夹有贝壳碎片及可溶性盐类，可用于配制素混凝土，但不能直接用于配制钢筋混凝土，主要是氯离子含量高，容易导致钢筋锈蚀，如要使用，必须经过淡水冲洗，使有害成分含量减少到要求以下；山砂颗粒多具棱角，表面粗糙，砂中含泥及有机质等有害杂质较多，坚固性差，可以直接用于一般工程混凝土结构，当用于重要结构物时，必须通过坚固性试验和碱活性试验。

机制砂指经除土处理，由机械破碎、筛分制成的，粒径小于 4.75 mm 的岩石、矿山尾矿或工业废渣颗粒，但不包括软质、风化颗粒，俗称人工砂。其颗粒尖锐，富有棱角，比较洁净，但细粉含量及片状颗粒较多，成本高。

2. 砂的技术要求

（1）砂的粗细程度与颗粒级配。

砂的粗细程度是指不同粒径的砂粒混合后总体的粗细程度。通常用细度模数（M_x）表示，其值并不等于平均粒径，但能较准确反映砂的粗细程度。细度模数 M_x 越大，表示砂越粗，单位重量总表面积（或比表面积）越小；M_x 越小，则砂比表面积越大。

砂的颗粒级配是指砂大小颗粒的搭配情况。良好的级配指粗颗粒的空隙恰好由中颗粒填充，中颗粒的空隙恰好由细颗粒填充，如此逐级填充，如图 3-1 所示，使砂形成最密致的堆积状态，空隙率达到最小值，堆积密度达最大值。在混凝土中砂粒之间的空隙是由水泥浆所填充，砂粒之间的空隙越少，可以达到节约水泥，提高混凝土综合性能的目标。

图 3-1　砂颗粒级配示意图

① 细度模数和颗粒级配的测定。

砂的粗细程度和颗粒级配用筛分析方法测定，用细度模数表示砂的粗细程度，用级配区表示砂的颗粒级配。根据《建设用砂》（GB/T 14684-2011）标准，筛分析是用一套孔径为 9.50 mm、4.75 mm、2.36 mm、1.18 mm、600 μm、300 μm、150 μm 的标准筛，将 500 g 干砂由粗到细依次过筛（详见试验），称量各筛上的筛余量 m_i（g），计算各筛上的分计筛余百分数 a_i（%），再计算累计筛余百分数 A_i（%）。a_i 和 A_i 的计算关系如表 3-1 所示。

表 3-1　累计筛余与分计筛余计算关系

筛孔尺寸	筛余量/g	分计筛余/%	累计筛余/%
4.75 mm	m_1	$a_1 = m_1/m$	$A_1 = a_1$
2.36 mm	m_2	$a_2 = m_2/m$	$A_2 = A_1 + a_2$
1.18 mm	m_3	$a_3 = m_3/m$	$A_3 = A_2 + a_3$
600 μm	m_4	$a_4 = m_4/m$	$A_4 = A_3 + a_4$
300 μm	m_5	$a_5 = m_5/m$	$A_5 = A_4 + a_5$
150 μm	m_6	$a_6 = m_6/m$	$A_6 = A_5 + a_6$
底盘	$m_底$	$m = m_1 + m_2 + m_3 + m_4 + m_5 + m_6 + m_底$	

细度模数根据式（3-1）计算（精确至 0.01）：

$$M_x=\frac{(A_2+A_3+A_4+A_5+A_6)-5A_1}{100-A_1} \tag{3-1}$$

M_x 越大，表示砂越粗，普通混凝土用砂的细度模数一般为 $3.7\sim1.6$。根据细度模数 M_x 大小将砂分为三种规格：粗砂 $M_x=3.1\sim3.7$；中砂 $M_x=3.0\sim2.3$；细砂 $M_x=2.2\sim1.6$。

② 对细度模数和颗粒级配的要求。

砂的颗粒级配根据 $600\,\mu m$ 筛孔对应的累计筛余百分率 A_4，分成 1 区、2 区和 3 区三个级配区，砂的颗粒级配应符合表 3-2 的规定，砂的级配类别应符合表 3-3 规定。

表 3-2　砂的颗粒级配

砂的分类	天然砂			机制砂		
级配区	1 区	2 区	3 区	1 区	2 区	3 区
方筛孔	累计筛余/%					
4.75 mm	10～0	10～0	10～0	10～0	10～0	10～0
2.36 mm	35～5	25～0	15～0	35～5	25～0	15～0
1.18 mm	65～35	50～10	25～0	65～35	50～10	25～0
600 μm	85～71	70～41	40～16	85～71	70～41	40～16
300 μm	95～80	92～70	85～55	95～80	92～70	85～55
150 μm	100～90	100～90	100～90	97～85	94～80	94～75

表 3-3　级配类别

类别	Ⅰ 类	Ⅱ 类	Ⅲ 类
级配区	2 区	1、2、3 区	

对于砂浆用砂，$4.75\,mm$ 筛孔的累计筛余量应余 0。对于普通混凝土用砂，级配良好的粗砂应落在 1 区；级配良好的中砂应落在 2 区；级配良好细砂则应落在 3 区。实际使用的砂颗粒级配可能不完全符合要求，砂的实际颗粒级配除 $4.75\,mm$ 和 $600\,\mu m$ 筛挡外，可以略有超出，但各级累计筛余超出值总和应不大于 5%。当某一筛挡累计筛余率超界 5% 以上时，说明砂级配很差，视作不合格。

为了更直观地反映砂的级配情况，以累计筛余百分率为纵坐标，筛孔尺寸为横坐标，根据表 3-2 的级配区可绘制 1、2、3 级配区的筛分曲线（图 3-2）。

③ 细度模数和颗粒级配在工程上意义。

在拌制混凝土时，砂的颗粒级配和粗细程度应同时考虑。宜优先选用中砂，2 区砂。当采用 1 区砂时，由于砂中的粗颗粒相对较多，配制的混凝土拌合物和易性不易控制，应适当提高砂率，并保证足够的水泥用量，以满足混凝土的工作性能；当采用 3 区砂时，由于砂中

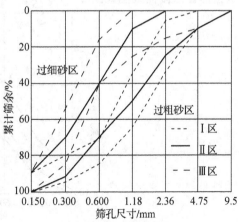

图 3-2　砂级配曲线图

细颗粒相对较多,配制的混凝土既要增加较多的水泥用量,而且强度会显著降低,宜适当降低砂率,以保证混凝土的强度。

在实际工程中当砂颗粒级配不符合表3-2的要求时,可采用人工掺配的方法,将粗砂、细砂按适当比例掺和或将砂过筛,筛除过粗或过细的颗粒,经试验证明能确保工程质量,方允许使用。

[例3-1] 某工程用砂,经烘干、称量、筛分析,测得各号筛上的筛余量列于表3-4。试评定该砂的粗细程度(M_x)和级配情况。

表3-4 筛分析试验结果

筛孔尺寸/mm	4.75	2.36	1.18	0.600	0.300	0.150	底盘	合计
筛余量/g	28.5	57.6	73.1	156.6	118.5	55.5	9.7	499.5

[解]:

① 计算分计筛余率和累计筛余率,结果列于表3-5。

表3-5 分计筛余和累计筛余计算结果

分计筛余率/%	a_1	a_2	a_3	a_4	a_5	a_6
	5.71	11.53	14.63	31.35	23.72	11.11
累计筛余率/%	A_1	A_2	A_3	A_4	A_5	A_6
	5.71	17.24	31.87	63.22	86.94	98.05

② 计算细度模数。

$$M_x=\frac{(A_2+A_3+A_4+A_5+A_6)-5A_1}{100-A_1}$$
$$=\frac{(17.24+31.87+63.22+86.94+98.05)-5\times5.71}{100-5.71}=2.85$$

③ 确定级配区、绘制级配曲线。该砂样在0.600 mm筛上的累计筛余率 $A_4=63.22$ 落在Ⅱ区,其他各筛上的累计筛余率也均落在Ⅱ区规定的范围内,因此可以判定该砂为2级区砂。级配曲线图如图3-3所示。

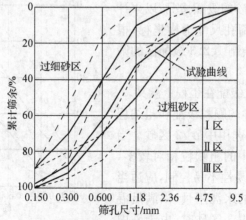

图3-3 级配曲线

④结果评定。该砂的细度模数 $M_x=2.85$,属中砂;2 区砂,级配良好,可用于配制混凝土。

(2)砂的含泥量、石粉含量和泥块含量。

砂的含泥量指天然砂中粒径小于 75 μm 的颗粒含量;石粉含量指机制砂中粒径小于 75 μm 的颗粒含量;泥块含量指砂中原粒径大于 1.18 mm,经水浸洗、手捏后小于 600 μm 的颗粒含量。

天然砂中的泥附在砂粒表面妨碍水泥与砂的黏结,增大混凝土用水量,降低混凝土的强度和耐久性,增大干缩。泥块本身强度很低,浸水后溃散,干燥后收缩,影响混凝土的性能。因此必须严格控制砂中含泥量和泥块含量,应符合表 3-6 的规定。

表 3-6　天然砂的含泥量和泥块含量

类别	I	II	III
含泥量(按质量计)/%	≤1.0	≤3.0	≤5.0
泥块含量(按质量计)/%	0	≤1.0	≤2.0

机制砂中是否存在膨胀性黏土矿物及其含量的整体指标可以通过测定亚甲蓝 MB 值确定,MB 值表示每千克 0~2.36 mm 颗粒试样所消耗的亚甲蓝质量。用亚甲蓝 MB 值来评定集料的洁净程度。它的试验原理是向集料与水搅拌制成的悬浊液中不断加入亚甲蓝溶液,每加入一定量的亚甲蓝溶液后,亚甲蓝为细集料中的粉料所吸附,用玻璃棒蘸取少许悬浊液滴到滤纸上观察是否有游离的亚甲蓝放射出的浅蓝色色晕,判断集料对染料溶液的吸附情况。当机制砂中含有膨胀性黏土矿物,由于膨胀性黏土矿物具有极大的比表面,很容易吸附亚甲蓝染料,测得的 MB 值偏高。

机制砂在生产过程中,会产生一定量的石粉,它的粒径虽然小于 75 μm,但与天然砂中的泥成分不同,粒径分布不同,在使用中的作用也不同。机制砂颗粒尖锐、多棱角对混凝土的和易性不利,特别是低强度等级的混凝土和易性很差,而适量的石粉在机制砂中可以弥补这一缺陷。此外,由于石粉主要是由 40~75 μm 的微粒组成,它能完善细骨料的级配,从而提高混凝土密实性。机制砂的石粉含量和泥块含量应符合表 3-7 和表 3-8 的规定。

表 3-7　石粉含量和泥块含量(MB 值≤1.4 或快速法试验合格)

类别	I	II	III
MB 值	≤0.5	≤1.0	≤1.4 或合格
石粉含量(按质量计)/%	≤10		
泥块含量(按质量计)%	0	≤1.0	≤2.0

·此指标根据使用地区和用途,经试验验证,可由供需双方协商确定

表 3-8　石粉含量和泥块含量(MB 值>1.4 或快速法试验不合格)

类别	I	II	III
石粉含量(按质量计)/%	≤1.0	≤3.0	≤5.0
泥块含量(按质量计)/%	0	≤1.0	≤2.0

(3) 有害物质含量。

细骨料中的有害物质主要包括:① 云母。表面光滑的层、片状结构的硅酸盐矿物,它与水泥的黏结性差,影响混凝土的强度和耐久性。② 轻物质。砂中表观密度小于 2 000 kg/m³ 的物质。③ 有机物。妨碍、延缓水泥的水化、硬化。④ 硫化物及硫酸盐。它们对水泥有腐蚀作用,从而影响混凝土的性能。⑤ 氯化物。对钢筋有锈蚀作用。⑥ 贝壳。砂中有害物质的限量应符合表 3-9 的规定。

表 3-9 砂中有害物质限量

类别	Ⅰ类	Ⅱ类	Ⅲ类
云母(按质量计)/%	≤1.0	≤2.0	
轻物质(按质量计)%	≤1.0		
有机物	合格		
硫化物与硫酸盐含量(按 SO_3 质量计)%	≤0.5		
氯化物含量(以氯离子质量计)/%	≤0.01	≤0.02	≤0.06
贝壳(按质量计)/%*	≤3.0	≤5.0	≤8.0

* 该指标只适用于海砂,其他砂种不做要求

(4) 坚固性。

砂的坚固性是指砂在自然风化和其他外界物理化学因素作用下抵抗破坏的能力。按《建设用砂》(GB/T 14684—2011)规定,采用硫酸钠溶液法进行试验,测定 5 个循环后砂的质量损失应符合表 3-10 的规定。

表 3-10 砂的坚固性指标

项 目	Ⅰ类	Ⅱ类	Ⅲ类
质量损失/%	≤8		≤10

机制砂除了要满足表 3-10 的规定外,压碎指标还应满足表 3-11 的规定。

表 3-11 砂的压碎指标

项 目	Ⅰ类	Ⅱ类	Ⅲ类
单级最大压碎指标/%	≤20	≤25	≤30

(5)表观密度、松散堆积密度和空隙率。

砂的表观密度越大,砂内部的孔隙越少,结构越致密;砂的松散堆积密度越大,空隙率越小,砂堆积得越紧密。有利于配制结构致密的混凝土,以便提高混凝土的强度和耐久性。《建设用砂》(GB/T 14684—2011)规定:表观密度不小于 2 500 kg/m³;松散堆积密度不小于 1 400 kg/m³;空隙率不大于 44%。

(6) 碱集料反应。

碱集料反应是指水泥、外加剂等混凝土组成物及环境中的碱与集料中碱活性矿物在潮湿环境下缓慢发生并导致混凝土开裂破坏的膨胀反应。

经碱集料反应试验后,试件应无裂缝、酥裂、胶体外溢等现象,在规定的试验龄期膨胀

率应小于 0.10%。

(7) 含水率和饱和面干吸水率。

施工中使用的砂受环境温度和湿度的影响,有四种含水状态:完全干燥状态、气干状态、饱和面干状态和湿润状态。

完全干燥状态下砂的含水率等于或接近于 0;气干状态下砂的含水率与大气湿度相平衡;饱和面干状态下的砂,其内部孔隙含水达到饱和,但表面干燥;湿润状态下的砂不但内部孔隙含水达到饱和,而且表面还附着自由水。

饱和面干砂既不从混凝土拌合物中吸取水分,也不往拌合物中带入水分。

当用户有要求时,应报告其实测值。

3.1.2 试验用砂准备

1. 取样方法

(1) 在料堆上取样时,取样部位应均匀分布。取样前先将取样部位表层铲除。然后由各部位抽取大致相等的砂共 8 份,组成一组样品。

(2) 从皮带运输机上取样时,应用与皮带等宽的接料器在皮带运输机机头出料处全断面定时随机抽取大致等量的砂 4 份组成一组样品。

(3) 从火车、汽车、货船上取样时,从不同部位和深度抽取大致相等的砂 8 份,组成一组样品。

2. 取样数量

单项试验的最少取样数量应符合表 3-12 的规定,若进行几项试验时,如能保证样品经一项试验后不致影响另一项试验的结果,可用同一试样进行几项不同的试验。

表 3-12 单项试验取样数量

序号	试验项目		最少取样数量/kg
1	颗粒级配		4.4
2	含泥量		4.4
3	泥块含量		20.0
4	石粉含量		6.0
5	云母含量		0.6
6	轻物质含量		3.2
7	有机物含量		2.0
8	硫化物与硫酸盐含量		0.6
9	氯化物含量		4.4
10	贝壳含量		9.6
11	坚固性	天然砂	8.0
		机制砂	20.0

续表

序号	试验项目	最少取样数量/kg
12	表观密度	2.6
13	松散堆积密度与空隙率	5.0
14	碱集料反应	20.0
15	放射性	6.0
16	饱和面干吸水率	4.4

3. 试样处理

（1）用分料器法。将样品在潮湿状态下拌和均匀，然后使样品通过分料器，取接料斗中的其中一份，再次通过分料器，重复上述过程，直至把样品缩分到试验所需量为止。

（2）人工四分法缩分。将所取每组样品置于平板上，在潮湿状态下拌和均匀，并堆成厚度约为 20 mm 的"圆饼"。然后沿互相垂直的两条直径把"圆饼"分成大致相等的四份，取其对角的两份重新拌匀，再堆成"圆饼"。重复上述过程，直至把样品缩分到试验所需量为止。

3.2 碎石和卵石的基本知识

3.2.1 碎石和卵石的物理性能

1. 石子的种类及特性

颗粒粒径大于 4.75 mm 的骨料为粗骨料，混凝土工程中常用的有碎石和卵石两大类。碎石是指天然岩石、卵石或矿山废石经机械破碎、筛分制成的粒径大于 4.75 mm 的岩石颗粒。卵石指由自然风化、水流搬运和分选、堆积形成的粒径大于 4.75 mm 的岩石颗粒。

碎石表面粗糙、棱角多，与水泥黏结较好，拌制的混凝土强度较高，但混凝土拌合物流动性较差；卵石表面光滑、棱角少，与水泥的黏结较差，拌制的混凝土强度较低，但混凝土拌合物流动性好。

配制混凝土选用碎石还是卵石要根据工程性质、当地材料供应情况、成本等各方面综合考虑。

2. 粗骨料技术要求

（1）粗骨料最大粒径。

最大粒径指粗骨料的公称粒级的上限称为该粒级的最大粒径。当骨料用量一定时，骨料粒径越大，其表面积越小，因而包裹其表面所需的水泥浆量减少，有利于节约水泥、降低成本，而且有助于改善混凝土性能，提高混凝土密实度，减少混凝土体积收缩。所以在条件许可的情况下，应尽量选用较大粒径的骨料。但对于普通配合比的结构混凝土，尤其是高强混凝土，当粗骨料粒径大于 40 mm，由于减少用水量获得的强度提高，被较少的黏结面积及大粒径骨料造成不均匀性的不利影响所抵消。因而并无多少好处。在实际工程上,骨料最大粒径还受到多种条件的限制:① 最大粒径不得大于构件最小截面尺寸的 1/4,同时不得大于钢筋净距的 3/4。② 对于混凝土实心板,最大粒径不宜超过板厚的 1/3,且不得大于 40 mm。③ 对于泵送混凝土,骨料最大粒径与输送管内径之比,当泵送高度在 50 m 以下时,碎石不宜大于 1:3,卵石不宜大于 1:2.5;泵送高度在 50~100 m 时,碎石不宜大于 1:4,卵石不宜大于 1:3;泵送高度在 100 m 以上时,碎石不宜大于 1:5,卵石不宜大于 1:4。④ 对大体积混凝土(如混凝土坝或围堤)或疏筋混凝土,往往受到搅拌设备和运输、成型设备条件的限制。有时为了节省水泥,降低收缩,可在大体积混凝土中抛入大块石(或称毛石),常称作抛石混凝土。

(2)粗骨料颗粒级配。

与细骨料要求一样,粗骨料也应具有良好的颗粒级配,以减小空隙率,节约水泥,提高混凝土的密实度和强度。特别是配置高强混凝土,粗骨料级配尤其重要。

粗骨料的颗粒级配可分为连续粒级和单粒级两种。连续粒级指 5 mm 以上至最大粒径 D_{max},各粒级均占一定比例,且在一定范围内,用连续粒级的石子配置的混凝土拌合物,和易性好,是工程上最常用的级配。单粒级指从 1/2 最大粒径开始至 D_{max}。单粒级集料可以避免连续级配中的较大粒级集料在堆放及装卸过程中的离析现象。单粒级可以通过不同组合,配置成各种不同要求的级配集料,也可与连续粒级混合使用,以改善级配或配成较大密实度的连续粒级。单粒级一般不宜单独用来配制混凝土,如必须单独使用,则应作技术经济分析,并通过试验证明不发生离析或影响混凝土的质量。

石子的颗粒级配通过筛分析试验确定。根据《建设用卵石、碎石》(GB/T 14685—2011)规定,采用标准筛孔径为:2.36 mm、4.75 mm、9.5 mm、16.0 mm、19.0 mm、26.5 mm、31.5 mm、37.5 mm、53.0 mm、63.0 mm、75.0 mm 和 90.0 mm 12 个方孔筛进行筛分试验,用与砂同样的方法计算累计筛余百分率。卵石、碎石的颗粒级配应符合表 3-13 的规定。

表 3-13 卵石或碎石的颗粒级配

级配情况	公称粒径/mm	累计筛余(按质量计)/%											
		筛孔尺寸(方孔筛)/mm											
		2.36	4.75	9.50	16.0	19.0	26.5	31.5	37.5	53.0	63.0	75.0	90.0
连续粒级	5~16	95~100	85~100	30~60	0~10	0							
	5~20	95~100	90~100	40~80		0~10	0						
	5~25	95~100	90~100		30~70		0~5	0					
	5~31.5	95~100	90~100	70~90		15~45		0~5	0				
	5~40		95~100	70~90		30~65			0~5	0			

级配情况	公称粒径/mm	累计筛余(按质量计)/%											
		筛孔尺寸(方孔筛)/mm											
		2.36	4.75	9.50	16.0	19.0	26.5	31.5	37.5	53.0	63.0	75.0	90.0
单粒级	5~10	95~100	80~100	10~15	0								
	10~16		95~100	80~100	0~15								
	10~20		95~100	85~100		0~15		0					
	16~25			95~100	55~70	25~40	0~10						
	16~31.5		95~100		85~100			0~10	0				
	20~40			95~100		80~100			0~10	0			
	40~80					95~100			70~100		30~60	0~10	0

（3）含泥量和泥块含量。

含泥量是指卵石、碎石中粒径小于 75 μm 的颗粒含量；泥块含量指卵石、碎石中原粒径大于 4.75 mm，经水浸洗、手捏后小于 2.36 mm 的颗粒含量。

粗集料中含泥量和泥块含量应符合表 3-14 的规定。

表 3-14　含泥量和泥块含量

类别	Ⅰ	Ⅱ	Ⅲ
含泥量(按质量计)/%	≤0.5	≤1.0	≤1.5
泥块含量(按质量计)/%	0	≤0.2	≤0.5

（4）针、片状颗粒含量。

粗集料中卵石、碎石颗粒的长度大于该颗粒所属相应粒级平均粒径的 2.4 倍者为针状颗粒；厚度小于平均粒径 0.4 倍者为片状颗粒。粗骨料的颗粒形状以近立方体或近球状体为最佳，但在岩石破碎生产碎石的过程中往往产生一定量的针、片状颗粒，针、片状颗粒易折断，使骨料的空隙率增大，并降低混凝土的强度，特别是抗折强度，同时影响混凝土拌合物的和易性。粗集料中针、片状颗粒含量应符合表 3-15 的规定。

表 3-15　针、片状颗粒含量

类别	Ⅰ	Ⅱ	Ⅲ
针、片状颗粒总含量(按质量计)/%	≤5	≤10	≤15

（5）有害物质含量。

粗骨料与细骨料中的有害杂质危害一样。根据《建设用卵石、碎石》（GB/T14685—2011）规定，其含量应符合表 3-16 的要求。

表 3 - 16　有害物质限量

类别	I	II	III
有机物	合格	合格	合格
硫化物及硫酸盐含量（按 SO_3 质量计）/%	≤0.5	≤1.0	≤1.0

（6）坚固性。

坚固性是指卵石、碎石在自然风化和其他外界物理、化学因素作用下抵抗破坏的能力。集料的坚固性影响混凝土的耐久性。粗骨料的坚固性指标试验，用硫酸钠溶液浸渍法检验，试样经 5 次循环后，其质量损失应符合表 3 - 17 的要求。

表 3 - 17　坚固性指标

类别	I	II	III
质量损失/%	≤5	≤8	≤12

（7）强度。

为了保证混凝土的强度，粗集料必须质地坚实，具有足够的强度。碎石和卵石的强度可用岩石的抗压强度或压碎指标两种方法表示。

岩石立方体抗压强度是将岩石制成 50 mm×50 mm×50 mm 立方体（或直径与高均为 50mm 的圆柱体）试件，在水饱和状态下测定其抗压强度。根据《建设用卵石、碎石》（GB/T 14685 - 2011）规定，在水饱和状态下，岩石抗压强度，火成岩应不小于 80 MPa，变质岩应不小于 60 MPa，水成岩应不小于 30 MPa。

压碎指标是将一定质量气干状态下 9.5～19.0 mm 的石子除去针、片状颗粒，装入一定规格的圆模内，在压力机上按 1 kN/s 速度均匀加荷至 200 kN，并稳荷 5 s，卸荷后用孔径为 2.36 mm 的筛筛去被压碎的细粒，称取试样的筛余量，按式（3 - 2）计算压碎指标：

$$Q_e = \frac{G_1 - G_2}{G_1} \times 100 \qquad (3-2)$$

式中，Q_e 为压碎指标值，%；G_1 为试样的质量，g；G_2 为压碎试验后试样的筛余量，g。

压碎值越小，表示石子强度越高，反之亦然。各类别骨料的压碎值指标应符合表 3 - 18 的要求。

表 3 - 18　压碎指标

类别	I	II	III
碎石压碎指标/%	≤10	≤20	≤30
卵石压碎指标/%	≤12	≤14	≤16

（8）表观密度、连续级配松散堆积空隙率。

用做混凝土集料的石子应密实坚固，国家标准要求其表观密度应不小于 2 600 kg/m³，混凝土用石堆积紧密,有利于改善混凝土的性能,连续级配松散堆积空隙率应符合表3-19的规定。

表3-19　连续级配松散堆积空隙率

类别	Ⅰ	Ⅱ	Ⅲ
空隙率/%	≤43	≤45	≤47

(9) 吸水率。

石子的吸水率一般较低,而且建筑工程极少在恶劣环境中使用,因此石子的吸水率对一般建筑工程用混凝土的影响较小。但随着建设用碎石、卵石适用范围的扩大,对吸水率提出进一步要求。吸水率应符合表3-20的规定。

表3-20　吸水率

类别	Ⅰ	Ⅱ	Ⅲ
吸水率/%	≤1.0	≤2.0	≤2.0

(10) 碱—集料反应。

碱—集料反应是指水泥、外加剂等混凝土组成物及环境中的碱与集料中碱活性矿物在潮湿环境下缓慢发生的并导致混凝土开裂破坏的膨胀反应。

经碱—集料反应试验后,试件应无裂缝、酥裂、胶体外溢等现象,在规定的试验龄期膨胀率应小于0.10%。

(11) 含水率。

掌握含水率对于用户进行混凝土配制是有利的,有些用户对石子的含水率会有要求,因此,当用户有要求时,应报告含水率的实测值。

3.2.2　试验用碎石、卵石准备

1. 取样方法

(1) 在料堆上取样时,取样部位应均匀分布。取样前先将取样部位表面铲除,然后从不同部位随机抽取大致等量的石子15份(在料堆的顶部、中部和底部均匀分布的15个不同部位取得)组成一组样品。

(2) 从皮带运输机上取样时,应用接料器在皮带运输机机头的出料处用与皮带等宽的容器,全断面定时随机抽取大致等量的石子8份,组成一组样品。

(3) 从火车、汽车、货船上取样时,应从不同部位和深度抽取大致等量的石子16份,组成一组样品。

注:如经观察,认为各节车皮间(车辆间、船只间)材料质量相差甚为悬殊时,应对质量有怀疑的每节车皮(车辆、船只)分别取样后验收。

2. 取样数量

单项试验的最少取样数量应符合表3-21的规定。若进行几项试验时,如能保证样品经一项试验后不致影响另一项试验的结果,可用同一试样进行几项不同的试验。

表 3－21　单项试验取样数量

试验项目	最大粒径/mm							
	9.5	16.0	19.0	26.5	31.5	37.5	63.0	75.0
	最少取样数量/kg							
颗粒级配	9.5	16.0	19.0	25.0	31.5	37.5	63.0	80.0
含泥量	8.0	8.0	24.0	24.0	40.0	40.0	80.0	80.0
泥块含量	8.0	8.0	24.0	24.0	40.0	40.0	80.0	80.0
针、片状颗粒含量	1.2	4.0	8.0	12.0	20.0	40.0	40.0	40.0
有机物	按试验要求的粒级和数量取样							
硫酸盐和硫化物含量								
坚固性								
岩石抗压强度	随机选取完整石块锯切或钻取成试验用样品							
压碎指标	按试验要求的粒级和数量取样							
表观密度	8.0	8.0	8.0	8.0	12.0	16.0	24.0	24.0
堆积密度与空隙率	40.0	40.0	40.0	40.0	80.0	80.0	120.0	120.0
吸水率	2.0	4.0	8.0	12.0	20.0	40.0	40.0	40.0
碱集料反应	20.0	20.0	20.0	20.0	20.0	20.0	20.0	20.0
放射性	6.0							
含水率	按试验要求的粒级和数量取样							

3. 试样处理

将所取样品置于平板上,在自然状态下拌混均匀,并堆成堆体,然后沿互相垂直的两条直径把堆体分成大致相等的四份,取其对角的两份重新拌匀,再堆成堆体。重复上述过程,直至把样品缩分到试验所需的量为止。

堆积密度试验所用试样可不经缩分,在拌匀后直接进行试验。

3.3　现行砂、石检测标准

砂的各项性能指标依据《建设用砂》(GB/T 14684—2011)标准检测。卵石、碎石的各项性能指标依据《建设用卵石、碎石》(GB/T 14685—2011)标准检测。

3.4　检测砂含泥量

天然砂中粒径小于 75 μm 的颗粒是泥,天然砂中的泥附在砂粒表面,妨碍水泥与砂的黏结,使混凝土强度降低,此外,泥的表面积较大,含量多会降低混凝土拌合物的流动性,或者在保持相同流动性的条件下,增加水和水泥的用量,从而导致混凝土的强度、耐久性降低,干缩、徐变增大。

3.4.1 检测仪器

(1) 天平:称量 1 000 g,感量 1 g;

(2) 鼓风干燥箱:能使温度控制在 105±5 ℃;

(3) 方孔筛:孔径为 75 μm 及 1.18 mm 的筛各一只;

(4) 容器:要求淘洗试样时,保持试样不溅出(深度大于 250 mm);

(5) 搪瓷盘、毛刷等。

3.4.2 检测步骤

(1) 按 3.1.2 规定取样,将样品在潮湿状态下用四分法缩分至约 1 100 g,放在干燥箱中 105±5 ℃下烘干至恒重,冷却至室温后,分为大致相等的两份备用。

(2) 称取试样 500 g,精确至 0.1 g。将试样倒入淘洗容器中,注入清水,使水面高出试样面约 150 mm,充分拌混均匀后,浸泡 2 h,然后用手在水中淘洗试样,使尘屑、淤泥和黏土与砂粒分离,把浑水缓缓地倒入 1.18 mm 及 75 μm 的套筛上(1.18 mm 筛放在 75 μm 的筛上面),滤去小于 75 μm 的颗粒。试验前筛子的两面应先用水润湿,在整个试验过程中应小心防止砂粒丢失。

(3) 再次向容器中注入清水,重复上述过程,直至容器中的水目测清澈为止。

(4) 用水淋洗剩留在筛上的细粒。并将 75 μm 筛放在水中(使水面略高出筛中砂粒的上表面)来回摇动,以充分洗掉小于 75 μm 的颗粒。然后将两只筛的筛余颗粒和清洗容器中已经洗净的试样一并倒入搪瓷盘,放在干燥箱中 105±5 ℃下烘干至恒量。待冷却至室温后,称出其质量(m_1),精确至 0.1 g。

注:恒量系指试样在烘干 3 h 以上的情况下,其前后质量之差不大于该项试验所要求的称量精度(下同)。

3.4.3 结果计算与评定

含泥量按式(3-3)计算,精确至 0.1%。

$$Q_a = \frac{G_0 - G_1}{G_0} \qquad (3-3)$$

式中,Q_a 为含泥量,%;G_0 为试验前烘干试样的质量,g;G_1 为试验后烘干试样的质量,g。

含泥量取两个试样的试验结果算术平均值作为测定值,采用修约值比较法进行评定。

3.4.4 注意事项

(1) 淘洗时倾倒上层的浑浊液,不要把砂带出来;

(2) 转移时尽量把筛子上的细砂全部转移入浅盘;

(3) 烘干前在保证不损失试样的前提下,尽量倒净浅盘中的水。

3.5 检测砂泥块含量

泥块指砂中原粒径大于 1.18 mm,经水浸洗手捏后小于 600 μm 的颗粒。泥块本身强度很低,浸水后溃散,干燥后收缩。它们对混凝土也是有害的,必须严格控制其含量。

3.5.1 检测仪器

(1) 鼓风干燥箱:能使温度控制在 105±5 ℃;
(2) 天平:称量 1 000 g,感量 0.1 g;
(3) 方孔筛:孔径为 600 μm 及 1.18 mm 的筛各一只;
(4) 容器:要求淘洗试样时,保持试样不溅出(深度大于 250 mm);
(5) 搪瓷盘、毛刷等。

3.5.2 检测步骤

(1) 按 3.1.2 规定取样,并将试样缩分至约 500 g,放在干燥箱中 105±5 ℃下烘干至恒量,待冷却至室温后,筛除小于 1.18 mm 的颗粒,分为大致相等的两份备用。

(2) 称取试样 200 g,精确至 0.1 g。将试样倒入淘洗容器中,注入清水,使水面高于试样面约 150 mm,充分搅拌均匀后,浸泡 24 h。然后用手在水中碾碎泥块,再把试样放在 600 μm 筛上,用水淘洗,直至容器内的水目测清澈为止。

(3) 保留下来的试样小心地从筛中取出,装入浅盘后,放在干燥箱中 105±5 ℃下烘干至恒量,待冷却到室温后,称出其质量,精确至 0.1 g。

3.5.3 结果计算与评定

泥块含量按式(3-4)计算,精确至 0.1%。

$$Q_b = \frac{G_1 - G_2}{G_1} \times 100 \qquad (3-4)$$

式中,Q_b 为泥块含量,%;G_1 为 1.18 mm 筛筛余试样的质量,g;G_2 为试验后烘干试样的质量,g。

泥块含量取两次试验结果的算术平均值,精确至 0.1%,采用修约值比较法进行评定。

3.5.4 注意事项

(1) 淘洗时倾倒上层的浑浊液,尽量不要把砂倒出来;
(2) 转移时尽量把筛子上的细砂全部转移入浅盘;
(3) 烘干前尽量倒净浅盘中的水。

3.6 检测砂表观密度、堆积密度

通过砂的表观密度、堆积密度可以计算出砂的空隙率,从而判断砂堆积的紧密程度。只有当骨料达到了紧密堆积,混凝土结构才致密。砂表观密度是混凝土配合比设计的依据,砂堆积密度是砌筑砂浆配合比设计的依据。

3.6.1 检测砂表观密度

1. 检测仪器

(1) 鼓风干燥箱:能使温度控制在105±5 ℃;

(2) 天平:称量1 000 g,感量0.1 g;

(3) 容量瓶:500 mL;

(4) 干燥器、搪瓷盘、滴管、毛刷、温度计等。

2. 检测步骤

(1) 按3.1.2规定取样,并将试样缩分至约660 g,放在干燥箱中105±5 ℃下烘干至恒量,待冷却至室温后,分为大致相等的两份备用。

(2) 称取试样300 g,精确至0.1 g。将试样装入容量瓶,注入冷开水至接近500 mL的刻度处,用手旋转摇动容量瓶,使砂样充分摇动,排除气泡,塞紧瓶盖,静置24 h。然后用滴管小心加水至容量瓶500 mL刻度处,塞紧瓶塞,擦干瓶外水分,称出其质量,精确至1 g。

(3) 倒出瓶内水和试样,洗净容量瓶,再向容量瓶内注水(上述水温相差不超过2℃,并在15~25℃范围内)至500 mL刻度处,塞紧瓶塞,擦干瓶外水分,称出其质量,精确至1 g。

3. 结果计算与评定

砂的表观密度按式(3-5)计算,精确至10 kg/m³。

$$\rho_0 = \left(\frac{G_0}{G_0 + G_2 - G_1} - \alpha_t \right) \times \rho_{水} \qquad (3-5)$$

式中,ρ_0 为表观密度,kg/m³;$\rho_{水}$ 为水的密度,1 000 kg/m³;G_0 为烘干试样的质量,g;G_1 为试样,水及容量瓶的总质量,g;G_2 为水及容量瓶的总质量,g;α_t 为水温对表观密度影响的修正系数(见表3-22)。

表3-22 不同水温对表观密度影响的修正系数

水温/℃	15	16	17	18	19	20	21	22	23	24	25
α_t	0.002	0.003	0.003	0.004	0.004	0.005	0.005	0.006	0.006	0.007	0.008

表观密度取两次试验结果的算术平均值,精确至10 kg/m³;如两次试验结果之差大于20 kg/m³,须重新试验。采用修约值比较法进行评定。

4. 注意事项

(1) 试验的各项称量可在15~25℃的温度范围进行;

(2) 从试样加水静置的最后2 h起直至试验结束,其温度相差不应超过2℃;

(3) 容量瓶使用前,应检查瓶身刻度是否清晰,容量瓶是否完好,瓶塞与瓶身是否配套;

(4) 在向容量瓶中加水时,应使凹液面与刻度线平齐;

(5) 两次加水的刻度应一致;

（6）在向容量瓶中装砂时，开始容量瓶应倾斜，避免砂粒直接撞击容量瓶底部；

（7）表观密度测试结束后要集中收集处理容量瓶中的废砂，避免堵塞下水管道。

3.6.2　检测砂堆积密度

1. 检测仪器

（1）鼓风干燥箱：能使温度控制在 105 ± 5 ℃；

（2）天平：称量 10 kg，感量 1 g；

（3）容量筒：圆柱形金属筒，内径 108 mm，净高 109 mm，壁厚 2 mm，筒底厚约 5 mm，容积为 1 L；

（4）方孔筛：孔径为 4.75 mm 的筛一只；

（5）垫棒：直径 10 mm，长 500 mm 的圆钢；

（6）直尺、漏斗或料勺、搪瓷盘、毛刷等。

2. 检测步骤

（1）按 3.1.2 规定取样，用搪瓷盘装取试样约 3 L，放在干燥箱中 105 ± 5 ℃下烘干至恒量，待冷却至室温后，筛除大于 4.75 mm 的颗粒，分为大致相等的两份备用。

（2）松散堆积密度。取试样一份，用漏斗或料勺将试样从容量筒中心上方 50 mm 处徐徐倒入，让试样以自由落体落下，当容量筒上部试样呈堆体，且容量筒四周溢满时，即停止加料。然后用直尺沿筒口中心线向两边刮平（试验过程应防止触动容量筒），称出试样和容量筒总质量，精确至 1 g。

（3）紧密堆积密度。取试样一份分两次装入容量筒。装完第一层后（约计稍高于 1/2），在筒底垫放一根直径为 10 mm 的圆钢，将筒按住，左右交替击地面各 25 次。然后装入第二层，第二层装满后用同样方法颠实（但筒底所垫圆钢的方向与第一层时的方向垂直）后，再加试样直至超过筒口，然后用直尺沿筒口中心线向两边刮平，称出试样和容量筒总质量，精确至 1 g。

3. 结果计算与评定

（1）松散或紧密堆积密度按式（3-6）计算，精确至 10 kg/m³。

$$\rho_1=\frac{G_1-G_2}{V} \tag{3-6}$$

式中，ρ_1 为松散堆积密度或紧密堆积密度，kg/m³；G_1 为容量筒和试样总质量，g；G_2 为容量筒质量，g；V 为容量筒的容积，L。

（2）空隙率按式（3-7）计算，精确至 1%。

$$V_0=\left(1-\frac{\rho_1}{\rho_0}\right)\times100 \tag{3-7}$$

式中，V_0 为空隙率，%；ρ_1 为试样的松散（或紧密）堆积密度，kg/m³；ρ_0 为按式（3-5）计算的试样表观密度，kg/m³。

堆积密度取两次试验结果的算术平均值，精确至 10 kg/m³。空隙率取两次试验结果的算术平均值，精确至 1%。采用修约值比较法进行评定。

（3）容量筒的校准方法。

将温度为 20±2 ℃的饮用水装满容量筒,用一玻璃板沿筒口推移,使其紧贴水面。擦干筒外壁水分,然后称出其质量,精确至 1 g。容量筒容积按式(3-8)计算,精确至 1 mL。

$$V = G_1 - G_2 \tag{3-8}$$

式中,V 为容量筒容积,mL;G_1 为容量筒、玻璃板和水的总质量,g;G_2 为容量筒和玻璃板质量,g。

用直尺沿筒口中心线向两边刮平,称出试样和容量筒总质量,精确至 1 g。

4. 注意事项

（1）装样前应检查容量筒是否洁净干燥;

（2）松散堆积密度测定过程中,避免触动容量筒。

3.7 检测砂颗粒级配、细度模数

在混凝土中砂粒之间的空隙是由水泥浆所填充,为达到节约水泥和提高混凝土强度,就应尽量减少砂粒之间的空隙。颗粒级配状况反映了不同粒径骨料的含量比例,级配良好的骨料,粗颗粒砂的空隙由中等颗粒砂填充,中等颗粒砂的空隙再由细颗粒砂填充,这样逐级填充,使砂形成最紧密堆积,空隙率达到最小,有利于混凝土的施工性能和力学性能。砂的细度模数反映了砂的粗细程度,在砂用量相同的情况下,细砂的总表面积较大,而粗砂的总表面积较小。在混凝土中砂子的表面需要水泥浆包裹,赋予系统流动性和黏结强度,砂子的总表面积越大,则需要包裹砂粒的水泥浆就越多,一般用粗砂拌制的混凝土比用细砂拌制混凝土需要的水泥浆要少,但砂过粗,易使混凝土拌合物产生分层、离析、泌水等现象。在实际工程中,同时考虑砂的颗粒级配和粗细程度。当砂中含有较多的粗颗粒,可以适量的中颗粒及少量的细颗粒填充其空隙,则可达到孔隙率及总表面积均较小,这样不仅水泥用量少,而且还可以提高混凝土的密实度与强度。

3.7.1 检测仪器

（1）鼓风干燥箱:能使温度控制在 105±5 ℃;

（2）天平:称量 1 000 g,感量 1 g;

（3）方孔筛:孔径为 150 μm、300 μm、600 μm、1.18 mm、2.36 mm、4.75 mm 及 9.50 mm 的筛各一只,并附有筛底和筛盖;

（4）摇筛机;

（5）搪瓷盘、毛刷等。

3.7.2 检测步骤

（1）按 3.1.2 规定取样,筛除大于 9.50 mm 的颗粒(并算出其筛余百分率),并将试样缩分至约 1 100 g,放入干燥箱中 105±5 ℃下烘干至恒量,待冷却至室温后,分为大致相等的两份备用。

(2) 称取试样 500 g,精确至 1 g。将试样倒入按孔径大小从上到下组合的套筛(附筛底)上,然后进行筛分。

(3) 将套筛置于摇筛机上,摇 10 min;取下套筛,按筛孔大小顺序再逐个用手筛,筛至每分钟通过量小于试样总量 0.1% 为止。通过的试样并入下一号筛中,并和下一号筛中的试样一起过筛,这样顺序进行,直至各号筛全部筛完为止。

(4) 称出各号筛的筛余量,精确至 1 g,试样在各号筛上的筛余量不得超过按式(3-9)计算出的量。

$$G=\frac{A \times d^{1/2}}{200} \tag{3-9}$$

式中,G 为在一个筛上的筛余量,g;A 为筛面面积,mm²;d 为筛的孔径,mm。

超过时应按下列方法之一处理:

① 将该粒级试样分成少于按式(3-9)计算出的量,分别筛分,并以筛余量之和作为该号筛的筛余量。

② 将该粒级及以下各粒级的筛余混合均匀,称出其质量,精确至 1 g。再用四分法缩分为大致相等的两份,取其中一份,称出其质量,精确至 1 g,继续筛分。计算该粒级及以下各粒级的分计筛余量时应根据缩分比例进行修正。

3.7.3 结果计算与评定

(1) 计算分计筛余百分率。各号筛的筛余量与试样总量之比,计算精确至 0.1%;

(2) 计算累计筛余百分率。该号筛的筛余百分率加上该号筛以上各筛余百分率之和,精确至 0.1%,筛分后,如每号筛的筛余量与筛底的剩余量之和同原试样质量之差超过 1% 时,须重新试验。

(3) 砂的细度模数按式(3-10)计算,精确至 0.01。

$$M_x=\frac{(A_2+A_3+A_4+A_5+A_6)-5A_1}{100-A_1} \tag{3-10}$$

式中,M_x 为细度模数;A_1、A_2、A_3、A_4、A_5、A_6 为分别为 4.75 mm、2.36 mm、1.18 mm、600 μm、300 μm、150 μm 筛的累计筛余百分率。

(4) 累计筛余百分率取两次试验结果的算术平均值,精确至 1%。细度模数取两次试验结果的算术平均值,精确至 0.1;如两次试验的细度模数之差超过 0.20 时,须重新试验。根据各号筛的累计筛余百分率,采用修约值比较法评定该试样的颗粒级配。

3.7.4 注意事项

(1) 试验前应检查筛面是否干燥、完好,清理筛孔内堵塞的砂粒;

(2) 试验时应先筛除大于 9.50 mm 的颗粒,再缩分试样;

(3) 取下套筛,按筛孔大小顺序逐个用手筛时,应尽量避免砂粒损失;

(4) 称量筛余物质量时,应尽量把留在筛上的砂粒清理干净。

3.8　检测砂含水率

在进行混凝土配合比设计过程中,经历了确定初步配合比、确定基准配合比、确定设计配合比、确定施工配合比等阶段,混凝土的设计配合比是以干燥状态的骨料为准,而砂、石等原材料都含有一定的水分,在确定施工配合比时,应按砂、石含水情况进行修正,防止由于骨料含水率的变化而导致混凝土水灰比发生波动,对混凝土强度和耐久性造成不良影响。

3.8.1　检测仪器

(1) 鼓风干燥箱:能使温度控制在 105 ± 5 ℃;

(2) 天平:称量 1 000 g,感量 0.1 g;

(3) 干燥器、搪瓷盘、小勺、毛刷、烧杯等。

3.8.2　检测步骤

(1) 将自然潮湿状态下的试样用四分法缩分至约 1 100 g,拌匀后分为大致相等的两份备用。

(2) 称取一份试样的质量,精确至 0.1 g。将试样倒入已知质量的烧杯中,放在烘箱中于 105 ± 5 ℃下烘至恒量。待冷却至室温后,再称出其质量,精确至 0.1 g。

3.8.3　结果计算与评定

含水率按式(3-11)计算,精确至 0.1%。

$$Z=\frac{G_1-G_2}{G_1}\times100 \qquad (3-11)$$

式中,Z 为含水率,%;G_1 为烘干前的试样质量,g;G_2 为烘干后的试样质量,g。

含水率取两次试验结果的算术平均值,精确至 0.1%;两次试验结果之差大于 0.2% 时,须重新试验。

3.9　检测碎石、卵石颗粒级配

粗骨料的颗粒级配好坏对节约水泥、保证混凝土拌合物良好的和易性及混凝土强度有很大关系。按供应情况分为连续粒级和单粒级。连续粒级是指颗粒由小到大连续分级,大小颗粒搭配合理,配制的混凝土拌合物和易性好,不易发生分层、离析现象,且水泥用量小。单粒级是从 1/2 最大粒径至最大粒径,粒径大小差别小,单粒级一般不单独使用,主要用于组合成具有要求级配的连续粒级,或与连续粒级混合使用。

3.9.1　检测仪器

(1) 鼓风干燥箱:能使温度控制在 105 ± 5 ℃;

(2) 天平:称量 10 kg,感量 1 g;

(3) 方孔筛:孔径为 2.36 mm、4.75 mm、9.50 mm、16.0 mm、19.0 mm、26.5 mm、31.5 mm、37.5 mm、53.0 mm、63.0 mm、75.0 mm 及 90 mm 的筛各一只,并附有筛底和筛盖(筛框内径为 300 mm);

(4) 摇筛机;

(5) 搪瓷盘、毛刷等。

3.9.2　检测步骤

(1) 按 3.2.2 规定取样,并将试样缩分至略大于表 3-23 规定的数量,烘干或风干后备用。

表 3-23　颗粒级配试验所需试样数量

最大粒径/mm	9.5	16.0	19.0	26.5	31.5	37.5	63.0	75.0
最少试样质量/kg	1.9	3.2	3.8	5.0	6.3	7.5	12.6	16.0

(2) 根据试样的最大粒径,称取按表 3-23 规定数量的试样一份,精确到 1 g。将试样倒入按孔径大小从上到下组合的套筛(附筛底)上,然后进行筛分。

(3) 将套筛置于摇筛机上,摇 10 min;取下套筛,按筛孔大小顺序再逐个用手筛,筛至每分钟通过量小于试样总量 0.1% 为止。通过的颗粒并入下一号筛中,并和下一号筛中的试样一起过筛,这样顺序进行,直至各号筛全部筛完为止。当筛余颗粒的粒径大于 19.0 mm 时,在筛分过程中,允许用手指拨动颗粒。

(4) 称出各号筛的筛余量,精确至 1 g。

3.9.3　数据记录及处理

(1) 计算分计筛余百分率。各号筛的筛余量与试样总质量之比,计算精确至 0.1%。

(2) 计算累计筛余百分率。该号筛及以上各筛分计筛余百分率之和,精确至 1%。筛分后,如每号筛的筛余量与筛底的筛余量之和同原试样质量之差超过 1% 时,应重新试验。

(3) 根据各号筛的累计筛余百分率,采用修约值比较法评定该试样的颗粒级配。

3.9.4　注意事项

(1) 试验前应检查筛面是否干燥、完好;

(2) 取下套筛,按筛孔大小顺序逐个用手筛时,应尽量避免石粒损失;

(3) 称量筛余物质量时,应尽量把留在筛上的石粒清理干净。

3.10　检测碎石、卵石表观密度

通过石的表观密度、堆积密度可以计算出石的空隙率,从而判断石堆积的紧密程度。只有当骨料达到了紧密堆积,混凝土结构才致密。石的表观密度还是混凝土配合比设计的依据。

3.10.1 液体比重天平法

1. 检测仪器

（1）鼓风干燥箱：能使温度控制在 105±5 ℃；

（2）天平：称量 5 kg，感量 5 g；其型号及尺寸应能允许在臂上悬挂盛试样的吊篮，并能将吊篮放在水中称量；

（3）吊篮：直径和高度均为 150 mm，由孔径为 1～2 mm 的筛网或钻有 2～3 mm 孔洞的耐锈蚀金属板制成；

（4）方孔筛：孔径为 4.75 mm 的筛一只；

（5）盛水容器：有溢流孔；

（6）温度计、搪瓷盘、毛巾等。

2. 检测步骤

（1）按 3.2.2 规定取样，并缩分至略大于表 3-24 规定的数量，风干后筛除小于 4.75 mm 的颗粒，然后洗刷干净，分为大致相等的两份备用。

表 3-24　表观密度试验所需试样数量

最大粒径/mm	小于 26.5	31.5	37.5	63.0	75.0
最少试样质量/kg	2.0	3.0	4.0	6.0	6.0

（2）取试样一份装入吊篮，并浸入盛水的容器中，水面至少高出试样表面 50 mm，浸水 24 h 后，移放到称量用的盛水容器中，并用上下升降吊篮的方法排除气泡（试样不得露出水面）。吊篮每升降一次约 1 s，升降高度为 30～50 mm。

（3）测定水温后（此时吊篮应全浸在水中），准确称出吊篮及试样在水中的质量，精确至 5 g。称量时盛水容器中水面的高度由容器的溢流孔控制。

（4）提起吊篮，将试样倒入浅盘，放在干燥箱中 105±5 ℃下烘干至恒量，待冷却至室温后，称出其质量，精确至 5 g。

（5）称出吊篮在同样温度水中的质量，精确至 5 g。称量时盛水容器的水面高度仍由溢流孔控制。

注：试验时各项称量可以在 15～25 ℃范围内进行，但从试样加水静止的 2 h 起至试验结束，其温度变化不应超过 2℃。

3. 结果计算与评定

（1）表观密度按式（3-12）计算，精确至 10 kg/m³。

$$\rho_0 = \left(\frac{G_0}{G_0 + G_2 - G_1} - \alpha_t\right) \times \rho_水 \tag{3-12}$$

式中，ρ_0 为表观密度，kg/m³；G_0 为烘干后试样的质量，g；G_1 为吊篮及试样在水中的质量，g；G_2 为吊篮在水中的质量，g；$\rho_水$ 为 1 000 kg/m³；α_t 为水温对表观密度影响的修正系数（表 3-25）。

表 3-25　不同水温对碎石、卵石表观密度影响的修正系数

水温/℃	15	16	17	18	19	20	21	22	23	24	25
α_t	0.002	0.003	0.003	0.004	0.004	0.005	0.005	0.006	0.006	0.007	0.008

（2）表观密度取两次试验结果的算术平均值，两次试验结果之差大于 20 kg/m³，应重新试验。对颗粒材质不均匀的试样，如两次试验结果之差超过 20 kg/m³，可取 4 次试验结果的算术平均值。

2.10.2　广口瓶法

本方法不宜用于测定最大粒径大于 37.5 mm 的碎石或卵石的表观密度。

1. 检测仪器

（1）鼓风干燥箱：能使温度控制在 105±5 ℃；

（2）天平：称量 2 kg，感量 1 g；

（3）广口瓶：1 000 mL，磨口；

（4）方孔筛：孔径为 4.75 mm 的筛一只；

（5）玻璃片（尺寸约 100 mm×100 mm）、温度计、搪瓷盘、毛巾等。

2. 检测步骤

（1）按表 3.2.2 规定取样，并缩分至略大于表 3-24 规定的数量，风干后筛除小于 4.75 mm 的颗粒，然后洗刷干净，分为大致相等的两份备用。

（2）将试样浸水饱和，然后装入广口瓶中。装试样时，广口瓶应倾斜放置，注入饮用水，用玻璃片覆盖瓶口，以上下左右摇晃的方法排除气泡。

（3）气泡排尽后，向瓶中添加饮用水，直至水面凸出瓶口边缘。然后用玻璃片沿瓶口迅速滑行，使其紧贴瓶口水面。擦干瓶外水分后，称出试样、水、瓶和玻璃片总质量，精确至 1 g。

（4）将瓶中试样倒入浅盘，放在干燥箱中 105±5 ℃下烘干至恒量，待冷却至室温后，称出其质量，精确至 1 g。

（5）将瓶洗净并重新注入饮用水，用玻璃片紧贴瓶口水面，擦干瓶外水分后，称出水、瓶和玻璃片总质量，精确至 1 g。

注：试验时各项称量可以在 15～25 ℃范围内进行，但从试样加水静止的 2 h 起至试验结束，其温度变化不应超过 2℃。

3. 结果计算与评定

（1）表观密度按式（3-12）计算，精确至 10 kg/m³；

（2）表观密度取两次试验结果的算术平均值，两次试验结果之差大于 20 kg/m³，应重新试验。对颗粒材质不均匀的试样，如两次试验结果之差超过 20 kg/m³，可取 4 次试验结果的算术平均值。

（3）采用修约值比较法进行评定。

3.11　检测碎石、卵石含水率

混凝土的设计配合比是以干燥状态的骨料为准，而碎石中含有一定的水分，在确定施

工配合比时,应按碎石含水情况进行修正,防止由于骨料含水率的变化而导致混凝土水灰比发生波动,对混凝土强度和耐久性造成不良影响。

3.11.1 检测仪器

(1) 鼓风干燥箱:能使温度控制在105±5 ℃;
(2) 天平:称量10 kg,感量1 g;
(3) 小铲、搪瓷盘、毛巾、刷子等。

3.11.2 检测步骤

(1) 按3.2.2规定取样,并将试样缩分至约4.0 kg,拌匀后分为大致相等的两份备用。
(2) 称取试样一份,精确至1 g,放在烘箱中105±5 ℃下烘干至恒重,待冷却至室温后,称出其质量,精确至1 g。

3.11.3 结果计算与评定

含水率按式(3-13)计算,精确至0.1%。

$$Z = \frac{G_1 - G_2}{G_2} \times 100 \tag{3-13}$$

式中,Z为含水率%;G_1为烘干前试样的质量,g;G_2为烘干后试样的质量,g。
含水率取两次试验结果的算术平均值,精确至0.1%。

3.12 检测碎石、卵石含泥量

石中含泥量、泥块含量对混凝土性质的影响与细骨料相同,泥份会引起混凝土需水量的增加,阻碍水泥与骨料胶结,妨碍水泥的正常水化或与水泥成分发生反应,使混凝土的性能降低,由于粗骨料的粒径大因而造成的缺陷或危害更大。

3.12.1 检测仪器

(1) 鼓风干燥箱:能使温度控制在105±5 ℃;
(2) 天平:称量10 kg,感量1 g;
(3) 方孔筛:孔径为75 μm及1.18 mm的筛各一只;
(4) 容器:要求淘洗试样时,保持试样不溅出;
(5) 搪瓷盘、毛刷等。

3.12.2 检测步骤

(1) 按3.2.2规定取样,并将试样缩分至略大于表3-26规定的2倍数量,放在干燥箱中105±5 ℃下烘干至恒量,待冷却至室温后,分为大致相等的两份备用。

表 3-26 含泥量试验所需试样数量

最大粒径/mm	9.5	16.0	19.0	26.5	31.5	37.5	63.0	75.0
最少试样质量/kg	2.0	2.0	6.0	6.0	10.0	10.0	20.0	20.0

（2）根据试样的最大粒径，称取按表 3-26 规定数量的试样一份，精确到 1 g。将试样放入淘洗容器中，注入清水，使水面高于试样上表面 150 mm，充分搅拌均匀后，浸泡 2 h，然后用手在水中淘洗试样，使尘屑、淤泥和黏土与石子颗粒分离，把浑水缓缓倒入 1.18 mm 及 75 μm 的套筛上（1.18 mm 筛放在 75 μm 筛上面），滤去小于 75 μm 的颗粒。试验前筛子的两面应先用水润湿。在整个试验过程中应小心防止大于 75 μm 颗粒流失。

（3）用水淋洗剩余在筛上的细粒，并将 75 μm 筛放在水中（使水面略高出筛中石子颗粒的上表面）来回摇动，以充分洗掉小于 75 μm 的颗粒，然后将两只筛上筛余的颗粒和清洗容器中已经洗净的试样一并倒入搪瓷盘中，置于干燥箱中 105±5 ℃下烘干至恒量，待冷却至室温后，称出其质量，精确至 1 g。

3.12.3 结果计算与评定

含泥量按式（3-14）计算，精确至 0.1%。

$$Q_a = \frac{G_1 - G_2}{G_1} \times 100 \tag{3-14}$$

式中，Q_a 为含泥量，%；G_1 为试验前烘干试样的质量，g；G_2 为试验后烘干试样的质量，g。

含泥量取两次试验结果的算术平均值，精确至 0.1%，采用修约值比较法进行评定。

3.12.4 注意事项

（1）淘洗时倾倒上层的浑浊液，尽量不要把石倒出来；
（2）转移时尽量把筛子上的细粉全部转移入浅盘；
（3）烘干前尽量倒净浅盘中的水。

3.13 检测碎石、卵石泥块含量

3.13.1 检测仪器

（1）鼓风干燥箱：能使温度控制在 105±5 ℃；
（2）天平：称量 10 kg，感量 1 g；
（3）方孔筛：孔径为 2.36 mm 及 4.75 mm 筛各一只；
（4）容器：要求淘洗试样时，保持试样不溅出。

3.13.2 检测步骤

（1）按 3.2.2 规定取样，并将试样缩分至略大于表 3-26 规定的 2 倍数量，放在干燥箱中 105±5 ℃下烘干至恒量，待冷却至室温后，筛除小于 4.75 mm 的颗粒，分为大致相等的两份备用。

(2) 根据试样的最大粒径,称取按表 3-26 规定数量的试样一份,精确到 1 g。将试样倒入淘洗容器中,注入清水,使水面高于试样上表面。充分搅拌均匀后,浸泡 24 h。然后用手在水中碾碎泥块,再把试样放在 2.36 mm 筛上,用水淘洗,直至容器内的水目测清澈为止。

(3) 保留下来的试样小心地从筛中取出,装入搪瓷盘后,放在烘箱中 105±5 ℃下烘干至恒量,待冷却至室温后,称出其质量,精确到 1 g。

3.13.3　结果计算与评定

(1) 泥块含量按式(3-15)计算,精确至 0.1%。

$$Q_b = \frac{G_1 - G_2}{G_1} \times 100 \tag{3-15}$$

式中,Q_b 为泥块含量,%;G_1 为 4.75 mm 筛筛余试样的质量,g;G_2 为试验后烘干试样的质量,g。

(2) 泥块含量取两次试验结果的算术平均值,精确至 0.1%。采用修约值比较法进行评定。

3.14　检测碎石、卵石的针、片状颗粒总含量

针片状颗粒受力时易折断,且会增大骨料的空隙率和总表面积使混凝土拌合物的和易性、强度、耐久性降低。因此要严格控制碎石针、片状颗粒总含量。

3.14.1　检测仪器

(1) 针状规准仪与片状规准仪,如图 3-4 和图 3-5 所示;

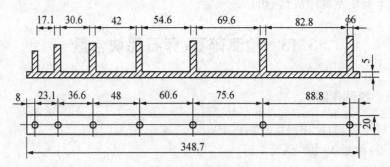

图 3-4　针状规准仪

(2) 天平:称量 10 kg,感量 1 g;

(3) 方孔筛:孔径为 4.75 mm、9.50 mm、16.0 mm、19.0 mm、26.5 mm、31.5 mm 及 37.5 mm 的筛各一个。

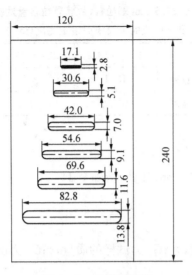

图 3-5 片状规准仪

3.14.2 检测步骤

(1) 按 3.2.2 规定取样,并将试样缩分至略大于表 3-27 规定的数量,烘干或风干后备用。

表 3-27 针、片状颗粒含量试验所需试样数量

最大粒径/mm	9.50	16.0	19.0	26.5	31.5	37.5	63.0	75.0
最少试样质量/kg	0.3	1.0	2.0	3.0	5.0	10.0	10.0	10.0

(2) 根据试样最大粒径,称取按表 3-27 规定数量的试样一份,精确到 1 g,然后按表 3-28 规定的粒级按规定进行筛分。

表 3-28 针、片状颗粒含量试验的粒级划分及其相应的规准仪孔宽或间距(mm)

石子粒级	4.75~9.50	9.50~16.0	16.0~19.0	19.0~26.5	26.5~31.5	31.5~37.5
片状规准仪相对应孔宽	2.8	5.1	7.0	9.1	11.6	13.8

(3) 按表 3-28 规定的粒级分别用规准仪逐粒检验,凡颗粒长度大于针状规准仪上相应间距者,为针状颗粒;颗粒厚度小于片状规准仪上相应孔宽者,为片状颗粒。称出其总质量,精确至 1 g。

(4) 石子粒径大于 37.5 mm 的碎石或卵石可用卡尺检验针、片状颗粒,卡尺卡口的设定宽度应符合表 3-29 的规定。

表 3-29 大于 37.5 mm 颗粒针、片状颗粒含量试验的粒级划分
及其相应的卡尺卡口设定宽度(mm)

石子粒级	37.5~53.0	53.0~63.0	63.0~75.0	75.0~90
检验片状颗粒的卡尺卡口设定宽度	18.1	23.2	27.6	33.0
检验针状颗粒的卡尺卡口设定宽度	108.6	139.2	165.6	198.0

3.14.3 结果计算与评定

针、片状颗粒含量按式(3-16)计算,精确至1%。

$$Q_c = \frac{G_1}{G_2} \times 100 \qquad (3-16)$$

式中,Q_c 为针、片状颗粒含量,%;G_1 为试样的质量,g;G_2 为试样中所含针、片状颗粒的总质量,g。

采用修约值比较法进行评定。

3.14.4 注意事项

(1) 挑选出的针状和片状颗粒放在一起称量,计算针、片状颗粒总含量;

(2) 挑选针状和片状颗粒时,应同时进行针状和片状检查。

3.15 检测石子的压碎指标

为了保证混凝土强度的要求,粗骨料都必须质地坚硬、具有足够的强度。碎石或卵石抵抗压碎的能力,间接地推测其相应的强度,以鉴定水泥混凝土粗集料品质。

3.15.1 检测仪器

(1) 压力试验机:量程 300 kN,示值相对误差 2%;

(2) 天平:称量 10 kg,感量 1 g,

(3) 受压试模(压碎指标测定仪,如图 3-6 所示);

(4) 方孔筛:孔径分别为 2.36 mm、9.50 mm 及 19.0 mm 的筛各一只;

(5) 垫棒:ϕ10 mm,长 500 mm 的圆钢。

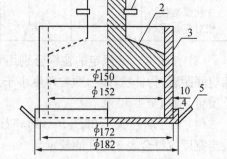

1. 把手;2. 加压头;3. 圆模;4. 底盘;5. 手把

图 3-6 压碎指标测定仪

3.15.2 检测步骤

(1) 按 3.2.2 规定取样,风干后筛除大于 19.0 mm 及小于 9.50 mm 的颗粒,并去除针、片状颗粒,分为大致相等的三份备用。当试

样中粒径在 9.50～19.0 mm 之间的颗粒不足时,允许将粒径,大于 19.00 mm 颗粒破碎成粒径在 9.50～19.0 mm 之间的颗粒用作压碎值指标试验。

(2) 称取试样 3 000 g,精确至 1 g。将试样分两层装入圆模(置于底盘上)内,每装完一层试样后,在底盘下面垫放一直径为 10 mm 的圆钢,将筒按住,左右交替颠击地面各 25 次,两层颠实后,平整模内试样表面,盖上压头。当圆模装不下 3 000 g 试样时,以装至距圆模上口 10 mm 为准。

(3) 把装有试样的圆模置于压力机上,开动压力试验机,按 1 kN/s 速度均匀加荷至 2 00kN 并稳荷 5 s,然后卸荷。取下加压头,倒出试样,用孔径 2.36 mm 的筛筛除被压碎的细粒,称出留在筛上的试样质量,精确至 1 g。

3.15.3 结果计算与评定

压碎指标值按式(3-17)计算,精确至 0.1%。

$$Q_e = \frac{G_1 - G_2}{G_1} \times 100 \tag{3-17}$$

式中,Q_e 为压碎指标,%;G_1 为试样的质量,g;G_2 为压碎试验后筛余的试样质量,g。

压碎指标值取三次试验结果的算术平均值,精确至 1%。采用修约值比较法进行评定。

3.15.4 注意事项

(1) 向圆模内装试样时,表面要平整,盖上压头时,压头应保持水平;
(2) 压力试验机卸荷时应在关闭送油阀的同时打开回油阀。

习题三

一、填空题

1. 普通混凝土用砂的颗粒级配按_____ mm 筛的累计筛余率分为_____、_____和_____三个级配区;按_____的大小分为_____、_____和细砂。

2. 砂子的筛分曲线表示砂子的_____,细度模数表示砂子的_____,配制混凝土用砂,应同时考虑_____和_____的要求

3. 根据《混凝土结构工程施工质量验收规范》(GB 50204—2015)规定,混凝土用粗骨料的最大粒径不得大于结构截面最小尺寸的_____,同时不得大于钢筋间最小净距的_____;对于混凝土实心板,粗骨料最大粒径不宜超过板厚的_____,且最大粒径不得超过 _____ mm。

二、选择题

1. 级配良好的砂,它的( )。

A. 空隙率小,堆积密度较大
B. 空隙率大,堆积密度较小
C. 空隙率和堆积密度均大
D. 空隙率和堆积密度均小

2. 某混凝土维持细骨料用量不变的条件下,砂的 M_x 愈大,说明(   )。

A. 该混凝土中细骨料颗粒级配愈好

B. 该混凝土中细骨料的颗粒级配愈差

C. 该混凝土中细骨料的总表面积愈小,所需水泥用量愈少

D. 该混凝土中细骨料的总表面积愈大,所需水泥用量愈多

3. 砂的筛分析试验可以检测以下哪项指标(   )。

A. 级配

B. 有害物质含量

C. 压碎指标值

D. 比表面积

三、问答题

1. 混凝土用细骨料(砂)的常规性能检测有哪些? 与这些检测项目相应的取样数量是多少? 各性能检测所用仪器设备有哪些?

2. 在混凝土用细骨料(砂)中,为什么提出级配和细度的要求? 两者有何区别?

3. 石的针片状尺寸是如何规定的? 石子的针片状对工程产生怎样的影响?

4. 什么是石子的压碎值? 工程对石子的压碎值有怎样的要求?

5. 什么叫石子的最大粒径? 配制普通混凝土选择石子的最大粒径应考虑哪些方面因素?

6. 当使用相同配合比拌制混凝土时,卵石混凝土与碎石混凝土的性质有何不同?

7. 某混凝土搅拌站原使用砂的细度模数为 2.6,后改用细度模数为 2.0 的砂。改砂后原混凝土配方不变,发现混凝土坍落度明显变小。请分析原因。

8. 砂中的有害杂质有哪些? 它们会对工程产生怎样的影响?

四、计算题

某实训室现有干砂 500 g,其筛分结果如表 3-30 所示。计算砂的细度模数并评判砂的粗细以及颗粒级配情况。

表 3-30 砂样筛分试验数据

筛孔公称直径	4.75 mm	2.36 mm	1.18 mm	600 μm	300 μm	150 μm	75 μm
筛余量/g	25	90	75	80	85	105	40

扫一扫可见
本章电子资源

第4章 混凝土

项目分析

目前混凝土是最主要的土木工程材料之一。混凝土具有原料丰富,价格低廉,生产工艺简单,抗压强度高、耐久性好、养护费用少等优点,可以浇制形状复杂的钢筋混凝土结构和构件,可以根据工程的要求改变材料的组成配合比来满足需要。不仅在各种土木工程中使用,在造船业、机械工业、海洋的开发、地热工程等方面也大量使用。混凝土的技术性能,应该从混凝土拌合物的和易性、硬化后混凝土的力学性质和耐久性等方面进行评价。混凝土的和易性包括流动性、黏聚性和保水性,混凝土硬化后的性能和施工过程密切结合,所以控制混凝土的质量对施工有着重要的作用。

项目内容

本项目内容主要包括:检测混凝土的稠度、表观密度、凝结时间、强度、抗渗性、抗冻性和抗蚀性,通过本项目的学习,可以达到以下目标。

知识目标

(1)理解混凝土的概念;
(2)理解混凝土标号确定依据;
(3)理解混凝土应用部位与混凝土标号间的关系;
(4)理解混凝土和易性的含义;
(5)掌握混凝土和易性的影响因素;
(6)掌握混凝土强度的测定方法和影响因素;
(7)掌握混凝土凝结时间的测定方法和影响因素;
(8)理解混凝土耐久性的含义;
(9)掌握混凝土抗渗性、抗冻性和抗蚀性的测定方法及影响因素。

能力目标

(1)能够通过书刊、网络等途径查阅所需资料并进行分析整理;
(2)能够合理地选择混凝土各性能指标的检验方法;

（3）能够根据标准制定合理的检验方案；

（4）能够正确选择并使用检验用仪器和设备；

（5）能够按照配合比要求制作混凝土；

（6）能够根据标准准确检验混凝土各性能标准；

（7）能正确维护和保养试验仪器和设备；

（8）能够及时、正确处理数据并填写原始记录、台账；

（9）能按要求维护、保养所用的仪器并保持试验室卫生良好。

 **素质目标**

（1）具备吃苦耐劳，不怕脏不怕累的精神；

（2）具备诚信素质，实事求是地填写原始记录、台账；

（3）具备安全生产意识，安全使用各种仪器设备；

（4）具备环保意识，最大限度地回收废弃物；

（5）具备经济成本意识，科学地选择成本较低的检验方法；

（6）具备良好的卫生习惯，保持试验室的清洁和整齐；

（7）具备良好的团结合作精神，和同组成员协调配合。

4.1　混凝土基本知识

混凝土是由胶凝材料、颗粒状集料（也称为骨料）、水、必要的外加剂和掺合料按一定比例配制，经均匀搅拌，密实成型，养护硬化而成的一种人工石材，根据所用胶凝材料的不同分为水泥混凝土、石膏混凝土、水玻璃混凝土、树脂混凝土、沥青混凝土等，建筑工程中用量最大、用途最多的为水泥混凝土。水泥混凝土按其体积密度的大小又分为重密度等级混凝土、轻密度等级混凝土和普通密度等级混凝土，重密度等级混凝土表观密度大于2 500 kg/m³，用特别密实和特别重的集料制成，如重晶石混凝土、钢屑混凝土等，它们具有不透 X 射线和 γ 射线的性能。普通混凝土即是我们在建筑中常用的混凝土，表观密度为1 950～2 500 kg/m³，集料为普通的天然砂、石，是建筑工程中最常用的混凝土。轻质混凝土是表观密度小于1 950 kg/m³ 的混凝土，采用陶粒等轻质多孔骨料配制而成，或者不掺加骨料而掺入加气剂或泡沫剂，形成多孔结构的混凝土，主要用作轻质结构材料和隔热保温材料。

4.1.1　混凝土拌合物性能

混凝土拌合物的和易性也称工作性，是混凝土拌合物易于施工，并能获得均匀密实结构的性质。为保证混凝土的质量，混凝土拌合物必须具有与施工条件相适应的和易性。影响混凝土拌合物和易性的主要因素有水泥浆数量、水灰比、砂率、温度与搅拌时间、外加剂等。混凝土拌合物的和易性包括流动性、黏聚性和保水性三个方面，三者相互联系又相互矛盾。当流动性较大时，往往混凝土拌合物的黏聚性和保水性较差，反之亦然。

1. 流动性

流动性是指混凝土拌合物在自重力或机械振动力作用下,易于产生流动、易于运输、易于充满混凝土模板的性质。一定的流动性可保证混凝土构件或结构的形状与尺寸以及混凝土结构的密实性。流动性过小,不利于施工,并难以达到密实成型,易在混凝土内部造成孔隙或孔洞,影响混凝土的质量。流动性过大,虽然成型方便,但如水泥浆用量大,则不经济;如水灰比过大,可能会造成混凝土拌合物产生离析和分层,影响混凝土的均质性。流动性是和易性中最重要的性质,对混凝土的强度及其他性质有较大的影响。

混凝土拌合物的稠度可采用坍落度、维勃稠度或扩展度表示。坍落度检验适用于坍落度不小于 10 mm 的混凝土拌合物,维勃稠度检验适用于维勃稠度 5~30 s 的混凝土拌合物,扩展度适用于泵送高强混凝土和自密实混凝土。

坍落度采用坍落度筒进行测定,即将混凝土拌合物按规定装入坍落度筒内,装满刮平后提起坍落度筒,拌合物因自重将产生坍落现象,量出筒高与坍落后混凝土拌合物最高点之间的高度差,以"mm"表示,称为坍落度。

维勃稠度采用维勃稠度仪进行测定,即在振动台上的坍落度截头圆锥筒内填充混凝土拌合物,然后提去坍落度筒,将混凝土加以振动。振至仪器上透明圆盘底面被水泥浆布满时所需的时间,即为维勃稠度,以时间"s"表示。

当混凝土拌合物的坍落度大于 220 mm 时,用钢尺测量混凝土扩展后最终的最大直径和最小直径,在这两个直径之差小于 50 mm 的条件下,用其算术平均值作为坍落扩展度值。

我国现行混凝土结构工程施工及验收规范中,对混凝土浇筑时的坍落度做出了如表 4-1 的规定。

表 4-1　混凝土浇筑时适宜的坍落度

结构种类	坍落度/mm
基础或地面等的垫层、无配筋的大体积结构(挡土墙、基础等)或配筋稀疏的结构	10~30
板、梁和大型及中型截面的柱子等	30~50
配筋密列的结构(薄壁、斗仓、筒仓、细柱等)	50~70
配筋特密的结构	70~90

根据《混凝土质量控制标准》(GB/T 50164—2011)的规定,坍落度、维勃稠度和扩展度的等级划分及其稠度允许偏差应分别符合表 4-2、表 4-3、表 4-4 和表 4-5 的规定。

表 4-2　混凝土拌合物的坍落度等级划分

等级	S_1	S_2	S_3	S_4	S_5
坍落度/mm	10~40	50~90	100~150	160~210	≥220

表 4-3　混凝土拌合物的维勃稠度等级划分

等级	V_0	V_1	V_2	V_3	V_4
维勃稠度/s	≥31	30～21	20～11	10～6	5～3

表 4-4　混凝土拌合物的扩展度等级划分

等级	扩展度/mm	等级	扩展度/mm
F_1	≤340	F4	490～550
F_2	350～410	F5	560～620
F_3	420～480	F6	≥630

表 4-5　混凝土拌合物的稠度允许偏差

拌合物性能		允许偏差		
坍落度/mm	设计值	≤40	50～90	≥100
	允许偏差	±10	±20	±30
维勃稠度/s	设计值	≥11	10～6	≤5
	允许偏差	±3	±2	±1
扩展度/mm	设计值	≥350		
	允许偏差	±30		

2. 黏聚性

黏聚性是指混凝土拌合物各组成材料具有一定的黏聚力,在施工过程中保持整体均匀一致的能力。黏聚性差的混凝土拌合物在运输、浇注、成型等过程中,石子容易与砂浆产生分离,即易产生离析、分层现象,造成混凝土内部结构不均匀。黏聚性对混凝土的强度及耐久性有较大的影响。

混凝土拌合物黏聚性的好坏可根据坍落度试验时所成型的混凝土锥体的倒塌情况来判断,坍落度测定完毕,用捣棒轻击拌合物锥体的侧面,若锥体逐渐下沉,则表示黏性良好;若锥体倒塌,部分崩溃或出现离析现象表示黏性不好。

3. 保水性

保水性是指混凝土拌合物在施工过程中保持水分的能力。保水性好可保证混凝土拌合物在运输、成型和凝结硬化过程中,不发生大的或严重的泌水。泌水会在混凝土内部产生大量的连通毛细孔隙,成为混凝土中的渗水通道。上浮的水会聚集在钢筋和石子的下部,增加了石子和钢筋下部水泥浆的水灰比,形成薄弱层,即界面过渡层,严重时会在石子和钢筋的下部形成水隙或水囊,即孔隙或裂纹,从而严重影响它们与水泥石之间的界面黏结力。上浮到混凝土表面的水,会大大增加表面层混凝土的水灰比,造成混凝土表面疏松,若继续浇注混凝土,则会在混凝土内形成薄弱的夹层。

评定混凝土拌合物保水性的方法是观察混凝土拌合物锥体的底部,如有较多的稀水泥浆或水析出,或因失浆而使骨料外露,则说明保水性差;如混凝土拌合物锥体的底部没有或仅有少量的水泥浆析出,则说明保水性良好。

4.1.2　混凝土的物理性质

混凝土的物理力学性能包括混凝土表观密度、热工性能、强度及静力弹性模量等。在实际工程中，所用各种混凝土均需检验其立方体抗压强度，其余性能根据需要进行检测。

1. 表观密度

混凝土烘至恒重时的单位体积的质量称为表观密度，其计算单位通常以"kg/m³"表示。普通混凝土的表观密度通常为 2 200～2 400 kg/m³。

2. 热工性能

热工性能包括比热、导热系数、导温系数和热膨胀系数。

(1) 比热。

将 1 kg 混凝土的温度提高或降低 1 K(1℃)时所吸收或放出的热量称为混凝土的比热。通常用符号"C"表示，其计量单位为 J/(kg·K)。

(2) 导热系数。

面积为 1 m² 混凝土，当其厚度为 1 m 的两侧温度差为 1 K 时通过该块混凝土的热量(W)，称为该混凝土的导热系数(λ)。其计量单位为 W/(m·K)。

导热系数是材料传递热量的一种能力。导热系数越小，则混凝土隔热保温性能越好。影响混凝土的导热系数的主要因素有骨料种类、骨料用量、混凝土的温度及其含水量等。

(3) 导温系数。

混凝土的导温系数是表示混凝土在冷却或加热过程中，各点达到同样温度的速度。其计量单位用 m²/h 表示。导温系数与导热系数成正比，与比热成反比。

影响混凝土导温系数的主要因素与影响导热系数及比热的因素相同。

(4) 热膨胀系数。

混凝土的体积随温度的变化而发生热胀冷缩。混凝土的体积膨率为线膨胀率的三倍。

不同品种水泥、不同质量的骨料、不同强度及混凝土孔隙中的含水状态等均影响热膨胀系数的大小。

3. 混凝土强度

混凝土凝结硬化后承受外力破坏的能力称为混凝土的强度，是混凝土最重要的力学性质。硬化后的混凝土，必须达到设计要求的强度，结构物才能安全可靠。混凝土的强度，可分为抗压强度、抗拉强度、抗弯强度和抗剪强度等。混凝土抗压强度最高，主要用来承受压力。由于抗压强度和其他强度之间存在着一定的关系，可以根据抗压强度的大小来估计其他强度。抗压强度常作为评定混凝土质量的指标，并作为确定强度等级的依据。

(1) 混凝土的立方体抗压强度。

混凝土的抗压强度，通常以规定的正立方体试件测定结果评定，称为立方体抗压强度。由于立方体试件的尺寸、养护条件、试验方法都影响强度的测试结果，因此必须统一规定标准条件下的立方体强度(即立方体抗压强度标准值，以符号 $f_{cu,k}$ 表示)。按国家现行标准规定，标准条件下的立方体强度包括下列三个内容：试件的边长为 150 mm；在温度 20±3 ℃、相对湿度为 90% 以上的环境中养护 28 d；试件的制作和测试按《普通混凝土力学性能试验方法》(GB/T 50081—2002)进行。

在实际测定混凝土立方体试块抗压强度时,可根据粗集料最大粒径,选用不同尺寸试块。其中边长为 150 mm 的立方体试块为标准试块,边长为 100 mm、200 mm 试块为非标准试块。若采用非标准尺寸的试块进行强度试验时,必须将其抗压强度乘以相应的系数,折算成标准试块强度值。

混凝土的强度等级按立方体抗压强度标准值划分。混凝土的立方体抗压强度标准值(简称抗压强度标准值)是测得的抗压强度总体分布中的一个值,强度低于该值的百分率不超过 5%,或具有 95% 强度保证率的抗压强度值。

强度等级采用符号"C"与立方体抗压强度标准值(以MPa 或 N/mm² 计)表示,共分为 C7.5、C10、C15、C20、C25、C30、C35、C40、C45、C50、C55 和 C60 十二个等级。

(2)混凝土的轴心抗压强度。

混凝土的立方体抗压强度用来评定强度等级,但是不能直接用来作为设计的依据,因为在实际工程中钢筋混凝土构件形式大部分是棱柱体或圆柱体。为了使测得的混凝土强度接近构件的实际情况,在钢筋混凝土结构计算中,计算轴心受压构件时常以轴心抗压强度(又称为棱柱体抗压强度)作为依据,因为它接近于混凝土构件的实际受力状态。《普通混凝土力学性能试验方法》(GB/T 50081—2002)规定,测轴心抗压强度时,制成 150 mm×150 mm×300 mm 的棱柱体试件,在标准养护条件下,养护至 28 d 龄期,测其抗压强度值即为轴心抗压强度,用 f_{cp} 表示。

在实际测定过程中,如有必要,也可以采用非标准尺寸的棱柱体试件,200 mm×200 mm×400 mm、100 mm×100 mm×300 mm 试块为非标准试块。若采用非标准尺寸的试块进行强度试验时,必须将其乘以相应的系数,折算成标准试块强度值。

通过试验分析,轴心抗压强度 $f_{cp}=(10\sim55)$MPa 范围内,轴心抗压强度 f_{cp} 与立方体抗压强度 f_{cu} 之间关系为:

$$f_{cp} = (0.70 \sim 0.80)f_{cu} \qquad (4-1)$$

(3)混凝土的抗拉强度。

混凝土属于脆性材料,抗拉强度只有抗压强度的 $1/10\sim1/20$,且比值随混凝土抗压强度的提高而减少。在混凝土结构设计中,通常不考虑混凝土承受拉力,但混凝土的抗拉强度对抵抗混凝土构件裂缝的产生有着重要的意义,是混凝土结构设计中确定混凝土抗裂性的重要指标。有时也用来间接衡量混凝土与钢筋间的黏结强度及预测由于干湿变化和温度变化而产生的裂缝。因此对于某些工程(如路面板、水槽、拱坝等),在提出抗压强度要求的同时,还应提出抗拉强度的要求。

测定混凝土抗拉强度的试验方法通常有两种,即轴心拉伸法和劈裂法。轴心抗拉试验难度很大,一般都用劈裂抗拉试验来间接取得其轴拉强度。我国目前采用边长150 mm 的混凝土标准立方体试件的劈裂抗拉强度试验来确定混凝土的劈裂抗拉强度。实验结果表明,混凝土的轴心抗拉强度与劈拉强度的比值约为 0.9。劈裂抗拉强度 f_{ts} 按下式计算:

$$f_{ts} = \frac{2P}{\pi A} \qquad\qquad (4-2)$$

式中，f_{ts} 为混凝土劈裂抗拉强度，MPa；P 为破坏荷载，N；A 为试件受劈面的面积，mm^2。

影响混凝土强度的主要因素有水泥强度等级与水灰比、骨料的品种、规格与质量、养护温度与湿度、龄期、施工方法、施工质量及其控制等。水泥的强度越高，对骨料的黏结作用也越强；在能保证混凝土密实成型的情况下，水灰比越小，在水泥石内造成的孔隙越少，混凝土的强度越大；在水泥强度等级与水灰比相同的条件下，碎石混凝土的强度往往高于卵石混凝土。泥及泥块等杂质含量少、级配好的骨料，有利于骨料与水泥石间的黏结，混凝土强度高。粗粒径的骨料，可降低用水量及水灰比，有利于提高混凝土的强度，养护温度高，水泥的水化速度快，早期强度高，但 28 d 及 28 d 以后的强度与水泥的品种有关。环境湿度越高，混凝土的水化程度越高，混凝土的强度越高。机械搅拌可使拌合物的质量更加均匀，机械振动可提高混凝土的流动性，有利于获得致密结构。

4. 混凝土的耐久性

混凝土除应具有设计要求的强度，以保证能安全承受设计的荷载外，还应具有与自然环境及使用条件相适应的经久耐用的性能。混凝土的耐久性，是指混凝土在实际使用条件下抵抗各种破坏因素作用，长期保持强度和外观完整性的能力，主要包括抗渗性、抗冻性、抗蚀性、抗碳化性能，碱—集料反应及抗风化性能等。

(1) 抗渗性。

混凝土的抗渗性是指混凝土抵抗有压介质(水、油、溶液等)渗透作用的能力。是决定混凝土耐久性的最主要因素，混凝土抗渗性差，不仅周围的水等液体介质容易渗入内部，而且当遇到负温或环境水中含有侵蚀性介质时，混凝土就容易因遭受冰冻或侵蚀作用而破坏，对钢筋混凝土还容易引起内部钢筋锈蚀并导致混凝土保护层开裂或剥落，抗渗性的好坏直接影响混凝土的耐久性。

抗渗性常用抗渗等级来表示。《普通混凝土长期性能和耐久性试验方法标准》(GB/T 50082—2009)规定，在标准试验条件下，以 6 个标准试件中 4 个试件未出现渗水时，试件所能承受的最大水压力来确定和表示。分为 P4、P6、P8、P10 和 P12 五级，分别表示混凝土可抵抗 0.4 MPa、0.6 MPa、0.8 MPa、1.0 MPa 和 1.2 MPa 的静水压力而不渗水。

混凝土渗水主要是因为内部的空隙形成连通的渗水通道，这些通道除产生于施工过程中振捣不密实外，还有水泥浆中多余的水分蒸发而留下的气孔，水泥浆泌水所形成的毛细孔等，这些渗水通道主要与水灰比有关，因此水灰比是影响抗渗性的一个主要因素，试验表明，随着水灰比的增大，抗渗性逐渐变差，当水灰比大于 0.6 时，抗渗性急剧下降。因此配制有抗渗性要求的混凝土时，水灰比必须小于 0.60。

提高混凝土抗渗性的主要措施是提高混凝土的密实度和改善混凝土中的空隙，减少连通气孔，可以选择适合的水灰比、良好级配的骨料、充分振捣或掺入引气剂等办法来实现。

(2) 抗冻性。

混凝土抗冻性是指混凝土在饱和水状态下，能够承受多次冻融循环而不破坏，同时也不严重降低本身所具有的性能的能力。在寒冷地区，混凝土要求具有较高的抗冻性。冻融循环作用是造成混凝土严重破坏的主要因素之一。因此,抗冻性是评定混凝土耐久性的重要指标。

抗冻性要求混凝土试件成型后经过标准养护或同条件养护后,在规定的冻融循环制度下保持强度和外观完整性。混凝土的抗冻性常用抗冻标号来表示。《普通混凝土长期性能和耐久性试验方法》(GB/T 50082—2009)规定,混凝土的抗冻性是以 28 d 龄期的试件,在吸水饱和状态下反复冻融循环,以混凝土的抗压强度损失不超过 25%,并且质量损失不超过 5% 时混凝土所能经受的最多冻融循环次数来表示。混凝土的抗冻性分为 D10、D15、D25、D50、D100、D150、D200、D250 和 D300 九个级别,分别表示混凝土能承受冻融循环的最大次数不少于 10、15、25、50、100、150、200、250 和 300 次。

混凝土抗冻性检测分为慢冻法和快冻法两种,试验应采用尺寸为 100 mm×100 mm×100 mm 的立方体试件,每次试验所需的试件组数应符合表 4-6 的规定,每组试件应为 3 块。

表 4-6　慢冻法试验所需的试件组数

设计抗冻等级	D25	D50	D100	D150	D200	D250	D300
检查强度时的冻融循环次数	25	50	50 和 100	100 和 150	150 和 200	200 和 250	250 和 300
鉴定 28 d 强度试件组数	1	1	1	1	1	1	1
冻融试件组数	1	1	2	2	2	2	2
对比试件组数	1	1	2	2	2	2	2
总计试件组数	3	3	5	5	5	5	5

快冻法混凝土抗冻性能试验采用 100 mm×100 mm×400 mm 的棱柱体试件,每组试件 3 块。同时应制备中心埋有热电偶的测温试件,制作测温试件所用混凝土的抗冻性能应高于冻融试件。

混凝土受冻融破坏的原因是由于内部空隙中的水在结冰后体积膨胀形成压力,这种压力产生的内应力超过混凝土的抗拉强度,混凝土就会产生裂缝。多次冻融就会破坏。抗冻性主要与水泥品种、骨料的坚固性和混凝土内部的孔隙率有关。提高混凝土的抗渗性可显著提高其抗冻性。采用较低的水灰比,级配好、泥及泥块含量少的骨料,可提高混凝土的抗冻性。加强振捣成型和养护,掺加减水剂,特别是掺加引气剂可显著提高混凝土的抗冻性。

(3) 抗侵蚀性。

混凝土所处的环境中含有酸、碱等侵蚀性介质时,混凝土就会遭受侵蚀。通常的侵蚀有:水侵蚀、硫酸盐侵蚀、镁盐侵蚀、碳酸侵蚀、一般酸侵蚀和碱侵蚀。抵抗周围环境中侵蚀介质对其侵蚀的能力称为混凝土的抗侵蚀性。如混凝土不密实,外界侵蚀性介质就会通过内部的孔隙或毛细管通路,侵到硬化水泥浆内部进行化学反应,引起混凝土的腐蚀破坏。

混凝土的抗侵蚀性与混凝土密实度、孔隙特征和水泥品种等有关。提高混凝土抗侵蚀能力的主要措施是合理选择水泥品种、降低水灰比、提高混凝土密实度和改善空隙结构。

（4）碳化。

空气中的二氧化碳与混凝土内水泥石中的氢氧化钙作用,生成碳酸钙和水的过程称为碳化,又称中性化。

碳化对混凝土性能既有有利的作用,也有不利的影响。碳化作用有利的影响是因为碳化作用产生的碳酸钙填充了水泥石的空隙,碳化放出的水分有助于未水化的水泥水化,提高混凝土碳化层的密实度,对提高强度有利。硬化后的混凝土,由于水泥水化生成氢氧化钙,故呈碱性。碱性物质使钢筋表面生成难溶的 Fe_2O_3 和 Fe_3O_4,称为钝化膜,对钢筋有良好的保护作用。碳化作用使碱度降低,当碳化深度超过混凝土保护层时,在有水和空气存在的条件下,就会使混凝土失去对钢筋的保护作用,钢筋开始生锈。钢筋锈蚀还会引起体积膨胀,使混凝土保护层开裂或剥落。混凝土的开裂和剥落又会加速混凝土的碳化和钢筋的锈蚀。因此碳化作用的最大危害是对钢筋的保护作用降低,使钢筋容易锈蚀。另外,碳化还将显著地增加混凝土的收缩,使混凝土抗拉、抗折强度降低。

影响混凝土碳化速度的主要因素有二氧化碳的浓度、湿度、水泥品种、水灰比、骨料的质量、养护条件及外加剂等。

（5）碱—集料反应。

混凝土中的碱与集料发生化学反应,引起混凝土膨胀、开裂甚至破坏,这种反应称为碱—集料反应。碱—集料反应分为碱—氧化硅反应、碱—硅酸盐反应和碱—碳酸盐反应三种类型。碱—集料反应破坏的特点是,生成膨胀性物质,使混凝土表面产生网状裂纹,活性骨料周围出现反应环,其反应速度极慢,产生的危害需几年或十几年时间才逐渐表现出来,最终使混凝土膨胀、开裂甚至破坏。

碱—集料反应只有在水泥中的碱含量大于 0.60%(以 Na_2O 计)的情况下,集料中含有活性成分,并且在有水存在或潮湿环境中才能进行。

4.1.3　混凝土质量控制与评定

混凝土质量是影响混凝土结构可靠性的一个重要因素。混凝土质量受诸多因素的影响。即使是同一种混凝土,也受原材料质量的波动、施工配料的误差限制条件和气温变化等外界因素的影响。在正常施工条件下,这些影响因素都是随机变化的。因此,混凝土的质量也是随机的。为保证混凝土结构的可靠性,必须在施工过程的各个工序对原材料、混凝土拌和物及硬化后的混凝土进行必要的质量检验和控制。

1. 材料进场质量检验和质量控制

（1）水泥。

对所用水泥须检验其安定性和强度。当对水泥质量或质量证明书有疑问时应检验其他性能(如细度、凝结时间、化学成分等)。

（2）骨料。

进场骨料应附有质量证明书,对骨料质量或质量证明书有疑问时,应按批检验其颗粒级配、含泥量及粗骨料的针、片状颗粒含量,必要时还应检验其他质量指标。对海砂还应检验氯盐含量。对含有活性二氧化硅或其他活性成分的骨料,应进行专门试验,验证无害方可使用。

2. 新拌混凝土的质量检验和质量控制

用于材料的计量装置应定期检验,使其保持准确,原材料计量按质量计的允许偏差不能超过下列规定:水泥、水,±2%;粗细骨料,±3%。

混凝土在搅拌、运输和浇筑过程中应按下列规定进行检查:

(1)检查混凝土组成材料的质量和用量,每一工作班至少2次。

(2)在预制混凝土构件厂(场),如混凝土拌和物从搅拌机出料起至浇筑入模时间不超过15 min时,其稠度可仅在搅拌点取样检测。在检测坍落度时,还应观察拌和物的黏聚性和保水性。

(3)混凝土的搅拌时间应随时检查。混凝土搅拌的最短时间应符合表4-7的规定。

(4)混凝土从搅拌机中卸出到浇筑完毕的持续时间不宜超过表4-8的规定。

表4-7　混凝土搅拌的最短时间　　　　　　　　　　　　　　　（单位:s）

混凝土的坍落度/mm	搅拌机机型	搅拌机容量/L		
		<250	250~500	>500
≤40	自落式	90	120	150
	强制式	60	90	120
>40	自落式	90	90	120
	强制式	60	60	90

表4-8　混凝土从搅拌机卸出到浇筑完毕的持续时间　　　　　　（单位:min）

气温/℃	采用搅拌车		采用其他运输设备	
	≤C30	>C30	≤C30	≥C30
≤25	120	90	90	75
>25	90	60	60	45

注:① 对掺用外加剂或采用快硬水泥拌制的混凝土,其延续时间应按实验确定;

　　② 对轻骨料混凝土其延续时间不宜超过45 min。

3. 混凝土强度的检验

对硬化后的质量检验,主要是检验混凝土的抗压强度。因为混凝土质量波动直接反映在强度上,通过对混凝土强度的管理就能控制住整个混凝土工程质量。对混凝土的强度检验是按规定的时间与数量在搅拌地点或浇筑地点抽取有代表性的试样,按标准方法制作试件、标准养护至规定的龄期后,进行强度试验(必要时也需进行其他力学性能及抗渗、抗冻试验),以评定混凝土质量。对已建成的混凝土,也可采用非破坏性试验方法进行检查。

混凝土的强度等级按立方体抗压强度标准值划分,强度低于该值的百分率不得超过5%。

混凝土试样应在混凝土浇筑地点随机抽取,取样频率应符合下列规定:

（1）100盘但不超过100 m³的同配合比的混凝土，取样次数不得少于1次。

（2）每一工作班拌制的同配合比混凝土不足100盘时，其取样次数不得少于1次。

（3）除为评定混凝土强度所必需的组数外，还应根据检验结构或构件施工阶段混凝土强度的需要，增加试件组数。

（4）每组3个试件应在同一盘混凝土中取样制作。

4.混凝土强度的合格评定

在正常生产控制的条件下，混凝土强度评定用数理统计的方法，求出混凝土强度的算术平均值、标准差和混凝土强度保证率等指标，用以综合评定混凝土强度。

（1）混凝土强度平均值、标准差和保证率

① 混凝土强度平均值，可用式（4-3）计算。

$$\bar{f}_{cu} = \frac{1}{n} \sum_{i=1}^{n} f_{cu,i} \tag{4-3}$$

式中，$\bar{f}_{cu}$为强度平均值，MPa；n为试件组数；$f_{cu,i}$为第i组混凝土试件的立方体抗压强度值，MPa。

② 混凝土强度标准差，可用式（4-4）计算。

$$\sigma = \sqrt{\frac{\sum_{i=1}^{n} f_{cu,i}^2 - n \cdot \overline{f_{cu}^2}}{n-1}} \tag{4-4}$$

式中，σ为混凝土强度标准差，MPa；n为试件组数；$\bar{f}_{cu}$为n组混凝土立方体抗压强度的算术平均值，MPa；$f_{cu,i}$为第i组混凝土试件的立方体抗压强度值，MPa。

③ 混凝土强度保证率，在统计周期内混凝土强度大于或等于要求强度等级值的百分率按式（4-5）计算。

$$P = \frac{N_0}{N} \tag{4-5}$$

式中，P为强度百分率，%；N_0为统计周期内同批混凝土试件强度大于或等于规定强度等级值的组数；N为统计周期内同批混凝土试件的组数，N≥25。

根据以上数值，按表4-9可确定混凝土生产质量水平。

表4-9　混凝土生产质量水平

评定指标	生产单位	生产质量水平					
		优良		一般		差	
		<C20	≥C20	<C20	≥C20	<C20	≥C20
混凝土强度标准差/MPa	预拌混凝土厂和预制混凝土构件厂	≤3.0	≤3.5	≤4.0	≤5.0	≤4.0	≤5.0
	集中搅拌混凝土的施工现场	≤3.5	≤4.0	≤4.5	≤5.5	≤4.5	≤5.5

续表

评定指标	生产单位	生产质量水平					
		优良		一般		差	
		<C20	≥C20	<C20	≥C20	<C20	≥C20
强度等于或大于混凝土强度等级值的百分率/%	预拌混凝土厂、预制混凝土构件厂及集中搅拌混凝土的施工现场	≥95		>85		≤85	

混凝土强度应分批进行检验评定。由强度等级相同、龄期相同以及生产工艺条件和配合比基本相同的混凝土组成一个验收批,进行分批验收。对施工现场浇筑的混凝土,应按单位工程的验收项目划分验收批。

(2) 用统计方法评定。

由于混凝土的生产条件不同,其强度的稳定性也不同,统计方法评定方案分为以下两种。

① 标准差已知方案。当混凝土的生产条件在较长时间内能保持一致,且同一品种混凝土的强度变异性能保持稳定时,每批的强度标准差可按常数考虑。

强度评定应由连续的三组试件组成一个验收批,其强度应同时满足

$$\overline{f_{cu}} \geqslant f_{cu,k} + 0.7\sigma \tag{4-6}$$

$$f_{cu,min} \geqslant f_{cu,k} - 0.7\sigma \tag{4-7}$$

当混凝土强度等级不高于 C20 时,其强度的最小值还应满足下式要求:

$$f_{cu,min} \geqslant 0.85 f_{cu,k} \tag{4-8}$$

当混凝土强度等级高于 C20 时,其强度的最小值还应满足下式要求:

$$f_{cu,min} \geqslant 0.90 f_{cu,k} \tag{4-9}$$

式中,$\overline{f_{cu}}$ 为同一验收批混凝土立方体抗压强度的平均值,MPa;$f_{cu,k}$ 为混凝土立方体抗压强度标准值,MPa;$f_{cu,min}$ 为同一验收批混凝土立方体抗压强度的最小值,MPa;σ_0 为验收批混凝土立方体抗压强度的标准差,MPa。

验收批混凝土立方体抗压强度的标准差,应根据前一个检验期内同一品种混凝土试件的强度数据,按下列公式计算:

$$\sigma_0 = \frac{0.59}{m} \sum_{i=1}^{m} \Delta f_{cu,i} \tag{4-10}$$

式中,$\Delta f_{cu,i}$ 为第 i 批试件立方体抗压强度最大值与最小值之差;m 为用以确定验收批混凝土立方体抗压强度标准差的数据总批数。

值得注意的是,上述检验期不应超过 3 个月,且在该期间内强度数据的总批数不得低于 15。检验结果满足要求,则该批混凝土强度合格,否则不合格。

② 标准差未知方案。当混凝土的生产条件在较长时间内不能保持一致,且混凝土强度变异性不能保持稳定时,或在前一个检验期内的同一品种混凝土没有足够的数据以确定验收批混凝土立方体抗压强度的标准差时,应由不少于 10 组的试件组成一个验收批,其强度应满足下列要求:

$$\overline{f_{cu}} - \lambda_1 \cdot \sigma_0 \geqslant 0.9 f_{cu,k} \tag{4-11}$$

$$f_{cu,min} \geqslant \lambda_2 \cdot f_{cu,k} \tag{4-12}$$

式中,λ_1、λ_2 为合格判定系数,按表 4 - 10 取用。σ_0 为同一个验收批混凝土立方体抗压强度的标准差,MPa,

$$\sigma_0 = \sqrt{\frac{\sum_{i=1}^{n} f_{cu,i}^2 - n \cdot \overline{f_{cu}^2}}{n-1}} \tag{4-13}$$

式中,$f_{cu,i}$ 为第 i 组混凝土的试件的立方体抗压强度值,MPa;$\overline{f_{cu}}$ 为同一个验收批混凝土立方体抗压强度平均值,MPa;n 为同一个验收批混凝土试件的组数($n \geqslant 10$)。

表 4 - 10　混凝土强度的合格判定系数

合格判定系数	10~14	15~24	≥25
λ_1	1.70	1.65	1.6

(3) 非统计方法评定。

按非统计方法评定混凝土强度,其强度同时满足下列要求时,该验收批混凝土强度为合格:

$$\overline{f_{cu}} \geqslant 1.15 f_{cu,k} \tag{4-14}$$

$$f_{cu,min} \geqslant 0.95 f_{cu,k} \tag{4-15}$$

此方法规定一定验收批的试件组数为 2~9 组。当一个验收批的混凝土试件仅有一组时,则该组试件强度值应不低于强度标准值的 15%。

对于用不合格批混凝土制成的结构或构件应进行鉴定。对不合格批的结构或构件,必须及时处理。

4.2　检测混凝土稠度

稠度是普通混凝土拌和物一项主要技术指标,是保证混凝土拌合物应该具有一定的流动性来满足施工要求,并均匀密实的填满模板的性能。拌合物的稠度可采用坍落度、维勃稠度或扩展度表示。

4.2.1　现行检测方法

混凝土稠度检测方法目前按照《普通混凝土拌合物性能试验方法标准》(GB/T 50080—2002)进行。坍落度检验适用于坍落度不小于 10 mm 的混凝土拌合物,维勃稠度检验适用于维勃稠度 5～30 s 的混凝土拌合物,扩展度适用于泵送高强混凝土和自密实混凝土。

4.2.2 坍落度与坍落扩展度法

1. 检测仪器

(1) 坍落度筒:用 15 mm 厚的薄钢板或其他金属制成的圆台形筒,其内壁应光滑、无凹凸部位。底面和顶面应相互平行并与锥体轴线垂直。在坍落筒外 2/3 高度处安装两个把手,下端应焊脚踏板。筒的内部尺寸为:底部直径,200 mm;顶部直径,100 mm;高度,300 mm;筒壁厚度不小于 1.5 mm。

(2) 捣棒:直径为 16 mm、长 650 mm 的钢棒,端部应磨圆。

(3) 搅拌机:自由式或强制式,应附有产品品质保证文件。

(4) 承装容器:装水泥及各种集料用。

(5) 量筒:1 000 mL。

(6) 台秤:称量 50 kg,感量 0.5 kg。

(7) 小铲、木尺、钢尺、拌板、镘刀、抹布等。

2. 试样准备

(1) 称取试样。按照配合比设计称取砂、石、水泥等骨料,量取适量的水。

(2) 拌制混凝土。

① 人工拌制。

a. 清除拌板上黏着的混凝土,并用湿抹布润湿,同时用湿抹布将铁锹润湿,然后按计算结果称取各种材料,分别装在各容器中。

b. 将称好的砂置于拌板上,然后倒上所需数量的水泥,用铲子拌和至均一颜色为止。

c. 加入所需数量的粗集料,并将全部拌和物加以拌和,使粗集料在整个干拌和物中分配均匀为止。

d. 将拌和物收集成细长与椭圆形的堆,中心扒成长槽,将称好的水倒入约一半,将其与拌和物仔细拌均不使水流淌,再将材料堆成长堆,扒成长挡,倒入剩余的水,继续拌和,来回细拌至少 6 遍,从加水完毕时起,拌和时间按表 4-11 的规定。

表 4-11 拌和时间表

拌和物体积/L	<30	31～50	51～70
拌和时间/min	4～5	5～9	9～12

② 机械拌制。

a. 按计算结果将所需材料分别称好装在各容器中。

b. 使用搅拌机前,应先用少量砂浆进行涮膛,再刮出涮膛砂浆,以避免正式拌和混凝土时,水泥砂浆黏附筒壁的损失。涮膛砂浆的水灰比及砂灰比,与正式的混凝土配合比相同。

c. 将称好的各种原材料,按顺序往拌和机加入(石子、砂和水泥),开动搅拌机马达,将材料拌和均匀,在拌和过程中将水徐徐加入,全部加料时间不宜超过 2 min,水全部加入后,继续拌和约 2 min,而后将拌和物倾出在拌和板上,再经人工翻拌 1~2 min。

3. 检测步骤

(1) 湿润坍落度筒及底板,在坍落度筒内壁和底板上应无明水。底板应放置在坚实水平面上,并把筒放在底板中心,然后用脚踩住两边的脚踏板,坍落度筒在装料时应保持固定的位置。

(2) 把按要求取得的混凝土试样用小铲分三层均匀地装入筒内,使捣实后每层高度为筒高的三分之一左右。每层用捣棒插捣 25 次。插捣应沿螺旋方向由外向中心进行,各次插捣应在截面上均匀分布。插捣筒边混凝土时,捣棒可以稍稍倾斜。插捣底层时,捣棒应贯穿整个深度,插捣第二层和顶层时,捣棒应插透本层至下一层的表面;浇灌顶层时,混凝土应灌到高出筒口。插捣过程中,如混凝土沉落到低于筒口,则应随时添加。顶层插捣完后,刮去多余的混凝土,并用抹刀抹平。

(3) 清除筒边底板上的混凝土后,垂直平稳地提起坍落度筒。坍落度筒的提离过程应在 5~10 s 内完成;从开始装料到提坍落度筒的整个过程应不间断地进行,并应在150 s 内完成。

(4) 提起坍落度筒后,测量筒高与坍落后混凝土试体最高点之间的高度差,即为该混凝土拌合物的坍落度值;坍落度筒提离后,如混凝土发生崩坍或一边剪坏现象,则应重新取样另行测定;如第二次试验仍出现上述现象,则表示该混凝土和易性不好,应予记录备查。

(5) 观察坍落后的混凝土试体的黏聚性及保水性。黏聚性的检查方法是用捣棒在已坍落的混凝土锥体侧面轻轻敲打,此时如果锥体逐渐下沉,则表示黏聚性良好,如果锥体倒塌、部分崩裂或出现离析现象,则表示黏聚性不好。保水性以混凝土拌合物稀浆析出的程度来评定,坍落度筒提起后如有较多的稀浆从底部析出,锥体部分的混凝土也因失浆而骨料外露,则表明此混凝土拌合物的保水性能不好;如坍落度筒提起后无稀浆或仅有少量稀浆自底部析出,则表示此混凝土拌合物保水性良好。

(6) 当混凝土拌合物的坍落度大于 220 mm 时,用钢尺测量混凝土扩展后最终的最大直径和最小直径,在这两个直径之差小于 50 mm 的条件下,用其算术平均值作为坍落扩展度值;否则,此次试验无效。如果发现粗骨料在中央集堆或边缘有水泥浆析出,表示此混凝土拌合物抗离析性不好,应予记录。

4. 数据处理

混凝土拌合物坍落度和坍落扩展度值以"mm"为单位,测量精确至 1 mm,结果表达修约至 5 mm。

5. 试验注意事项

(1) 试样分三层装入,捣实后每层高度为筒高的三分之一左右,每层插捣 25 次;

(2) 提起坍落度筒应在 5~10 s 内完成;

(3) 从开始装料到提坍落度筒的整个过程应在 150 s 内完成。

4.2.3 维勃稠度法

1. 试验仪器

(1) 维勃稠度测定仪:由振动台、坍落度筒和容器旋转架组成;

(2) 捣棒:直径为 16 mm、长 650 mm 的钢棒,端部应磨圆;

(3) 小铲、木尺、钢尺、拌板、镘刀等。

2. 检测步骤

(1) 维勃稠度仪应放置在坚实水平面上,用湿布把容器、坍落度筒、喂料斗内壁及其他用具润湿;

(2) 将喂料斗提到坍落度筒上方扣紧,校正容器位置,使其中心与喂料中心重合,然后拧紧固定螺丝;

(3) 把按要求取样或制作的混凝土拌合物试样用小铲分三层经喂料斗均匀地装入筒内,装料及插捣的方法应符合坍落度测定的相关规定;

(4) 把喂料斗转离,垂直地提起坍落度筒,此时应注意不使混凝土试体产生横向的扭动;

(5) 把透明圆盘转到混凝土圆台体顶面,放松测杆螺钉,降下圆盘,使其轻轻接触到混凝土顶面;

(6) 拧紧定位螺钉,并检查测杆螺钉是否已经完全放松;

(7) 在开启振动台的同时用秒表计时,当振动到透明圆盘的底面被水泥浆布满的瞬间停止计时,并关闭振动台。

3. 数据处理

由秒表读出时间即为该混凝土拌合物的维勃稠度值。精确至 1 s。

4. 试验注意事项

(1) 垂直提起坍落度筒时,不能使试体有横向位移;

(2) 每次起振前,必须检查各部件是否定位,各处螺钉是否上紧。

4.2.4 维勃稠度仪操作规程

1. 维勃稠度仪由以下部分组成

(1) 容器内径 240±5 mm,高度 200±2 mm;坍落度筒其内部尺寸为:底部直径 200 ±2 mm,顶部直径 100±2 mm,筒高 300±2 mm。

(2) 旋转架。

旋转架与测杆及喂料口相连。测杆下部安装有透明且水平的圆盘,并用定位螺钉把测杆固定在数显表中。旋转架安装在立柱上通过十字凹槽来控制方向,并用固定螺丝来固定其位置,就位后测杆与喂料口的轴线与容器的轴线重合。

透明圆盘直径为 230±2 mm,厚度为 10±2 mm。荷重块直接固定在圆盘上。由测杆、圆盘及荷重块组成的滑动部分总重量为 2 750 ±50 g。

(3) 捣棒:直径 16 mm、长 600 mm 的钢棒,端部应磨圆。

(4) 震动台:工作频率 50±3 Hz,空载振幅 0.5±0.05 mm。

2. 维勃稠度仪的调整

(1) 仪器调水平。

仪器出厂前台面对底平面的不平行度小于 1 mm,其测量方法是:将震动台放在平台上,用高度尺测台面四角处的高度,其高度差应小于 1 mm,使用中如发现超差,必须重新调整。调整的方法是修整四个机脚的厚度。

（2）调零位。

将坍落度筒放在容器内，在坍落度筒内装配重物（其重量相当于料重的重物）。松开 4 个螺钉，将喂料斗扣紧于坍落度筒上缘，并使旋转架和立柱，按要求位置扣好，然后拧紧 4 个六角头螺钉。松开定位螺钉，按图位置使透明圆盘放在坍落度筒上，并使立柱和导杆扣好，按数显表置零键调零。

3. 维勃稠度仪的操作和使用方法

（1）把仪器放在坚实水平的平台上，用湿布把容器、坍落度筒、喂料口内壁及其他用具湿润。

（2）将喂料口提到坍落度筒上方扣紧，校正容器位置，使其轴线与喂料口轴线重合，然后拧紧螺母。

（3）把按要求取得的混凝土试样用小铲将料分三层装入坍落度筒内，每层料捣实后约为高度的三分之一，每层截面上用捣棒均匀插捣 25 次，插捣第二层和顶层时应插透本层，并使捣棒刚刚进入下一层顶层，插捣完毕后刮平顶面。

（4）将透明圆盘转到坍落度筒上方锁紧定位螺钉并调零。

（5）使喂料口、圆盘转离，垂直提起坍落度筒，此时应注意不使混凝土试样产生横向扭动。

（6）把透明圆盘转到混凝土圆台体顶面，放松定位螺钉，降下圆盘，使其能轻轻接触到混凝土表面，读出数值即为坍落度值。

（7）同时按控制器"启动/停止"按钮，当震动到透明圆盘的底面被水泥浆布满的瞬间再按"启动/停止"按钮，震动停止，控制器显示数值（时间：s）即为维勃稠度值。

4.3　检测混凝土表观密度

混凝土的表观密度是拌合物搅拌均匀捣实后单位体积的质量，用以来调整混凝土配合比。

4.3.1　现行检测方法

混凝土表观密度检测方法目前按照《普通混凝土拌合物性能试验方法标准》（GB/T 50080—2002）进行。

4.3.2　检测仪器

（1）容量筒：金属制成的圆筒，两旁装有提手。对骨料最大粒径不大于 40 mm 的拌合物采用容积为 5 L 的容量筒，其内径与内高均为 186±2 mm，筒壁厚为 3 mm；骨料最大粒径大于 40 mm 时，容量筒的内径与内高均应大于骨料最大粒径的 4 倍。容量筒上缘及内壁应光滑平整，顶面与底面应平行并与圆柱体的轴垂直。

容量筒容积应予以标定，标定方法可采用一块能覆盖住容量筒顶面的玻璃板。先称出玻璃板和空桶的质量，然后向容量筒中灌入清水，当水接近上口时，一边不断加水，一边把玻璃板沿筒口徐徐推入盖严,应注意使玻璃板下不带入任何气泡;然后擦净玻璃板面及筒壁外的水分,将容量筒连同玻璃板放在台秤上称其质量;两次质量之差(kg)即为容量筒的容积(L)。

(2) 台秤:称量 50 kg,感量 50 g。

(3) 振动台。

(4) 捣棒。

4.3.3 试样准备

试样准备同 4.2.2 的"2.试样制备"。

4.3.4 检测步骤

(1) 用湿布把容量筒内外擦干净,称出容量筒质量,精确至 50 g。

(2) 混凝土的装料及捣实方法应根据拌合物的稠度而定。坍落度不大于 70 mm 的混凝土,用振动台振实为宜;大于 70 mm 的用捣棒捣实为宜。采用捣棒捣实时,应根据容量筒的大小决定分层与插捣次数:用 5 L 容量筒时,混凝土拌合物应分两层装入,每层的插捣次数应为 25 次;用大于 5 L 的容量筒时,每层混凝土的高度不应大于 100 mm,每层插捣次数应按每 10 000 mm² 截面不小于 12 次计算。各次插捣应由边缘向中心均匀地插捣,插捣底层时捣棒应贯穿整个深度,插捣第二层时,捣棒应插透本层至下一层的表面;每一层捣完后用橡皮锤轻轻沿容器外壁敲打 5~10 次,进行振实,直至拌合物表面插捣孔消失并不见大气泡为止。

采用振动台振实时,应一次将混凝土拌合物灌到高出容量筒口。装料时可用捣棒稍加插捣,振动过程中如混凝土低于筒口,应随时添加混凝土,振动直至表面出浆为止。

(3) 用刮尺将筒口多余的混凝土拌合物刮去,表面如有凹陷应填平;将容量筒外壁擦净,称出混凝土试样与容量筒总质量,精确至 50 g。

4.3.5 数据处理

混凝土拌合物表观密度的计算应按式(4-16)计算。

$$\gamma_h = \frac{W_2 - W_1}{V} \times 1\,000 \qquad\qquad (4-16)$$

式中,γ_h 为表观密度,kg/m³;W_1 为容量筒质量,kg;W_2 为容量筒和试样总质量,kg;V 为容量筒容积,L。

试验结果的计算精确至 10 kg/m³。

4.4 检测混凝土凝结时间

混凝土的凝结时间在施工中有着重要的意义,合适的凝结时间为混凝土施工所必需。混凝土的初凝和终凝时间与水泥浆的凝结时间有关,初凝时间不宜过短,终凝时间不宜过长,对于预拌制混凝土,一般要求初凝时间为 4~10 h,终凝时间为 10~15 h。

4.4.1　现行检测方法

混凝土凝结时间检测方法目前按照《普通混凝土拌合物性能试验方法标准》(GB/T 50080—2002)进行。

4.4.2　检测仪器

贯入阻力仪应由加荷装置、测针、砂浆试样筒和标准筛组成,可以是手动的,也可以是自动的。贯入阻力仪应符合下列要求:

(1)加荷装置:最大测量值应不小于 1 000 N,精度为 10 N。

(2)测针:长为 100 mm,承压面积为 100 mm^2、50 mm^2 和 20 mm^2 三种测针;在距贯入端 25 mm 处刻有一圈标记。

(3)砂浆试样筒:上口径为 160 mm,下口径为 150 mm,净高为 150 mm 的刚性不透水的金属圆筒,并配有盖子。

(4)标准筛:筛孔为 5 mm 的符合现行国家标准规定的金属圆孔筛。

4.4.3　试样准备

试样准备同 4.2.2 的"2.试样制备"。

4.4.4　检测步骤

(1)从按制备方法制备或现场取样的混凝土拌合物试样中,用 5 mm 标准筛筛出砂浆,每次应筛净,然后将其拌合均匀。将砂浆一次分别装入三个试样筒中,做三个试验。取样混凝土坍落度不大于 70 mm 的混凝土宜用振动台振实砂浆;取样混凝土坍落度大于 70 mm 的宜用捣棒人工捣实。用振动台振实砂浆时,振动应持续到表面出浆为止,不得过振;用捣棒人工捣实时,应沿螺旋方向由外向中心均匀插捣 25 次,然后用橡皮锤轻轻敲打筒壁,直至插捣孔消失为止。振实或插捣后,砂浆表面应低于砂浆试样筒口约 10 mm;砂浆试样筒应立即加盖。

(2)砂浆试样制备完毕,编号后应置于温度为 20±2 ℃的环境中或现场同条件下待试,并在以后的整个测试过程中,环境温度应始终保持 20±2 ℃。现场同条件测试时,应与现场条件保持一致。在整个测试过程中,除在吸取泌水或进行贯入试验外,试样筒应始终加盖。

(3)凝结时间测定从水泥与水接触瞬间开始计时。根据混凝土拌合物的性能,确定测针试验时间,以后每隔 0.5 h 测试一次,在临近初、终凝时可增加测定次数。

(4)在每次测试前 2 min,将一片 20 mm 厚的垫块垫入筒底一侧使其倾斜,用吸管吸去表面的泌水,吸水后平稳地复原。

(5)测试时将砂浆试样筒置于贯入阻力仪上,测针端部与砂浆表面接触,然后在 10 s 内均匀地使测针贯入砂浆 25 mm 深度,记录贯入压力,精确至 10 N;记录测试时间,精确至 1 min;记录环境温度,精确至 0.5 ℃。

(6)各测点的间距应大于测针直径的 2 倍且不小于 15 mm,测点与试样筒壁的距离应不小于 25 mm。

（7）贯入阻力测试在 0.2～28 MPa 之间应至少进行 6 次，直至贯入阻力大于 28 MPa 为止。

（8）在测试过程中应根据砂浆凝结状况，适时更换测针，更换测针宜按表 4-12 所示选用。

表 4-12　测针选用规格表

贯入阻力/MPa	0.2～3.5	3.5～20	20～28
测针面积/mm²	100	50	20

4.4.5　数据处理

贯入阻力的结果计算以及初凝时间和终凝时间的确定应按下述方法进行：

（1）贯入阻力应按式（4-17）计算：

$$f_{PR}=\frac{P}{A} \tag{4-17}$$

式中，f_{PR} 为贯入阻力，MPa；P 为贯入压力，N；A 为测针面积，mm²。

计算应精确至 0.1 MPa。

（2）凝结时间宜通过线性回归方法确定，是将贯入阻力 f_{PR} 和时间 t 分别取自然对数 $\ln f_{PR}$ 和 $\ln t$，然后把 $\ln f_{PR}$ 当作自变量，$\ln t$ 当作固变量作线性回归得到回归方程式（4-18）。

$$\ln t=A+B\ln f_{PR} \tag{4-18}$$

式中，t 为时间，min；f_{PR} 为贯入阻力，MPa；A、B 为线性回归系数。

根据下式求得当贯入阻力为 3.5 MPa 时为初凝时间 t_s，贯入阻力为 28 MPa 时为终凝时间 t_e。

$$t_s = e^{(A+B\ln 3.5)} \tag{4-19}$$

$$t_e = e^{(A+B\ln 28)} \tag{4-20}$$

式中，t_s 为初凝时间，min；t_e 为终凝时间，min；A、B 为线性回归系数。

凝结时间也可用绘图拟合方法确定，是以贯入阻力为纵坐标，经过的时间为横坐标（精确至 1 min），绘制出贯入阻力与时间之间的关系曲线，以 3.5 MPa 和 28 MPa 画两条平行于横坐标的直线，分别与曲线相交的两个交点的横坐标即为混凝土拌合物的初凝和终凝时间。

（3）用三个试验结果的初凝和终凝时间的算术平均值作为此次试验的初凝和终凝时间。如果三个测量值的最大值或最小值中有一个与中间值之差超过中间值的 10%，则以中间值为试验结果；如果最大值和最小值与中间值之差均超过中间值的 10% 时，则此次试验无效。

凝结时间用 min 表示，并修约至 5 min。

4.4.6　贯入阻力仪操作规程

（1）用途。利用贯入阻力法来测定混凝土的凝结时间。

（2）技术参数。

试料容器（上口径×下口径×深度）：$\phi160$ mm×$\phi150$ mm×150 mm。

贯入阻力：1 000 N。

贯入深度：25 mm。

贯入速度：2.5 mm/s。

贯入针截面：100 mm^2、50 mm^{2}和 20 mm^2。

最小分度值：5 N。

示值误差：±10 N。

（3）贯入及测力原理。混凝土贯入阻力仪采用贯入针固定，试料容器向上运动实现贯入阻力测试。电动机通过行星减速器将 2 r/min 的速度传给凸轮，凸轮推动滚轮匀速上升，因而升降套及安放在底盘上的试料容器同时匀速上升，使之实现贯入运动。

阻力的测定采用密封腔压力表测力。当试料对贯入针产生阻力时，此力即通过测力杆压缩密封腔中的油液，油液压力增加即通过压力表指示出来。

（4）仪器操作。

将混凝土贯入阻力仪安放在水平的平台上，试料容器中装满待测试的混凝土试料抹平后放于仪器底盘上，松开调节螺套选装合适的贯入针。旋动调节螺塞使压力表指针对准刻度零线。调整按钮开关，按动工作按钮后试料容器在 2 s 后开始上升，待停止以后即可调整。调节时拧松调节螺套，将贯入针调至刚好接触试料面，拧紧调节螺套固定贯入针。再按动工作按钮，试料容器继续上升即开始贯入运动，此时压力表即有显示值，并逐渐增大。10 s 以后试料容器升高 25 mm，即贯入到最深位置。压力表指示贯入阻力，做好记录。试料容器停留 4 s 以后，开始下降，7 s 后恢复原位，自动停机，一次测试完毕。

做第二次贯入测试时必须变换贯入位置，推动手柄使其旋转一定角度，贯入针位置分内外两圈，外圈点和内圈点，如一圈贯入点已使用完，必须转动仪器上部手柄 180°，将贯入针位置换到另一圈。

在测试过程中应经常注意压力表指针起始时是否在零点，如不在零点应调零。

贯入针有 20 mm^2、50 mm^{2}和 100 mm^{2}截面三种规格。100 mm^{2}用于做初凝试验，终凝试验时需换用 20 mm^{2}贯入针。

压力表的表面上有内外两圈刻度，内圈为 0～1.6 MPa，指示油腔内油液的压强，供压力表改装校验和装指针对零用。外圈刻度指示贯入针所受的作用力，力值除以贯入针截面面积，即为贯入阻力 350 N 刻线对应初凝贯入阻力（即 3.5 MPa，此时用 100 mm^{2}贯入针）；560 N 刻线对应终凝贯入阻力（即 28 MPa，此时用 20 mm^{2}贯入针）。

（4）混凝土贯入阻力仪的维修与保养。

① 混凝土贯入阻力仪使用完毕后各部位必须擦拭干净，并在非油漆的金属表面上涂油以防锈蚀。

② 混凝土贯入阻力仪的底盘有油杯,使用一段时间以后必须向油杯内注入一些润滑油,以利升降套升降润滑。

4.5　检测混凝土强度

混凝土硬化后最基本的性能就是强度,混凝土的强度有抗压、抗拉、弯曲和剪切强度等。混凝土强度保证混凝土预制构件或结构承受荷载和各种作用力,在钢筋混凝土构件、结构中,混凝土主要是用来抵抗压力,抗压强度和其他强度之间有密切的关系,因此混凝土的抗压强度就成为评价混凝土质量的一个很重要指标。

4.5.1　现行检测方法

混凝土强度检测方法目前按照《普通混凝土力学性能试验方法标准》(GB/T 50081—2002)进行。

4.5.2　抗压强度检测

1. 检测仪器

(1) 试模。

① 试模应符合《混凝土试模》(JG 237—2009)中技术要求的规定。

② 应定期对试模进行自检,自检周期宜为 3 个月。

(2) 振动台。

① 振动台应符合《混凝土试验室用振动台》(JG/T 245—2009)中技术要求的规定。

② 应具有有效期内的计量检定证书。

(3) 压力试验机。

① 压力试验机除应符合《液压式压力试验机》(GB/T 3722—1998)及《试验机通用技术要求》(GB/T 2611—2007)中技术要求外,其测量精度为±1%,试件破坏荷载应大于压力机全量程的 20%且小于压力机全量程的 80%。

② 应具有加荷速度指示装置或加荷速度控制装置,并应能均匀、连续地加荷。

③ 应具有有效期内的计量检定证书。

(4) 钢尺:精度 1 mm。

(5) 台秤:称量 100 kg,感量 1 kg。

2. 试样准备

(1) 混凝土试件的制作应符合下列规定:

① 成型前,应检查试模尺寸,试模内表面应涂一薄层矿物油或其他不与混凝土发生反应的脱模剂。

② 在试验室拌制混凝土时,其材料用量应以质量计,称量的精度:水泥、掺合料、水和外加剂为±0.5%;骨料为±1%。

③ 取样或试验室拌制的混凝土应在拌制后尽快成型,一般不宜超过 15 min。

④ 根据混凝土拌合物的稠度确定混凝土成型方法,坍落度不大于 70 mm 的混凝土

宜用振动振实;大于 70 mm 的宜用捣棒人工捣实;检验现浇混凝土或预制构件的混凝土,试件成型方法宜与实际采用的方法相同。

(2) 混凝土试件制作应按下列步骤进行:

① 拌制好的混凝土拌合物应至少用铁锹来回拌合 3 次。

② 选择成型方法成型。

* 用振动台振实制作试件应按下述方法进行:

a. 将混凝土拌合物一次装入试模,装料时应用抹刀沿各试模壁插捣,并使混凝土拌合物高出试模口。

b. 试模应附着或固定在符合要求的振动台上,振动时试模不得有任何跳动,振动应持续到表面出浆为止;不得过振。

* 用人工插捣制作试件应按下述方法进行:

a. 混凝土拌合物应分两层装入模内,每层的装料厚度大致相等。

b. 插捣应按螺旋方向从边缘向中心均匀进行。在插捣底层混凝土时,捣棒应达到试模底部;插捣上层时,捣棒应贯穿上层后插入下层 20～30 mm;插捣时捣棒应保持垂直,不得倾斜,然后应用抹刀沿试模内壁插拔数次。

c. 每层插捣次数在 10 000 mm² 截面积内不得少于 12 次。

d. 插捣后应用橡皮锤轻轻敲击试模四周,直至插捣棒留下的空洞消失为止。

* 用插入式振捣棒振实制作试件应按下述方法进行:

a. 将混凝土拌合物一次装入试模,装料时应用抹刀沿各试模壁插捣,并使混凝土拌合物高出试模口。

b. 宜用直径为 25 mm 的插入式振捣棒. 插入试模振捣时,振捣棒距试模底板 10～20 mm 且不得触及试模底板,振动应持续到表面出浆为止,且应避免过振,以防止混凝土离析;一般振捣时间为 20 s。振捣棒拔出时要缓慢,拔出后不得留有孔洞。

c. 刮除试模上口多余的混凝土,待混凝土临近初凝时,用抹刀抹平。

(3) 试件的养护。

① 试件成型后应立即用不透水的薄膜覆盖表面。

② 采用标准养护的试件,应在温度为(20±5)℃的环境中静置一昼夜至两昼夜,然后编号、拆模。拆模后应放入温度为(20±2)℃,相对湿度为 95% 以上的标准养护室中养护,或在温度为(20±2)℃的不流动的 $Ca(OH)_2$ 饱和溶液中养护。标准养护室内的试件应放在支架上,彼此间隔 10～20 mm,试件表面应保持潮湿,并不得被水直接冲淋。

③ 同条件养护试件的拆模时间可与实际构件的拆模时间相同,拆模后,试件仍需保持同条件养护。

④ 标准养护龄期为 28 d(从搅拌加水开始计时)。

3. 检测步骤

(1) 按标准方法成型试件,经标准养护条件下养护到规定龄期。

(2) 取出试件,先检查其尺寸及形状,相对两面应平行,表面倾斜偏差不得超过 0.5 mm。量出棱边长度,精确至 1 mm(试件的受力截面积按其与压力机上、下接触面的平均值计算)。

试件如有蜂窝缺陷,应在试验前 3 d 用浓水泥浆填补平整,并在报告中说明。在破型前,保持试件原有湿度。

(3) 以试件与模壁相接触的平面作为受压面,将试件妥放在球座上,球座置于压力机压板中心,几何对中(指试件或球座偏离机台几何中心在 5 mm 以内)。

(4) 在试验过程中应连续均匀地加荷,混凝土强度等级<C30 时,加荷速度取每秒钟 0.3~0.5 MPa;混凝土强度等级≥C30 且<C60 时,取每秒钟 0.5~0.8 MPa;混凝土强度等级 ≥C60 时,取每秒钟 0.8~1.0 MPa。

(5) 当试件接近破坏开始急剧变形时,应停止调整试验机油门,直至破坏。然后记录破坏荷载。

4. 数据处理

立方体抗压强度试验结果计算及确定按下列方法进行:

(1) 混凝土立方体抗压强度应按式(4-21)计算。

$$f_{cc} = \frac{F}{A} \qquad (4-21)$$

式中,f_{cc} 为混凝土立方体试件抗压强度,MPa;F 为试件破坏荷载,N;A 为试件承压面积,mm²。

混凝土立方体抗压强度计算应精确至 0.1 MPa。

(2) 强度值的确定应符合下列规定:

① 3 个试件测量值的算术平均值作为该组试件的强度值,精确至 0.1 MPa。

② 3 个测量值中的最大值或最小值中如有一个与中间值的差值超过中间值的 15% 时,则把最大及最小值一并舍去,取中间值作为该组试件的抗压强度值。

③ 如最大值和最小值与中间值的差均超过中间值的 15%,则该组试件的试验结果无效。

(3) 混凝土强度等级<C60 时,用非标准试件测得的强度值均应乘以尺寸换算系数,其值对 200 mm×200 mm×200 mm 试件为 1.05;对 100 mm×100 mm×100 mm 试件为 0.95。当混凝土强度等级≥C60 时,宜采用标准试件;使用非标准试件时,尺寸换算系数应由试验确定。

4.5.3 轴心抗压强度

1. 检测步骤

(1) 试件从养护地点取出后应及时进行试验,用干毛巾将试件表面和承压板上下表面擦拭干净。

(2) 将试件直立放置在试验机下压板或钢垫板上,并使试件轴心和下压板中心对准。

(3) 开动试验机,当上压板与试件或钢垫板接近时,调整球座,使接触均衡。

(4) 连续均匀加荷,不得有冲击。所有加荷速度应符合 4.5.2 中的 1.(3)规定。

(5) 试件接近破坏而开始急剧变形时,停止调整试验机油门,直至破坏。记录破坏荷载。

2. 数据处理

(1) 混凝土轴心抗压强度应按(4-22)式计算：

$$f_{cp} = \frac{F}{A} \qquad (4-22)$$

式中，f_{cp} 为混凝土轴心试件抗压强度，MPa；F 为试件破坏荷载，N；A 为试件承压面积，mm^2。

混凝土轴心抗压强度计算应精确至 0.1 MPa。

(2) 混凝土强度等级＜C60 时，用非标准试件测得的强度值均应乘以尺寸换算系数，其值对 200 mm×200 mm×400 mm 试件为 1.05；对 100 mm×100 mm×300 mm 试件为 0.95。当混凝土强度等级≥C60 时，宜采用标准试件；使用非标准试件时，尺寸换算系数应由试验确定。

4.5.4 抗折强度试验

1. 检测仪器

(1) 试验机应符合有关规定。

(2) 试验机应能施加均匀、连续、速度可控的荷载，并带有能使两个相等荷载同时作用在试件跨度 3 分点处的抗折试验装置。

(3) 试件的支座和加荷头应采用直径为 20～40 mm、长度不小于 $b\pm10$ mm 的硬钢圆柱，支座立脚点固定铰支，其他应为滚动支点。

2. 试件的要求

试件除符合有关规定外，在长向中部 1/3 区分段内，不得有表面直径超过 5 mm，深度超过 2 mm 的空洞。

3. 试验步骤

(1) 试件从养护地取出后应及时进行试验，将试件表面擦干净。

(2) 安装试件，尺寸偏差不得大于 1 mm。试件的承压面应为试件成型时的侧面。支座及承压面与圆柱的接触面应平稳、均匀，否则应垫平。

(3) 施加荷载应保持均匀、连续。当混凝土强度等级＜C30 时，加荷速度取每秒 0.02～0.05MPa；当混凝土强度等级≥C30 且＜C60 时，取每秒钟 0.05～0.08 MPa；当混凝土强度等级≥C60 时，取每秒钟 0.08～0.10 MPa，至试件接近破坏时，应停止调整试验机油门，直至破坏，然后记录破坏荷载。

(4) 记录试件破坏荷载的试验机示值及试件下边缘断裂位置。

4. 数据处理

抗折强度试验结果计算及确定按下列方法进行：

(1) 若试件下边缘断裂位置处于两个集中荷载作用线之间，则试件的抗折强度按式(4-23)计算：

$$f_t = \frac{Fl}{bh^2} \qquad (4-23)$$

式中,f_t 为混凝土抗折强度,MPa;F 为试件破坏荷载,N;l 为支座间跨度,mm;h 为试件截面高度,mm;b 为试件截面宽度,mm。

抗折强度计算应精确至 0.1 MPa。

(2) 3 个试件中若有一个折断面位于 2 个集中荷载之外,则混凝土抗折强度值按另两个试件的试验结果计算。若这 2 个测量值的差值不大于这 2 个测量值的较小值的 15% 时,则该组试件的抗折强度值按这 2 个测量值的平均值计算,否则该组试件的试验无效。若有 2 个试件的下边缘断裂位置位于 2 个集中荷载作用线之外,则该组试件试验无效。

(3) 当试件尺寸为 100 mm×100 mm×400 mm 非标准试件时,应乘以尺寸换算系数 0.85;当混凝土强度等级≥C60 时,宜采用标准试件;使用非标准试件时,尺寸换算系数应由试验确定。

4.6 检测混凝土渗透性

混凝土抗渗性是建筑物所使用的混凝土能抵抗水或其他液体(轻油、重油)介质在压力作用下渗透的性能。对于某些建筑,如水工建筑、水下、水中、地下和其他建筑工程,都要求建筑物具有一定的抗渗性能。

4.6.1 现行检测方法

混凝土抗渗性检测方法目前按照《普通混凝土长期性能和耐久性能试验方法标准》(GB/T 50082—2009)进行,抗渗试验分为渗水高度法和逐级加压法。

4.6.2 渗水高度法

1. 检测仪器

(1) 混凝土抗渗仪应符合现行行业标准《混凝土抗渗仪》(JG/T 249—2009)的规定,并应能使水压按规定的要求稳定地作用在试件上。水压力范围应为 0.1～2.0 MPa。

(2) 试模应采用上口内部直径为 175 mm、下口内部直径为 185 mm 和高度为 150 mm 的圆台体。

(3) 密封材料宜用石蜡加松香或水泥加黄油等材料,也可采用橡胶套等其他有效密封材料。

(4) 梯形板应采用尺寸为 200 mm×200 mm 透明材料制成,并应画有 10 条等间距、垂直于梯形底线的直线。

(5) 钢尺的分度值应为 1 mm。

(6) 钟表的分度值应为 1 min。

(7) 辅助设备应包括螺旋加压器、烘箱、电炉、浅盘、铁锅和钢丝刷等。

(8) 安装试件的加压设备可为螺旋加压或其他加压形式,其压力应能保证将试件压入试件套内。

2. 试样准备

(1) 按照混凝土拌合物拌合方法和混凝土试件的成型与养护方法进行试件的制作,6

个试件为一组。

（2）试件拆模后，用钢丝刷刷去两端的水泥浆膜，然后送入养护室养护。

3. 检测步骤

（1）抗渗透试验的龄期宜为 28 d。应在到达试验龄期的前一天，从养护室取出试件，并擦拭干净。待试件表面晾干后，按下列方法进行试件密封：

① 当用石蜡密封时，应在试件侧面裹涂一层熔化的内加少量松香的石蜡。然后应用螺旋加压器将试件压入经过烘箱或电炉预热过的试模中，使试件与试摸底平齐，并应在试模变冷后解除压力。试模的预热温度，应以石蜡接触试模，即缓慢熔化，但不流淌为准。

② 用水泥加黄油密封时，其质量比应为（2.5～3）：1。应用三角刀将密封材料均匀地刮涂在试件侧面上，厚度应为 1～2 mm。应套上试模并将试件压入，应使试件与试模底齐平。

③ 试件密封也可以采用其他更可靠的密封方式。

（2）试件准备好之后，启动抗渗仪，并开通 6 个试位下的阀门，使水从 6 个孔中渗出，水应充满试位坑，在关闭 6 个试位下的阀门后应将密封好的试件安装在抗渗仪上。

（3）试件安装好以后，应立即开通 6 个试位下的阀门，使水压在 24 h 内恒定控制在 1.2±0.05 MPa，且加压过程不应大于 5 min，以达到稳定压力的时间作为试验记录起始时间（精确至 1 min）。在稳定过程中随时观察试件端面的渗水情况，当有某一个试件端面出现渗水时，应停止该试件的试验并记录时间，并以试件的高度作为该试件的渗水高度，对于试件端面未出现渗水的情况，应在试验 24 h 后停止试验，并及时取出试件。在试验过程中，当发现水从试件周边渗出时，应重新按 4.6.2 的 1. 条的规定进行密封。

（4）将从抗渗仪上取出来的试件放在压力机上，并应在试件上下两端面中心处沿直径方向各放一根直径为 6 mm 的钢垫条，并应确保它们在同一竖直平面内。然后开动压力机，将试件沿纵断面劈裂为两半。试件劈开后，应用防水笔描出水痕。

（5）应将梯形板放在试件劈裂面上，并用钢尺沿水痕等间距量测 10 个测点的渗水高度值，读数应精确至 1 mm。当读数时若遇到某测点被骨料阻挡，可以靠近骨料两端的渗水高度算术平均值来作为该测点的渗水高度。

4. 数据处理

（1）试件渗水高度应按式（4 - 24）进行计算。

$$\overline{h_i} = \frac{1}{10}\sum_{j=1}^{10} h_j \qquad\qquad (4 - 24)$$

式中，$\overline{h_i}$ 为第 i 个试件的平均渗水高度，mm。应以 10 个测点渗水高度的平均值作为该试件渗水高度的测定值；h_j 为第 i 个试件第 j 个测点处的渗水高度，mm。

（2）一组试件的平均渗水高度应按式（4 - 25）进行计算。

$$\overline{h} = \frac{1}{6}\sum_{i=1}^{6} \overline{h_i} \qquad\qquad (4 - 25)$$

式中，$\overline{h}$ 为一组 6 个试件的平均渗水高度，mm。

应以一组 6 个试件渗水高度的算术平均值作为该组试件渗水高度的测定值。

4.6.3 逐级加压法

1. 检测仪器

检测仪器同渗水高度法试验。

2. 检测步骤

（1）首先应按 4.6.2 中的 1. 条的规定进行试件的密封和安装。

（2）试验时，水压应从 0.1 MPa 开始.以后应每隔 8 h 增加 0.1 MPa 水压，并应随时观察试件端面渗水情况。当 6 个试件中有 3 个试件表面出现渗水时，或加至规定压力（设计抗渗等级）在 8 h 内 6 个试件中表面渗水试件少于 3 个时，可停止试验，并记下此时的水压力，在试验过程中，当发现水从试件周边渗出时，应按 4.6.2 中的 1. 条的规定重新进行密封。

3. 数据处理

混凝土抗渗等级以每组 6 个试件中 4 个未发现有渗水现象时的最大水压力表示。抗渗等级按式（4-26）计算。

$$P = 10H - 1 \qquad (4-26)$$

式中，P 为混凝土抗渗等级；H 为 6 个试件中有 3 个试件渗水时的水压力，MPa。

若压力加至规定数值，在 8 h 内，6 个试件中有表面渗水的试件少于 3 个，则试件的抗渗等级等于或大于规定值。

4.6.4 混凝土渗透仪操作规程

1. 适用范围

适用于混凝土抗渗性能和抗渗等级的测定。同时也可利用它做建筑材料透气性的测定和质量检查。

2. 安装及使用

（1）准备。

① 将抗渗仪器放置在平整、坚实的室内基础上。

② 关闭位于箱体右下方的放水卸压阀。

③ 开启 6 个控制阀。

④ 初次使用，注水入箱，开启控制阀，启动电源至 6 个模座内水溢出为止，以便排出系统内空气。

⑤ 关闭控制阀。

（2）试件制作及安装。

① 试件成型养护，根据设计所要求的材料配比用成型模（亦称副模）制作成型，然后按标准的规范进行养护。

② 将养护好的试件表面晾干，然后在其侧面涂密封材料，注意试件两端面，严禁涂有密封材料。

③ 将试模加热到 40℃，然后将涂有密封材料的试件装入模腔，再在压机上将试件压

入试模中并冷却至常温。

④ 将装压好试件的试模安装在抗渗仪的工作台上,并均匀地拧紧螺丝帽。

(3) 接通电源,红色信号灯亮,将电接点压力表上限指针调至 0.1 MPa,下限指针与之可靠近但不能同时接触(约小于上限指针 0.05 MPa),然后启动电源,此时水泵开始工作,电接点压力表指针随水压上升而顺时针转动,注意观察压力上升是否正常,系统有无渗漏水现象,如有异常则应排除后才能进行试验。

(4) 开启控制阀,即向相应的试体送入水压,注意观察试模底部有无渗出,如有渗出则需拧紧相应部位的压紧螺帽。

(5) 进入正常试验后,每隔 8 h 增加工作压力 0.1 MPa,随时观察试件端面有无渗水情况,如有渗水,则关闭相应的控制阀。

(6) 当 6 个试件中有 3 个试件的端面有压力水渗出时,即可停止试验,记录此时水压作为计算依据。

(7) 试验结束,切断电源,打开放水卸压阀,使系统压力降至零,取下试模。

(8) 从试模中压出试件,并清洗试模、模座、涂上防锈油,以备再用。

3. 维护与保养

(1) 对工作环境的要求:周围大气温度为 5~35 ℃,相对湿度<80%,不长期在含腐蚀性气体的环境中工作。

(2) 水源应清洁无杂质。

(3) 动力箱油在出厂时已加好,以后每半年打开后箱盖及动力箱盖,更换一次 20 号或 30 号机械润滑油,油量以加到接近主轴中心线为准(约 600 mL)。

(4) 每半年检查一次动力箱底部有无积水,并判明水泵密封圈是否损坏,如损坏则需要更换。

(5) 如环境温度低于 0℃,则需打开,卸压阀放掉所有的水。

4.7　检测混凝土抗冻性

混凝土的抗冻性作为混凝土耐久性的一个重要内容,在北方寒冷地区工程中是亟待解决的重要问题之一。混凝土的冻融破坏是我国建筑物老化病害的主要原因,严重影响了建筑物的长期使用和安全运行,所以分析混凝土的抗冻性至关重要。测试混凝土抗冻性能有慢冻法、快冻法和单面冻融法(或称盐冻法)。

4.7.1　现行检测方法

混凝土抗冻性检测方法目前按照《普通混凝土长期性能和耐久性能试验方法标准》(GB/T 50082—2009)进行,检验混凝土试件所能经受的冻融循环次数为指标的抗冻等级。

4.7.2　慢冻法

1. 检测仪器

(1) 冻融试验箱应能使试件静止不动,并应通过气冻水融进行冻融循环。在满载运转的条件下,冷冻期间冻融试验箱内空气的温度应能保持在−20～−18 ℃范围内;融化期间冻融试验箱内浸泡混凝土试件的水温应能保持在18～20 ℃范围内,满载时冻融试验箱内各点温度极差不应超过 2℃。

(2) 采用自动冻融设备时,控制系统还应具有自动控制、数据曲线实时动态展示、断电记忆和试验数据自动存储等功能。

(3) 试件架应采用不锈钢或者其他耐腐蚀的材料制作,其尺寸应与冻融试验箱和所装的试件相适应。

(4) 称量设备的最大量程应为 20 kg,感量不应超过 5 g。

(5) 压力试验机应符合现行国家标准《普通混凝土力学性能试验方法标准》(GB/T 50081—2002)的相关要求。

(6) 温度传感器的温度检测范围不应小于−20～20℃,测量精度应为±0.5℃。

2. 检测步骤

(1) 在标准养护室内或同一条件养护的冻融试验的试件应在养护龄期为 24 d 时提前将试件从养护地点取出,随后应将试件放在20±2 ℃水中浸泡,浸泡时水面应高出试件顶面 20～30 mm,在水中浸泡的时间应为 4 d,试件应在 28 d 龄期时开始进行冻融试验。始终在水中养护的冻融试验的试件,当试件养护龄期达到 28 d 时,可直接进行后续试验,对此种情况,应在试验报告中予以说明。

(2) 当试件养护龄期达到 28 d 时应及时取出冻融试验的试件,用湿布擦除表面水分后对外观尺寸进行测量,试件的外观尺寸应满足标准的要求,并应分别编号、称重,然后按编号置入试件架内,且试件架与试件的接触面积不宜超过试件底面的 1/5。试件与箱体内壁之间应至少留有 20 mm 的缝隙。试件架中各试件之间应至少保持 30 mm 的空隙。

(3) 冷冻时间应在冻融箱内温度降至−18℃时开始计算。每次从装完试件到温度降至−18℃所需的时间应在 1.5～2.0 h 内。冻融箱内温度在冷冻时应保持在−20～−18 ℃。

(4) 每次冻融循环中试件的冷冻时间不应小于 4 h。

(5) 冷冻结束后,应立即加入温度为 18～20 ℃的水,使试件转入融化状态,加水时间不应超过 10 min。控制系统应确保在 30 min 内,水温不低于 10℃,且在 30 min 后水温能保持在 18～20 ℃。冻融箱内的水面应至少高出试件表面 20 mm。融化时间不应小于 4 h。融化完毕视为该次冻融循环结束,可进入下一次冻融循环。

(6) 每 25 次循环宜对冻融试件进行一次外观检查。当出现严重破坏时,应立即进行称重。当一组试件的平均质量损失率超过 5%,可停止其冻融循环试验。

(7) 试件在达到规定的冻融循环次数后,试件应称重并进行外观检查,详细记录试件表面破损、裂缝及边角缺损情况。当试件表面破损严重时,应先用高强石膏找平,然后进行抗压强度试验。抗压强度试验应符合现行国家标准《普通混凝土力学性能试验方法标准》(GB/T 50081—2002)的相关规定。

(8) 当冻融循环因故中断且试件处于冷冻状态时,试件应继续保持冷冻状态,直至恢复冻融试验为止,并将故障原因及暂停时间在试验结果中注明。当试件处在融化状态下因故中断时,中断时间不应超过 2 个冻融循环的时间。在整个试验过程中,超过 2 个冻融循环时间的中断故障次数不得超过 2 次。

（9）当部分试件由于失效破坏或者停止试验被取出时,应用空白试件填充空位。

（10）对比试件应继续保持原有的养护条件。直到完成冻融循环后,与冻融试验的试件同时进行抗压强度试验。

（11）当冻融循环出现下列三种情况之一时,可停止试验:

① 已达到规定的循环次数;

② 抗压强度损失率已达到 25%;

③ 质量损失率已达到 5%。

3. 数据处理

（1）强度损失率应按式(4-27)进行计算。

$$\Delta f_c = \frac{f_{c_0} - f_{c_N}}{f_{c_0}} \times 100\% \qquad (4-27)$$

式中,Δf_c 为 N 次冻融循环后的混凝土抗压强度损失率,%,精确至 0.1;f_{c_0} 为对比用的一组混凝土试件的抗压强度测定值,MPa,精确至 0.1 MPa;f_{c_N} 为经 N 次冻融循环后的一组混凝土试件抗压强度测定值,MPa,精确至 0.1 MPa。

（2）f_{c_0} 和 f_{c_N} 应以 3 个试件抗压强度试验结果的算术平均值作为测定值。当 3 个试件抗压强度最大值或最小值与中间值之差超过中间值的 15% 时,应剔除此值,再取其余两值的算术平均值作为测定值;当最大值和最小值均超过中间值的 15% 时,应取中间值作为测定值。

（3）单个试件的质量损失率应按式(4-28)计算。

$$\Delta W_{ni} = \frac{W_{0i} - W_{ni}}{W_{0i}} \times 100 \qquad (4-28)$$

式中,ΔW_{ni} 为 N 次冻融循环后第 i 个混凝土试件的质量损失率,%,精确至 0.01;W_{oi} 为冻融循环试验前第 i 个混凝土试件的质量,g;W_{ni} 为 N 次冻融循环后第 i 个混凝土试件的质量,g。

（4）一组试件的平均质量损失率应按式(4-29)计算。

$$\Delta W_n = \frac{\sum_{i=1}^{3} \Delta W_{ni}}{3} \times 100 \qquad (4-29)$$

式中,ΔW_n 为 N 次冻融循环后一组混凝土试件的平均质量损失率,%,精确至 0.1。

（5）每组试件的平均质量损失率应以 3 个试件的质量损失率试验结果的算术平均值作为测定值。当某个试验结果出现负值,应取 0,再取 3 个试件的算术平均值。当 3 个值中的最大值或最小值与中间值之差超过 1% 时,应剔除此值,再取其余两值的算术平均值作为测定值;当最大值和最小值与中间值之差均超过 1% 时,应取中间值作为测定值。

（6）抗冻标号应以抗压强度损失率不超过 25% 或者质量损失率不超过 5% 时的最大冻融循环次数按标准确定。

4.7.3 快冻法

1. 检测设备

（1）试件盒宜采用具有弹性的橡胶材料制作，其内表面底部应有半径为 3 mm 橡胶突起部分。盒内加水后水面应至少高出试件顶面5 mm。试件盒横截面尺寸宜为 115 mm×115 mm，试件盒长度宜为 500 mm，如图 4-1 所示。

（2）快速冻融装置应符合现行行业标准《混凝土抗冻试验设备》（JG/T 243—2009）的规定。除应在测温试件中埋设温度传感器外，尚应在冻融箱内防冻液中心与任何一个对角线的两端分别设有温度传感器，运转时冻融箱内防冻液各点温度的极差不得超过 2℃。

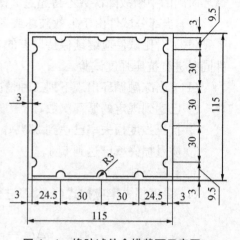

图 4-1　橡胶试件盒横截面示意图

（3）称量设备的最大量程应为 20 kg，感量不应超过 5 g。

（4）混凝土动弹性模量测定仪应符合标准规定。

（5）温度传感器（包括热电偶、电位差计等）应在-20～20 ℃范围内测定试件中心温度，且测量精度应为±0.5℃。

2. 试样准备

（1）快冻法抗冻试验应采用尺寸为 100 mm×100 mm×400 mm 的棱柱体试件，每组试件应为 3 块。

（2）成型试件时，不得采用憎水性脱模剂。

（3）除制作冻融试验的试件外，应制作同样形状、尺寸，且中心埋有温度传感器的测温试件，测温试件应采用防冻液作为冻融介质。测温试件所用混凝土的抗冻性能应高于冻融试件。测温试件的温度传感器应埋设在试件中心。温度传感器不应采用钻孔后插入的方式埋设。

3. 检测步骤

（1）在标准养护室内或同条件养护的试件应在养护龄期为 24 d 时提前将冻融试验的试件从养护地点取出，随后应将冻融试件放在20±2 ℃水中浸泡，浸泡时水面应高出试件顶面 20～30 mm。在水中浸泡时间应为 4 d，试件应在 28 d 龄期时开始进行冻融试验。始终在水中养护的试件，当试件养护龄期达到 28 d 时，可直接进行后续试验。对此种情况，应在试验报告中予以说明。

（2）当试件养护龄期达到 28 d 时应及时取出试件，用湿布擦除表面水分后应对外观尺寸进行测量，试件的外观尺寸应满足标准要求，并应编号、称量试件初始质量 W_{0i}；然后应按标准的规定测定其横向基频的初始值 f_{0i}。

（3）将试件放入试件盒内，试件应位于试件盒中心，然后将试件盒放入冻融箱内的试件架中，并向试件盒中注入清水。在整个试验过程中，盒内水位高度应始终保持至少高出试件顶面 5 mm。

（4）测温试件盒应放在冻融箱的中心位置。

（5）冻融循环过程应符合下列规定：

① 每次冻融循环应在 2～4 h 内完成，且用于融化的时间不得少于整个冻融循环时间的 1/4；

② 在冷冻和融化过程中，试件中心最低和最高温度应分别控制在 -18 ± 2 ℃和 5 ± 2 ℃内。在任意时刻，试件中心温度不得高于 7℃，且不得低于 -20℃；

③ 每块试件从 3℃降至 -16℃所用的时间不得少于冷冻时间的 1/2；每块试件从 -16℃升至 3℃所用时不间不得少于整个融化时间的 1/2，试件内外的温差不宜超过 28℃；

④ 冷冻和融化之间的转换时间不宜超过 10 min。

（6）每隔 25 次冻融循环宜测量试件的横向基频 f_{ni}。测量前应先将试件表面浮渣清洗干净并擦干表面水分，然后应检查其外部损伤并称量试件的质量 W_{ni}，随后应按标准规定的方法测量横向基频。测完后，应迅速将试件调头重新装入试件盒内并加入清水，继续试验。试件的测量、称量及外观检查应迅速，待测试件应用湿布覆盖。

（7）当有试件停止试验被取出时，应另用其他试件填充空位。当试件在冷冻状态下因故中断时，试件应保持在冷冻状态，直至恢复冻融试验为止，并应将故障原因及暂停时间在试验结果中注明。试件在非冷冻状态下发生故障的时间不宜超过 2 个冻融循环的时间，在整个试验过程中，超过 2 个冻融循环时间的中断故障次数不得超过 2 次。

（8）当冻融循环出现下列情况之一时，可停止试验：

① 达到规定的冻融循环次数；

② 试件的相对动弹性模量下降到 60%；

③ 试件的质量损失率达 5%。

4. 数据处理

（1）相对动弹性模量应按式（4-30）和式（4-31）计算。

$$p_i = \frac{f_{ni}^2}{f_{0i}^2} \times 100 \qquad (4-30)$$

式中，p_i 为经 N 次冻融循环后第 i 个混凝土试件的相对动弹性模量，%，精确至 0.1；f_{ni} 为经 N 次冻融循环后第 i 个混凝土试件的横向基频，Hz；f_{0i} 为冻融循环试验前第 i 个混凝土试件横向基频初始值，Hz。

$$p = \frac{1}{3}\sum_{i=1}^{3} p_i \qquad (4-31)$$

式中，p 为经 N 次冻融循环后一组混凝土试件的相对动弹性模量，%，精确至 0.1。

相对动弹性模量 p 应以三个试件试验结果的算术平均值作为测定值。当最大值或最小值与中间值之差超过中间值的 15% 时，应剔除此值，并应取其余两值的算术平均值作为测定值；当最大值和最小值与中间值之差均超过中间值的 15% 时，应取中间值作为测定值。

（2）单个试件的质量损失率应按式（4-32）计算。

$$\Delta W_{ni} = \frac{W_{0i} - W_{ni}}{W_{0i}} \times 100 \qquad (4-32)$$

式中，ΔW_{ni} 为 N 次冻融循环后第 i 个混凝土试件的质量损失率，%，精确至 0.01；W_{0i} 为冻融循环试验前第 i 个混凝土试件的质量，g；W_{ni} 为 N 次冻融循环后第 i 个混凝土试件的质量，g。

（3）一组试件的平均质量损失率应按式（4-33）计算：

$$\Delta W_n = \frac{\sum_{i=1}^{3} \Delta W_{ni}}{3} \times 100 \qquad (4-33)$$

式中，ΔW_n 为 N 次冻融循环后一组混凝土试件的平均质量损失率，%，精确至 0.1。

（4）每组试件的平均质量损失率应以 3 个试件的质量损失率试验结果的算术平均值作为测定值。当某个试验结果出现负值，应取 0，再取 3 个试件的平均值。当 3 个值中的最大值或最小值与中间值之差超过 1%时，应剔除此值，并应取其余两值的算术平均值作为测定值；当最大值和最小值与中间值之差均超过 1%时，应取中间值作为测定值。

（5）混凝土抗冻等级应以相对动弹性模量下降至不低下 60%或者质量损失率不超过 5%时的最大冻融循环次数来确定，并用符号 F 表示。

4.7.4 单面冻融法（或称盐冻法）

本方法适用于测定混凝土试件在大气环境中且与盐接触的条件下，以能够经受的冻融循环次数或者表面剥落质量或超声波相对动弹性模量来表示的混凝土抗冻性能。

1. 试验环境条件应满足的要求

（1）温度 20±2 ℃；

（2）相对湿度 65±5%。

2. 单面冻融法所采用的试验设备和用具应符合的规定

（1）顶部有盖的试件盒，如图 4-2 所示。应采用不锈钢制成，容器内的长度应为 250±1 mm，宽度应为 200±1 mm，高度应为 120±1 mm。容器底部应安置高 5±0.5 mm 不吸水、浸水不变形且在试验过程中不得影响溶液组分的非金属三角垫条或支撑。

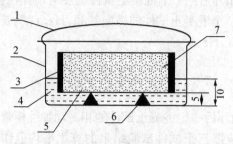

1. 盖子；2. 盒体；3. 侧向封闭；4. 试验液体；
5. 试验表面；6. 垫条；7. 试件

图 4-2　试件盒示意图

（2）液面调整装置，如图 4-3 所示。应由一支吸水管和使液面与试件盒底部间的距离保持在一定范围内的液面自动定位控制装置组成，在使用时，液面调整装置应使液面高度保持在（10±1）mm。

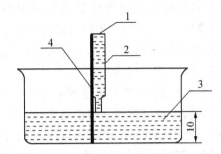

1.吸水装置；2.毛细吸管；3.试验液体；4.定位控制装置

图 4-3 液面调整装置

（3）单面冻融试验箱，如图 4-4 所示。应符合现行行业标准《混凝土抗冻试验设备》（JG/T 243—2009）的规定，试件盒应固定在单面冻融试验箱内，并应自动地按规定的冻融循环要求进行冻融循环。

冻融循环要求的温度应从 20℃ 开始，并应以 10±1 ℃/h 的速度均匀地降至 -20±1℃，且应维持 3 h；然后应从 -20℃ 开始，并应以 10±1 ℃/h 的速度均匀地升至 20±1℃，且应维持 1 h。如图 4-5 所示。

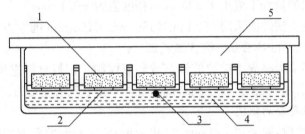

1.试件；2.试件盒；3.测温度点；4.制冷液体；5.空气隔热层

图 4-4 单面冻融试验箱

（4）试件盒的底部浸入冷冻液中的深度应为 15±2 mm。单面冻融试验箱内应装有可将冷冻液和试件盒上空间隔开的装置和固定的温度传感器，温度传感器应装在 50 mm ×6 mm×6 mm 的矩形容器内。温度传感器在 0℃ 时的测量精度不应低于 ±0.05℃，在冷冻液中测温的时间间隔应为 6.3±0.8 s，单面冻融试验箱内温度控制精度应为 ±0.5℃，当满载运转时，单面冻融试验箱内各点之间的最大温差不得超过 1℃，单面冻融试验箱连续工作时间不应少于 28 d。

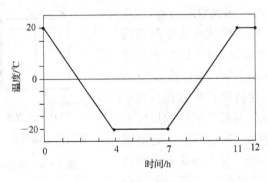

图 4-5 冻融循环制度

（5）超声浴槽中超声发生器的功率应为 200 W，双半波运行下高频峰值功率应为 450 W，频率应为 35 kHz。超声浴槽的尺寸应使试件盒与超声浴槽之间无机械接触地置于其中，试件盒在超声浴槽的位置应符合标准的规定，且试件盒和超声浴槽底部的距离不应小于 15 mm。

（6）超声波测试仪的频率范围应在 50～150 kHz 之间。

（7）不锈钢盘（或称剥落物收集器）应由厚 1 mm、面积不小于 110 mm×150 mm、边缘翘起为 10±2 mm 的不锈钢制成的带把手盘。

（8）超声传播时间测量装置应由长和宽均为 160±1 mm、高为 80±1 mm 的有机玻璃制成。超声传感器应安置在该装置两侧相对的位置上，且超声传感器轴线距试件的测试面的距离应为 35 mm。

（9）试验溶液应采用质量比为 97% 蒸馏水和 3%NaCl 配制而成的盐溶液。

（10）烘箱温度应为 110±5 ℃。

（11）称量设备应采用最大量程分别为 10 kg 和 5 kg，感量分别为 0.1 g 和 0.01 g 各一台。

（12）游标卡尺的量程不应小于 300 mm，精度应为±0.1 mm。

（13）成型混凝土试件应采用 150 mm×150 mm×150 mm 的立方体试模，并附加尺寸应为 150 mm×100 mm×2 mm 聚四氟乙烯片。

（14）密封材料应为涂异丁橡胶的铝箔或环氧树脂。密封材料应采用在−20℃和盐侵蚀条件下仍保持原有性能，且在达到最低温度时不得表现为脆性的材料。

3. 试件制作应符合的规定

（1）在制作试件时，应采用 150 mm×150 mm×150 mm 的立方体试模，应在模具中间垂直插入一片聚四氟乙烯片，使试模均分为两部分，聚四氟乙烯片不得涂抹任何脱模剂。当骨料尺寸较大时，应在试模的两内侧各放一片聚四氟乙烯片，但骨料的最大粒径不得大于超声波最小传播距离的 1/3。应将接触聚四氟乙烯片的面作为测试面。

（2）试件成型后，应先在空气中带模养护 24±2 h，然后将试件脱模并放在 20±2 ℃的水中养护至 7 d 龄期。当试件的强度较低时，带模养护的时间可延长，在 20±2 ℃的水中的养护时间应相应缩短。

（3）当试件在水中养护至 7 d 龄期后，应对试件进行切割。试件切割位置应符合如图 4-6 所示的规定，首先应将试件的成型面切去，试件的高度应为 110 mm。然后将试件从中间的聚四氟乙烯片分开成两个试件，每个试件的尺寸应为 150 mm×110 mm×70 mm，偏差应为±2 mm。切割完成后，应将试件放置在空气中养护。对于切割后的试件与标准试件的尺寸有偏差的，应在报告中注明。非标准试件的测试表面边长不应小于 90 mm；对于形状不规则的试件，其测试表面大小应能保证内切一个直径

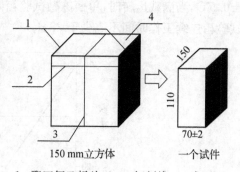

1. 聚四氟乙烯片；2、3. 切割线；4. 成型面

图 4-6 试件切割位置示意图

90 mm 的圆,试件的长高比不应大于 3。

（4）每组试件的数量不应少于 5 个,且总的测试面积不得少于 0.08 m²。

4. 单面冻融试验步骤

（1）到达规定养护龄期的试件应放在温度为 20±2 ℃、相对湿度为 65±5% 的实验室中干燥至 28 d 龄期。干燥时试件应侧立并应相互间隔 50 mm。

（2）在试件干燥至 28 d 龄期前的 2~4 d。除测试面和与测试面相平行的顶面外,其他侧面应采用环氧树脂或其他满足标准要求的密封材料进行密封。密封前应对试件侧面进行清洁处理。在密封过程中,试件应保持清洁和干燥,并应测量和记录试件密封前后的质量 W_0 和 W_1,精确至 0.1 g。

（3）密封好的试件应放置在试件盒中,并应使测试面向下接触垫条,试件与试件盒侧壁之间的空隙应为 30±2 mm。向试件盒中加入试验液体并不得溅湿试件顶面。试验液体的液面高度应由液面调整装置调整为 10±1 mm。加入试验液体后,应盖上试件盒的盖子,并记录加入试验液体的时间。试件预吸水时间应持续 7 d,试验温度应保持为 20±2 ℃。预吸水期间应定期检查试验液体高度,并应始终保持试验液体高度满足（10±1）mm 的要求。试件预吸水过程中应每隔 2~3 d 测量试件的质量,精确至 0.1 g。

（4）当试件预吸水结束之后,应采用超声波测试仪测定试件的超声传播时间初始值 t_0,精确至 0.1 μs。在每个试件测试开始前,应对超声波测试仪器进行校正。超声传播时间初始值的测量应符合以下规定:

① 首先应迅速将试件从试件盒中取出,并以测试面向下的方向将试件放置在不锈钢盘上,然后将试件连同不锈钢盘一起放入超声传播时间测量装置中。超声传感器的探头中心与试件测试面之间的距离应为 35 mm。应向超声传播时间测量装置中加入试验溶液作为耦合剂,且液面应高于超声传感器探头 10 mm,但不应超过试件上表面。

② 每个试件的超声传播时间应通过测量离测试面 35 mm 的两条相互垂直的传播轴得到。可通过细微调整试件位置,使测量的传播时间最小。以此确定试件的最终测量位置,并应标记这些位置作为后续试验中定位时采用。

③ 试验过程中,应始终保持试件和耦合剂的温度为 20±2 ℃,防止试件的上表面被湿润。排除超声传感器表面和试件两侧的气泡,并应保护试件的密封材料不受损伤。

（5）将完成超声传播时间初始值测量的试件按标准要求重新装入试件盒中,试验溶液的高度应为 10±1 mm。在整个试验过程中应随时检查试件盒中的液面高度,并对液面进行及时调整。将装有试件的试件盒放置在单面冻融试验箱的托架上,当全部试件盒放入单面冻融试验箱中后,应确保试件盒浸泡在冷冻液中的深度为 15±2 mm。在冻融循环试验前,应采用超声浴方法将试件表面的疏松颗粒和物质清除,清除之物应作为废弃物处理。

（6）在进行单面冻融试验时,应去掉试件盒的盖子。冻融循环过程宜连续不断地进行。当冻融循环过程被打断时,应将试件保存在试件盒中,并应保持试验液体的高度。

（7）每 4 个冻融循环应对试件的剥落物、吸水率、超声波相对传播时间和超声波相对动弹性模量进行一次测量。上述参数测量应在 20±2 ℃ 的恒温室中进行。当测量过程被打断时,应将试件保存在盛有试验液体的试验容器中。

（8）试件的剥落物、吸水率、超声波相对传播时间和超声波相对动弹性模量的测量应按下列步骤进行：

① 先将试件盒从单面冻融试验箱中取出，并放置到超声浴槽中，应使试件的测试面朝下，并应对浸泡在试验液体中的试件进行超声浴 3 min。

② 用超声浴方法处理完试件剥落物后，应立即将试件从试件盒中拿起，并垂直放置在一吸水物表面上。待测试面液体流尽后，应将试件放置在不锈钢盘中，且应使测试面向下。用干毛巾将试件侧面和上表面的水擦干净后，将试件从钢盘中拿开，并将钢盘放置在天平上归零，再将试件放回到不锈钢盘中进行称量。记录此时试件的质量 W_n，精确至 0.1 g。

③ 称量后应将试件与不锈钢盘一起放置在超声传播时间测量装置中，并按测量超声传播时间初始值相同的方法测定此时试件的超声传播时间 t_n，精确至 0.1 μs。

④ 测量完试件的超声传播时间后，重新将试件放入另一个试件盒中，并按上述要求进行下一个冻融循环。

⑤ 将试件重新放入试件盒以后，及时将超声波测试过程中掉落到不锈钢盘中的剥落物收集到试件盒中，并用滤纸过滤留在试件盒中的剥落物。过滤前应先称量滤纸的质量 μ_f，然后将过滤后含有全部剥落物的滤纸置在 110±5 ℃的烘箱中烘干 24 h，并在温度为 20±2 ℃，相对湿度为 60±5 ％的实验室中冷却 60±5 min。冷却后称量烘干的滤纸和剥落物的总质最 μ_b，精确至 0.01 g。

（9）当冻融循环出现下列情况之一时，可停止试验，并应以经受的冻融循环次数或者单位表面面积剥落物总质量或超声波相对动弹性模量来表示混凝土抗冻性能：

① 达到 28 次冻触循环时；

② 试件单位表面面积剥落物总质量大于 1 500 g/m² 时；

③ 试件的超声波相对动弹性模量降低到 80% 时。

5. 试验结果计算及处理应符合的规定

（1）试件表面剥落物的质量 μ_s 应按式（4-34）计算。

$$\mu_s = \mu_b - \mu_f \tag{4-34}$$

式中，μ_s 为试件表面剥落物的质量，g，精确至 0.01 g；μ_b 为滤纸的质量，g，精确至 0.01 g；μ_f 为干燥后滤纸与试件剥落物的总质量，g，精确至 0.01 g。

（2）N 次冻融循环之后，单个试件单位测试表面面积剥落物总质量应按式（4-35）进行计算。

$$m_n = \frac{\sum \mu_s}{A} \times 10^6 \tag{4-35}$$

式中，m_n 为 N 次冻融循环后，单个试件单位测试表面面积剥落物总质量，g/m²；μ_s 为每次测试间隙得到的试件剥落物质量，g，精确至 0.01 g；A 为单个试件测试表面的表面积，mm²。

（3）每组应取 5 个试件单位测试表面面积上剥落物总质量计算值的算术平均值作为该组试件单位测试表面面积上剥落物总质量测定值。

（4）经 N 次冻融循环后试件相对质量增长 ΔW_n（或吸水率）应按式（4-36）计算。

$$\Delta W_n = (W_n - W_1 + \sum \mu_\text{s})/W_0 \times 100 \qquad (4-36)$$

式中，ΔW_n 为经 N 次冻融循环后，每个试件的吸水率，%，精确至 0.1；μ_s 为每次测试间隙得到的试件剥落物质量，g，精确至 0.01 g；W_0 为试件密封前干燥状态的净质量（不包括侧面密封物的质量），g，精确至 0.1 g；W_n 为经 N 次冻融循环后，试件的质量（包括侧面密封物），g，精确至 0.1 g；W_1 为密封后饱水之前试件的质量（包括侧面密封物），g，精确至 0.1 g。

（5）每组应取 5 个试件吸水率计算值的算术平均值作为该组试件的吸水率测定值。

（6）超声波相对传播时间和相对动弹性模量应按下列方法计算：

① 超声波在耦合剂中的传播时间 t_c 应按式（4-37）计算。

$$t_\text{c} = l_\text{c}/v_\text{c} \qquad (4-37)$$

式中，t_c 为超声波在耦合剂中的传播时间，μs，精确至 0.1 μs；l_c 为超声波在耦合剂中传播的长度 $l_\text{c1} + l_\text{c2}$，mm。$l_\text{c}$ 应由超声探头之间的距离和测试试件的长度的差值决定；v_c 为超声波在耦合剂中传播的速度，km/s。

v_c 可利用超声波在水中的传播速度来假定，在温度为 20±5 ℃时，超声波在耦合剂中传播的速度为 1 440 m/s（或 1.440 km/s）。

② 经 N 次冻融循环之后，每个试件传播轴线上传播时间的相对变化 τ_n 应按式（4-38）计算。

$$\tau_n = \frac{t_0 - t_\text{c}}{t_n - t_\text{c}} \times 100 \qquad (4-38)$$

式中，τ_n 为试件的超声波相对传播时间，%，精确至 0.1；t_0 为在预吸水后第一次冻融之前，超声波在试件和耦合剂中的总传播时间，即超声波传播时间初始值，μs；t_n 为经 N 次冻融循环之后超声波在试件和耦合剂中的总传播时间，μs。

③ 在计算每个试件的超声波相对传播时间时，应以两个轴的超声波相对传播时间的算术平均值作为该试件的超声波相对传播时间测定值。每组应取 5 个试件超声波相对传播时间计算值的算术平均值作为该组试件超声波相对传播时间的测定值。

⑤ 经 N 次冻融循环之后，试件的超声波相对动弹性模量 $R_{\text{u},n}$ 应按式（4-39）计算。

$$R_{\text{u},n} = \tau_n^2 \times 100 \qquad (4-39)$$

式中，$R_{\text{u},n}$ 为试件的超声波相对动弹性模量，%，精确至 0.1。

⑤ 在计算每个试件的超声波相对动弹性模量时，应先分别计算两个相互垂直的传播轴上的超声波相对动弹性模量，并应取两个轴的超声波相对动弹性模量的算术平均值作为该试件的超声波相对动弹性模量测定值。每组应取 5 个试件超声波相对动弹性模量计算值的算术平均值作为该组试件的超声波相对动弹性模量值测定值。

4.8 混凝土的动弹性模量试验

4.8.1 现行检测方法

混凝土动弹性模量试验目前按照《普通混凝土长期性能和耐久性能试验方法标准》（GB/T 50082—2009）进行。

4.8.2 检测仪器

（1）混凝土动弹性模量测定仪。

输出频调范围为 100～20 000 Hz，输出功率应能激励试件产生受迫振动，以便能用共振的原理测定出试件的基频振动频率（基频）。

（2）试件支承体：硬橡胶韧型支座或约 20 mm 厚的软泡沫塑料垫。

（3）台秤：称量 10 kg，感量为 5 g，或称量 20 kg，感量为 10 g。

4.8.3 检测步骤

（1）首先应测定试件的质量和尺寸。试件质量应精确至 0.01 kg，尺寸的测量应精确至 1 mm。

（2）测定完试件的质量和尺寸后，应将试件放置在支撑体中心位置，成型面应向上，并将激振换能器的测杆轻轻地压在试件长边侧面中线的 1/2 处，接收换能器的测杆轻轻地压在试件长边侧面中线距端面 5 mm 处，在测杆接触试件前，宜在测杆与试件接触面涂一薄层黄油或凡士林作为耦合介质，测杆压力的大小应以不出现噪声为准。

（3）放置好测杆后，应先调整共振仪的激振功率和接收增益旋钮至适当位置，然后变换激振频率，并应注意观察指示电表的指针偏转。当指针偏转为最大时，表示试件达到共振状态，应以这时所显示的共振频率作为试件的基频振动频率。每一个试件应重复测量两次以上，当两次连续测值之差不超过两个测量值的算术平均值的 0.5% 时，应取这两个测量值的算术平均值作为该试件的基频振动频率。

（4）当用示波器作为显示的仪器时，示波器的图形调成一个正圆时的频率应为共振频率。在测试过程中，当发现两个以上峰值时，应将接收换能器移至距试件端部 0.224 倍试件长处，当指示电表示值为零时，应将其作为真实的共振峰值。

4.8.4 数据处理

（1）动弹性模量应按式（4-40）计算。

$$E_d = 13.244 \times 10^{-4} \times WL^3 f^2 / a^4 \qquad (4-40)$$

式中，E_d 为混凝土动弹性模量，MPa；a 为正方形截面试件的边长，mm；L 为试件的长度，mm；W 为试件的质量，kg，精确到 0.01 kg；f 为试件横向振动时的基频振动频率，Hz。

（2）每组应以 3 个试件动弹性模量的试验结果的算术平均值作为测定值，计算应精确至 100 MPa。

4.8.5　动弹性模量测定仪器操作规程

（1）主要技术参数。

① 适用砼弹性模量试块 150 mm×150 mm×300 mm、100 mm×100 mm×300 mm 及方形试块；

② 千分表量程：0～1 mm；

③ 上、下环中心距：150 mm；

④ 下环离底部距离：75 mm。

（2）操作方法。

本测定仪由上环、下环、接触杆、千分表和紧定螺钉组成，试验开始前，将弹性模量测定仪放置于平整的平面上，旋出试块紧定螺钉，装上千分表，松开固定板紧定螺钉，取下固定板，测定仪已在试块上定位。将测定仪连同试块置于压力试验机的下压板上，试块中心与压力机下压板中心对准，千分表调零。开动压力机，当上压板与试件接近时，调整球座，使接触衡，以 0.2～0.3 MPa/s 的速度连续而均匀地加载，然后以同样速度卸荷至零，如此反复预压 3 次。在预压时，观察压力机及千分表是否正常。试件两侧千分表变形之差，不得大于变形平均值的 15%，更不能正负异向，当采用 100 mm×100 mm 截面的试件时，其两侧变形之差，不得大于变形平均值的 20%，否则用硬木轻敲球座调整，或调整试件位置。用上述速度进行第四次加荷，先至初载荷 P_0（约为 0.5 MPa），保持 30 s，分别读两侧千分表 $\Delta 0$，然后加荷至 P_A，保持约 30 s，分别读两侧千分表 ΔA，分别计算两侧变形增值 $\Delta A - \Delta 0$，并计算出平均值，设为 $\Delta 4$；读取 ΔA 后即以同样速度卸荷至 P_0，保持约 30 s，分别读两侧千分表读数 $\Delta 0$，同上步骤，进行第五次加荷，求出 $\Delta 5$。

$\Delta 5$ 与 $\Delta 4$ 之差应不大于 0.000 2（$L = 150$ mm），否则，应重复上述步骤，直至两次相邻加荷变形值之差符合要求，以最后一次变形值 $\Delta 0$ 为准。然后卸去千分表，以同样速度继续加荷至试件破坏，记下循环轴心抗压强度 Ra。

（3）注意事项。

试验时要轻拿轻放，避免碰撞，以免影响测试精度。

4.9　检测混凝土抗蚀性

混凝土周围的环境可能是酸性或碱性条件，长期使用，对其有一定的侵蚀作用，混凝土抵抗周围环境中侵蚀介质对其侵蚀的能力就是混凝土的抗侵蚀性。外界侵蚀性介质通过内部的孔隙或毛细管通路，侵到硬化水泥浆内部进行化学反应，引起混凝土的腐蚀破坏，尤其对一些特殊环境使用的混凝土，抗侵蚀性更为重要。

4.9.1　抗硫酸盐侵蚀

混凝土的抗蚀性主要就硫酸盐对混凝土的侵蚀性检测。

4.9.2　检测仪器

(1) 干湿循环试验装置:采用能使试件静止不动,浸泡、烘干及冷却等过程应能自动进行的装置。设备应具有数据实时显示、断电记忆及试验数据自动存储的功能。

(2) 也可采用符合下列规定的设备进行干湿循环试验:

① 烘箱应能使温度稳定在 80±5 ℃;

② 容器应至少能够装 27 L 溶液,并应带盖,且应由耐盐腐蚀材料制成。

(3) 试剂应采用化学纯无水硫酸钠。

4.9.3　检测步骤

(1) 试件应在养护至 28 d 龄期的前 2 d,将需进行干湿循环的试件从标准养护室取出;擦干试件表面水分,然后将试件放入烘箱中,并应在 80±5 ℃下烘 48 h。烘干结束后应将试件在干燥环境中冷却到室温。对于掺入掺合料比较多的混凝土,也可采用 56 d 龄期或者设计规定的龄期进行试验,这种情况应在试验报告中说明。

(2) 试件烘干并冷却后,应立即将试件放入试件盒(架)中,相邻试件之间应保持 20 mm 间距,试件与试件盒侧壁的间距不应小于 20 mm。

(3) 试件放入试件盒以后.应将配制好的 5% Na_2SO_4 溶液放入试件盒,溶液应至少超过最上层试件表面 20 mm,然后开始浸泡。从试件开始放入溶液,到浸泡过程结束的时间应为 15±0.5 h。注入溶液的时间不应超过 30 min。浸泡龄期应从将混凝土试件移入 5% Na_2SO_4 溶液中起计时。试验过程中宜定期检查和调整溶液的 pH 值,可每隔 15 个循环测试一次溶液 pH 值,应始终维持溶液的 pH 值在 6～8 之间,溶液的温度应控制约 25～30 ℃。也可不检测其 pH 值,但应每月更换一次试验用溶液。

(4) 浸泡过程结束后,应立即排液,并应在 30 min 内将溶液排空,溶液排空后应将试件风干 30 min,从溶液开始排出到试件风干的时间应为 1 h。

(5) 风干过程结束后应立即升温,应将试件盒内的温度升到 80℃,开始烘干过程。升温过程应在 30 min 内完成。温度升到 80℃后,应将温度维持为 80±5 ℃,从升温开始到开始冷却的时间应为 6 h。

(6) 烘干过程结束后,应立即对试件进行冷却,从开始冷却到将试件盒内的试件表面温度冷却到 25～30 ℃的时间应为 2 h。

(7) 每个干湿循环的总时间应为 24±2 h。然后再次放入溶液,按照上述(3)—(6)的步骤进行下一个干湿循环。

(8) 达到标准规定的干湿循环次数后,应及时进行抗压强试验。同时应观察经过干湿循环后混凝土表面的破损情况并进行外观描述。当试件有严重剥落、掉角等缺陷时,应先用高强石膏补平后再进行抗压强度试验。

(9) 当干湿循环试验出现下列三种情况之一时,可停止试验:

① 当抗压强度耐蚀系数达到 75%;

② 干湿循环次数达到 150 次;

③ 达到设计抗硫酸盐等级相应的干湿循环次数。

（10）对比试件应继续保持原有的养护条件，直到完成干湿循环后，与进行干湿循环试验的试件同时进行抗压强度试验。

4.9.4　试验结果计算及处理

（1）混凝土抗压强度耐蚀系数应按式（4-41）进行计算：

$$K_f = \frac{f_{cn}}{f_{c0}} \times 100 \tag{4-41}$$

式中，K_f 为抗压强度耐蚀系数，％；f_{cn} 为 N 次干湿循环后受硫酸盐腐蚀的一组混凝土试件的抗压强度测定值，MPa，精确 0.1 MPa；f_{c0} 为与受硫酸盐腐蚀试件同龄期的标准养护的一组对比混凝土试件的抗压强度测定值，MPa，精确 0.1 MPa。

（2）f_{cn} 和 f_{c0} 应以 3 个试件抗压强度试验结果的算术平均值作为测定值。当最大值或最小值，与中间值之差超过中间值的 15％时，应剔除此值，并应取其余两值的算术平均值作为测定值；当最大值和最小值，均超过中间值的 15％时，应取中间值作为测定值。

（3）抗硫酸盐等级应以混凝土抗压强度耐蚀系数下降到不低于 75％时的最大干湿循环次数来确定，并应以符号 KS 表示。

习题四

一、填空题

1. 普通混凝土主要组成材料有＿＿＿＿、＿＿＿＿、＿＿＿＿和水、外加剂、掺合料。

2. 新拌制混凝土的和易性包括＿＿＿＿、＿＿＿＿和＿＿＿＿三个方面。

3. 普通混凝土拌合物性能试验，坍落度筒的提高过程应在＿＿＿＿内完成。普通混凝土拌合物的＿＿＿＿的检查方法是用捣棒在已坍落的混凝土锥体侧面轻轻敲打。

4. 混凝土抗压强度试验，当混凝土强度等级＜C30 时，加荷速度取每秒钟＿＿＿＿；当混凝土强度等级≥C30 且＜C60 时，取每秒钟＿＿＿＿；当混凝土强度等级≥C60 时，取每秒钟＿＿＿＿。

二、选择题

1. 普通混凝土的干表观密度为（　　）。
   A. 大于 2 600 kg/m³
   B. 1 950～2 600 kg/m³
   C. 小于 2 600 kg/m³
   D. 小于 1 950 kg/m³

2. 在做混凝土坍落度时，按要求取样或制作的混凝土拌合物试样用小铲分（　　）层经喂料斗均匀地装入筒内。
   A. 两　　　　　　B. 四　　　　　　C. 一　　　　　　D. 三

3. 当一组混凝土抗压试件中强度最大值或最小值与中间值之差超过中间值的（　　）时，取中间值作为该组试件的强度代表值。
   A. 15 ％　　　　B. 20％　　　　C. 10％　　　　D. 5％

4. 混凝土流动性用( )来表示。

A. 分层度 B. 针入度 C. 坍落度 D. 稠度

5. 当混凝土拌合物流动性大于设计要求时,应采用的调整方法为( )。

A. 保持水灰比不变,减少水泥浆量

B. 减少用水量

C. 保持砂率不变,增加砂石用量

D. 混凝土拌合物流动性越大越好,故不需调整

6. 普通混凝土抗压强度测定时,若采用 100 mm 的立方体试件,试验结果应乘以尺寸换算系数( )。

A. 0.90 B. 0.95 C. 1.00 D. 1.05

三、问答题

1. 混凝土有哪些特点?

2. 什么是混凝土的和易性,影响混凝土和易性的因素有哪些,如何提高混凝土的和易性?

3. 影响混凝土强度的因素有哪些?

4. 简述混凝土的耐久性,通常包含几个方面?

第5章　预拌砂浆

扫一扫可见
本章电子资源

项目分析

　　建筑砂浆是由胶凝材料、细集料、掺合料、水及适量外加剂配制而成的一种用量大、用途广泛的建筑材料,它可把散粒材料、块状材料、片状材料等胶结成整体结构,也可以装饰、保护主体材料。在砌体结构中,砂浆薄层可以把单块的砖、石以及砌块等胶结起来构成砌体;大型墙板和各种构件的接缝也可用砂浆填充;墙面、地面及梁柱结构的表面都可用砂浆抹面,以便满足装饰和保护结构的要求;镶贴大理石、瓷砖等也常使用砂浆。

　　建筑砂浆按胶结料不同,可分为水泥砂浆、石灰砂浆、聚合物砂浆和混合砂浆等;按用途可分为砌筑砂浆、抹面砂浆和特种砂浆,绝热砂浆和防水砂浆均为特种砂浆;按是否在施工现场搅拌分为预拌砂浆和现拌砂浆,预拌砂浆又分为预拌干粉砂浆和湿拌砂浆。由于湿拌砂浆必须在较短的规定时间内使用完毕,所以湿拌砂浆不适合长距离运输。

　　为了保证建筑工程质量、提高建筑施工现代化水平、实现资源综合利用、促进文明施工和提高散装水泥使用量,从2007年9月1日起陆续有北京、天津、常州等127个城市成为全国禁止在施工现场使用水泥搅拌砂浆的城市。其他城市由各省级散装水泥主管部门会同相关部门根据各地具体情况提出禁止在施工现场使用水泥搅拌砂浆的具体时间表,并报商务部备案。

　　预拌砂浆进场时,供应方应按规定批次向需方提供质量证明文件。质量证明文件应包括产品形式检验报告和出厂检验报告等。同时应进行外观检验,并符合下列规定:

　　(1)湿拌砂浆应外观均匀,无离析、泌水现象;

　　(2)散装干粉砂浆应外观均匀、无结块、受潮现象;

　　(3)袋装干粉砂浆应包装完整,无受潮现象。

　　根据《预拌砂浆》(GB/T 25181—2010),湿拌砂浆应进行稠度检验,且稠度允许偏差应符合表5-1的要求。

表5-1　湿拌砂浆稠度偏差

规定稠度/mm	允许偏差/mm
50,70,90	±10
110	+5
	−10

　　预拌砂浆外观、稠度检验合格后,还应按表5-2的规定进行复试。

表 5 - 2 预拌砂浆进场检验项目和检验批量

砂浆品种		检验项目	检验批量
湿拌砌筑砂浆		保水率、抗压强度	同一生产厂家、同一品种、同一等级、同一批号且连续进场的湿拌砂浆,每 250 m³ 为一个检验批,不足 250 m³ 时,应按一个检验批计
湿拌抹灰砂浆		保水率、抗压强度、拉伸黏结强度	
湿拌地面砂浆		保水率、抗压强度	
湿拌防水砂浆		保水率、抗压强度、抗渗压力、拉伸黏结强度	
干粉砌筑砂浆	普通砌筑砂浆	保水率、抗压强度	同一生产厂家、同一品种、同一等级、同一批号且连续进场的干混砂浆,每 500 t 为一个检验批,不足 500 t 时,应按一个检验批计
	薄层砌筑砂浆	保水率、抗压强度	
干粉抹灰砂浆	普通抹灰砂浆	保水率、抗压强度、拉伸黏结强度	
	薄层抹灰砂浆	保水率、抗压强度、拉伸黏结强度	
干粉地面砂浆		保水率、抗压强度	
干粉普通防水砂浆		保水率、抗压强度、抗渗压力、拉伸黏结强度	
聚合物水泥防水砂浆		凝结时间、耐碱性、耐热性	同一生产厂家、同一品种、同一等级、同一批号 且连续进场的砂浆,每 50 t 为一个检验批,不足 50 t 时,应按一个检验批计
界面砂浆		14 d 常温常态拉伸黏结强度	同一生产厂家、同一品种、同一等级、同一批号 且连续进场的砂浆,每 30 t 为一个检验批,不足 30 t 时,应按一个检验批计
陶瓷砖黏结砂浆		常温常态拉伸黏结强度、晾置时间	同一生产厂家、同一品种、同一等级、同一批号 且连续进场的砂浆,每 50 t 为一个检验批,不足 50 t 时,应按一个检验批计

项目内容

该项目主要包括检测砂浆稠度、表观密度、分层度、保水性、凝结时间、立方体抗压强度、拉伸黏结强度、抗冻性、收缩、含气量、吸水率、抗渗性等。

知识目标

(1) 理解预拌砂浆的概念,了解预拌砂浆的品种;

(2) 理解预拌砂浆标号确定依据;

(3) 理解预拌砂浆工作性的含义和影响因素;

（4）掌握预拌砂浆表观密度、保水性、稠度、分层度、凝结时间的测定方法和影响因素；

（5）掌握预拌砂浆力学性能（抗压强度、拉伸黏结强度）的测定方法和影响因素；

（6）理解预拌砂浆耐久性的含义；

（7）掌握预拌砂浆抗渗性、抗冻性的测定方法及影响因素；

（8）掌握预拌砂浆收缩率测定方法及影响因素；

（9）掌握预拌砂浆含气量测定方法及影响因素。

能力目标

（1）能够通过书刊、网络等途径查阅所需资料并进行分析整理；

（2）能够合理地选择预拌砂浆各性能指标的检验方法；

（3）能够根据标准制定合理的检验方案；

（4）能够正确选择并使用检验用仪器和设备；

（5）能够按照配合比要求制作预拌砂浆；

（6）能够根据标准准确检验预拌砂浆各性能标准；

（7）能正确维护和保养试验仪器和设备；

（8）能够及时、正确处理数据并填写原始记录、台账；

（9）能按要求维护、保养所用的仪器并保持试验室卫生良好。

素质目标

（1）具备吃苦耐劳，不怕脏不怕累的精神；

（2）具备诚信素质，实事求是地填写原始记录、台账；

（3）具备安全生产意识，安全使用各种仪器设备；

（4）具备环保意识，最大限度地回收废弃物；

（5）具备经济成本意识，科学地选择成本较低的检验方法；

（6）具备良好的卫生习惯，保持试验室的清洁和整齐；

（7）具备良好的团结合作精神，和同组成员协调配合。

5.1　预拌砂浆基本知识

5.1.1　定义

预拌砂浆（ready-mixed mortar）系指由专业生产厂家生产的，用于一般工业与民用建筑工程的由胶凝材料、细骨料以及根据性能确定的其他外加剂组分按适当比例配合、拌制后通过专用运输车运至使用地点的工程材料。

5.1.2 分类

预拌砂浆品种繁多,目前尚无统一的分类方法。从不同的角度出发,有不同的分类,较普遍的分类如下:

(1)按生产的搅拌形式分为两种:预拌干粉砂浆(dry-mixed mortar)与湿拌砂浆(wet-mixed mortar)。预拌干粉砂浆是经干燥筛分处理的细集料与胶凝材料以及根据需要掺入的保水增稠材料、化学外加剂、矿物掺合料等组分按一定比例混合而成的固态混合物,其在使用地点按规定比例加水或配套液体拌合后使用。湿拌砂浆是由胶凝材料、细集料、水以及根据需要掺入的保水增稠材料、化学外加剂、矿物掺合料等组分按一定比例,在搅拌站经计量、拌制后,采用搅拌运输车运至使用地点,放入专用容器储存,并在规定时间内使用完毕的砂浆拌合物。

(2)按使用功能分为两种:普通预拌砂浆(ordinary ready-mixed mortar)和特种预拌砂浆(special ready-mixed mortar)。普通预拌砂浆系预拌砌筑砂浆、预拌抹灰砂浆和预拌地面砂浆的统称,可以是预拌干粉砂浆,也可以是湿拌砂浆。特种预拌砂浆系指具抗渗、抗裂、高黏结和装饰等特殊功能的预拌砂浆,包括预拌防水砂浆、预拌耐磨砂浆、预拌自流平砂浆、预拌保温砂浆等。

(3)按用途分为预拌砌筑砂浆、预拌抹灰砂浆、预拌地面砂浆及其他具有特殊性能的预拌砂浆。其中砌筑砂浆用于砖、石块、砌块等的砌筑以及构件安装;抹灰砂浆则用于墙面、地面、屋面及梁柱结构等表面的抹灰,以达到防护和装饰等要求。

(4)按照胶凝材料的种类,可分为水泥砂浆、石灰砂浆、水泥石灰混合砂浆、石膏砂浆、沥青砂浆、聚合物砂浆等。

5.1.3 性能简述

预拌砂浆物理力学性能一般包括工作性、稠度、流动度、体积密度、凝结时间、保水性、吸水性、含气量、塑性开裂性能、干燥收缩性、抗压强度、抗折强度、黏结强度、柔韧性、抗冲击性能等。预拌砂浆的耐久性能是指预拌砂浆应用到工程中,在长期使用过程中抵抗外界介质侵蚀而不破坏的能力。预拌砂浆耐久性能一般包括抵抗长期气候作用的能力、抵抗各种介质侵蚀的能力(包括水、硫酸盐、氯盐、弱酸等)、抗碳化性能、抵抗温度变化的能力(包括高温和冻融作用)等。

1. 工作性

工作性是指加水搅拌好的砂浆在工程施工中的难易程度。预拌砂浆的工作性是预拌砂浆最重要、最基本的性能,工作性的好坏直接决定着预拌砂浆是否能够应用到工程中。预拌砂浆工作性是其施工性能的主要体现。不同种类的预拌砂浆,其工作性能好坏的判断依据并不相同。一般而言,根据砂浆可施工的难易程度,可把工作性能分为差、较差、较好、好四个等级。工作性能没有明确的衡量指标,主要是根据实际操作中的感觉来区分。例如,在胶粉聚苯颗粒保温砂浆施工时,把难以涂抹在墙体上,涂抹厚度较小,且涂抹后会有部分脱落,材料浪费较大,或者由于滑移而不适宜大面积施工的保温砂浆定义为工作性较差;可以较容易地涂抹在墙体上,施工厚度达到要求,几乎无脱落滑移,但仍有材料浪费的保温砂浆定义为工作性较好;可以容易地涂抹在墙体上,施工厚度能达到要求,无脱落滑移,且无材料浪费现象的保温砂浆定义为工作性好。

虽然工作性没有具体的定量的衡量标准,但其可以通过其他物理力学性能来间接衡量和表征。针对于普通预拌砂浆,例如砌筑砂浆和抹灰砂浆,稠度和分层度的大小、泌水性的好坏可以用来衡量其工作性的好坏。而针对于特种预拌砂浆,例如陶瓷墙地砖胶黏剂、填缝剂、自流平材料、灌浆材料等,则工作性通常可以用流动度、保水性、黏聚性等来衡量。

2. 稠度

砂浆稠度表示砂浆的稀稠程度,是反映砂浆工作性的参数之一。砂浆中加水太多就变稀,砂浆太稀涂抹时砂浆易流淌;砂浆中加水太少就变稠,砂浆太稠涂抹时则砂浆不易抹平。因此,针对于不同种类、不同使用场合的预拌砂浆,通常调节其加水量来达到稠度适中的目的。砂浆稠度的测定使用稠度测定仪。工地上可采用简易测定砂浆稠度的方法,将单个圆锥体的尖端与实际表面相接触,然后放手让圆锥体自由沉入砂浆中,取出圆锥体用尺直接量出沉入的垂直深度(以 cm 计),即为砂浆的稠度。

3. 流动度

流动度是指一定量的加水搅拌好的水泥砂浆经过振捣振动后的扩展范围。流动度与稠度均是反映水泥砂浆工作性的参数,两者之间既具有联系,但又并不呈现出同步变化的规律。砂浆的稠度大并不一定代表砂浆的流动度大,反之亦然。预拌砂浆的流动度通常可参照《水泥胶砂流动度测定方法》(GB/T 2419—2005)进行测定,但针对如自流平材料、灌浆材料等特殊品种的预拌砂浆,也具有特定的测定方法。例如自流平材料,其流动度测试则是通过测定搅拌好的材料经一定时间扩展后的直径来衡量,具体测定方法可见《地面用水泥基自流平砂浆》(JC/T 985—2005)。

相比于普通预拌砂浆而言,自流平材料、灌浆材料等一些特种预拌砂浆则对流动度性能有明确要求,例如水泥基地面自流平材料,其初始流动度和搅拌好 20 min 后的流动度均要求不小于 130 mm;而灌浆材料的初始流动度和搅拌好 30 min 后的流动度则分别要求大于 260 mm 和 230 mm。其他一些特种预拌砂浆例如瓷砖胶黏剂、瓷砖填缝剂、界面处理剂等,其流动度虽没有明确的指标要求,但也通常用流动度来衡量其工作性。大量研究和工程实践表明,一般情况下,预拌砂浆加水搅拌后,其流动度在 160～180 mm 之间时,工作性相对较好,易于进行施工操作。

4. 保水性

砂浆保水性是指砂浆能保持水分的能力,也是衡量新拌水泥砂浆在运输以及停放时内部组分稳定的性能指标。保水性不好的砂浆,在运输和存放过程中容易泌水离析,即水分浮在上面,砂和水泥沉在下面,使用前必须重新搅拌。在涂抹过程中,保水性不好的水泥砂浆中的水分容易被墙体材料吸去,使砂浆过于干稠,涂抹不平,同时由于砂浆过多失水会影响砂浆的正常凝结硬化,降低了砂浆与基层的黏结力以及砂浆本身的强度。

砂浆的保水性可用分层度或保水率两个指标来衡量。分层度用砂浆分层度测定仪来测定,常作为衡量普通砌筑砂浆和抹灰砂浆保水性好坏的参数,分层度是指根据需要加水搅拌好的砂浆,一部分利用稠度测定仪测得其初始稠度,另一部分根据相关标准放入分层度筒静止 30 min,然后去掉分层度筒上部 20 cm 厚的砂浆,剩余部分砂浆重新拌合后,再利用稠度测定仪测定其稠度,算出前后两次稠度之差值,即为分层度值。分层度越小,说明水泥砂浆的保水性越好,稳定性越好;分层度越大,则水泥砂浆泌水离析现象严重,保水性越差,稳定性越差。一般而言,普通水泥砌筑砂浆的分层度要求在 10～30 cm 之间,而抹灰砂浆则对保水性要求相对较高,分层度应不大于 20 mm。原因在于,就普通预拌砂浆而言,分层度大于 30 mm 的砂浆由于产生离析,保水性差;而分层度只有几毫米的砂浆,虽然上下层无分层现象,保水性好,但这种情况往往是胶凝材料用量过多,或者砂子过细,砂浆硬化后会干缩很大,尤其不适宜用作抹灰砂浆。

5. 体积密度

水泥砂浆体积密度是指单位体积内水泥砂浆的质量,其单位是 kg/m³ 或 g/cm³,包括新拌砂浆体积密度和硬化砂浆体积密度两个方面。新拌砂浆体积密度是指加水拌合好的水泥砂浆浆体单位体积内的质量;硬化砂浆体积密度是指经过一定龄期养护水泥砂浆硬化干燥后,其单位体积内的质量。表观密度则是指水泥砂浆质量与表观体积之比,表观体积是指材料排开水的体积(包括内分闭孔的体积),包括湿表观密度和干表观密度两个方面。湿表观密度是指新拌合好的水泥砂浆单位体积内的质量,等同于新拌砂浆的体积密度。干表观密度则是指水泥砂浆硬化 28 d 后,再经过烘干干燥恒重后单位体积内的质量。水泥砂浆体积密度与其力学性能密切相关,具有非线性正相关性。就保温砂浆而言,其体积密度的大小不但与其力学性能密切相关,而且还直接影响保温砂浆热导率的大小,决定着其保温效果的好坏。在一定范围内,体积密度与热导率呈现出正相关性,体积密度越小,保温砂浆热导率越小,反之亦然。

为了保证工程质量和使用安全,部分种类的预拌砂浆对体积密度性能指标也具有明确的要求。例如,混凝土空心小砌块用砌筑砂浆,其新拌体积密度要求不小于 1 900 kg/m³,而 EPS 粒子保温砂浆的湿表观密度则要求不大于 420 kg/m³,干表观密度则控制在180～250 kg/m³ 之间。

6. 凝结时间和可操作时间

水泥砂浆凝结时间是指水泥砂浆从加水拌合,到具有一定强度的时间间隔。可操作时间则是指预拌砂浆加水搅拌好后到仍能施工而不影响其性能的最长时间间隔。普通预拌砂浆,例如砌筑砂浆和抹灰砂浆,其凝结时间的测定常采用贯入阻力法,主要参照《建筑砂浆基本性能试验方法标准》(JGJ/T 70—2009)进行测试。建筑室内及外墙用腻子的凝结时间(干燥时间)均是参照《漆膜、腻子膜干燥时间测定法》(GB/T 1728—1989)中的方法进行测定的。聚合物水泥防水涂料的干燥时间则按《建筑防水涂料试验方法》(GB/T 16777—2008)中的规定进行测定的。

不同种类预拌砂浆对凝结时间(或可操作时间)的要求并不相同,其具体时间要求一般根据工程需要和使用特点而定。建筑室内及外墙用腻子的干燥(表干)时间要求≤5 h;水泥基灌浆材料的凝结时间(初凝时间)则要求≥120 min;水泥基装饰砂浆的可操作时间则应在 30 min 以上;缓凝型无机防水堵漏材料初凝时间≥10 min、终凝时间≤360 min,而促凝型无机防水堵漏材料初凝时间则要求在 2～10 min 之间、终凝时间≤15 min。在一些地方标准中还针对于不同的预拌砂浆凝结时间做了不同要求,例如在江苏省《预拌砂浆技术规程》(DGJ32/J13—2005)中,明确提出了预混砌筑砂浆、抹灰砂浆和地面砂浆的凝结时间应≤10 h,而预拌砌筑砂浆和抹灰砂浆则分了≤8 h,12 h 和 24 h 三个级别,预拌地面砂浆凝结时间则分为≤4 h 和 8 h 两个级别。膨胀聚苯板薄抹灰外墙外保温系统用的胶黏剂和抹面砂浆的可操作时间则要求在 1.5~4 h 之间。聚合物水泥防水涂料的干燥时间(表干时间)要求≤4 h,其实际干燥时间要求≤8 h。

7. 吸水性

水泥砂浆吸水性是指硬化水泥砂浆吸收水分的能力,一般用单位质量(或单位面积)的砂浆吸水达到饱和时的吸水量或一定时间内单位面积砂浆吸水量(或吸水率)来描述。吸水性指标对于抹面砂浆、防水砂浆等有防水要求的特种预拌砂浆尤其重要,吸水量大小直接影响着水泥砂浆的防水效果。根据预拌砂浆的使用特点和工程需要,相关标准中对其吸水率做了明确的限定。例如,在薄抹灰外墙外保温系统中,要求系统 24 h 的吸水量应不大于500 g/m²,其实质也即是要求保温系统用抹面砂浆的吸水率应不大于 500 g/m²;外墙建筑用腻子的 10 min 内吸水量要求是不大于 2 g;水泥基饰面砂浆 30 min 和 240 min 的吸水量则分别要求不大于 2 g 和 5 g。瓷砖填缝剂的 30 min 和 240 min 的吸水量则分别要求不大于 5 g 和 10 g。防水砂浆在用于地下防水工程时其吸水率应小于3%,使用于其他工程时,其吸水率应小于 5%。

8. 含气量

含气量是指单位体积的新拌水泥砂浆内含有的气体体积。新拌水泥砂浆尤其是聚合物改性水泥砂浆中常会含有一定的气体。含气量对水泥砂浆施工性、需水量、保水性、体积密度以及力学性能、耐久性能都有一定影响,是反映砂浆性能的重要指标之一。适量的含气量可以提高水泥砂浆的工作性和和易性,提高水泥砂浆的抗冻性、抗水渗性及一些其他性能;但含气量大时,水泥砂浆中大气泡增多,会导致水泥砂浆抗压强度、抗渗压力、黏结强度降低,并增大水泥砂浆的干燥收缩。由于大多数种类的聚合物均会向水泥砂浆中引入一定量的气体,从而影响着水泥砂浆的各种性能。

含气量的测定方法和仪器根据砂浆种类的不同而不同,普通预拌砂浆,例如砌筑砂浆和抹灰砂浆大多是参照混凝土含气量的测定方法和仪器进行测定;而添加了有机添加剂的特种预拌砂浆含气量则通常利用专门的砂浆含气量测定仪来测定,目前我国还未有相关标准,主要是参照国外标准例如英国标准 BS EN1015.7—1999 进行测定。

9. 收缩性

收缩性是指水泥砂浆加水拌合好以及硬化阶段,抵抗其体积变形的能力。水泥砂浆的收缩一般可以分为硬化前的塑性收缩和硬化后的干燥收缩两个阶段。

(1) 塑性干燥收缩性。

水泥砂浆塑性收缩一般是指水泥砂浆在浇注成型后,由于水与水泥颗粒的亲润性,水分蒸发时水泥砂浆面层毛细管中形成凹液面,其凹液面上表面张力的垂直分量形成了对管壁间材料的拉应力,此时水泥砂浆处于塑性阶段,其自身的塑性抗拉强度较低,若其表面层毛细管失水收缩产生的拉应力 $\sigma_{毛细管}$ 与水泥砂浆塑性抗拉强度 $f_{塑}$ 满足式(5-1),则水泥砂浆表面层将会出现开裂的现象。

$$\sigma_{毛细管} > f_{塑} \qquad\qquad (5-1)$$

(2）干燥收缩性。

干燥收缩性则是指水泥砂浆硬化干燥后，由于失水、化学反应引起的水泥砂浆体积的变化。其是用来评价水泥砂浆在工程应用过程中，其体积稳定性重要性能指标，一般用线性收缩率来表示。预拌砂浆干燥收缩率测定一般是参照《水泥胶砂干缩试验方法》（JC/T 603—2004）进行的。为了工程使用安全和工程质量，一般均要求预拌砂浆具有较小的干燥收缩率，甚至有所膨胀。例如，水泥基灌浆材料就要求其 1 d 的竖向膨胀率应不小于 0.02%；砌筑砂浆、抹灰砂浆和地面砂浆的 28 d 收缩率一般要求应不大于 0.50%，但有些地方标准甚至要求其 28 d 线性收缩率不大于 0.30%；防水砂浆的 28 d 线性收缩率应不大于 0.50%；地面用水泥基自流平材料的线性变化率要求在 −0.15%～+0.15% 之间；瓷砖填缝剂的 28 d 线性收缩率应不大于 0.1%等。

10. 抗压强度

抗压强度是指水泥砂浆表面抵抗压应力的能力，一般用水泥砂浆养护 28 d 后的单位面积上能抵抗的最大压应力来表示，单位为 MPa。不同类型的水泥砂浆，其抗压强度测试方法不同，其抗压强度性能指标要求也不相同。一般而言，砌筑砂浆、抹灰砂浆、地面砂浆以及保温砂浆等通常是采用 70.7 mm×70.7 mm×70.7 mm 的立方体试块来进行抗压强度测试。而其他类型的预拌砂浆抗压强度测定则通常是采用 40 mm×40 mm×160 mm 的棱柱体，按照水泥胶砂抗压强度测定方法来进行的。

11. 抗折强度

水泥砂浆抗折强度的测定通常是参照《水泥胶砂强度检测方法》（GB/T 17671—1999），采用 40 mm×40 mm×160 mm 的棱柱体进行三点弯曲试验。商品预拌砂浆中对其抗折强度性能有指标要求的均是特种预拌砂浆。例如，缓凝型无机防水堵漏材料其 3 d 抗折强度要求不小于 3.0 MPa，速凝型无机防水堵漏材料其 1 h 和 3 d 抗折强度分别要求不小于 1.5 MPa 和 4.0 MPa；饰面砂浆的 28 d 抗折强度则要求≥2.5 MPa；地面用水泥基自流平材料的 24 h 抗折强度应不小于 2.0 MPa，并且根据其 28 d 抗折强度值分为 F4、F6、F7 和 F10 四个强度等级（其 28 d 抗折强度分别≥4 MPa、6 MPa、7 MPa 和 10 MPa）；瓷砖填缝剂 28 d 抗折强度要求不小于 2.5 MPa。

12. 柔韧性

柔韧性是预拌砂浆一个重要性能指标，对抹面胶砂、黏结胶砂、修补砂浆、防水砂浆、填缝材料等特种预拌砂浆来说尤其是这样。水泥砂浆的柔韧性通常是用水泥砂浆 28 d 的抗压强度与抗折强度的比值（简称为压折比）来表示。国内外大量实验数据表明，当预拌砂浆的压折比小于 3 时，其具有良好的抗裂性能和柔韧性，因此在我国一些种类的预拌砂浆的技术标准中一般要求其压折比应≤3.0。

13. 黏结强度

黏结强度是预拌砂浆重要的性能之一，决定着其长期使用效果。目前，在我国行业标准中预拌砂浆黏结强度的测定大多为测定黏结拉伸强度（或称为黏结抗拉强度），但不同的预拌砂浆标准对测试条件等的要求不同，针对具体的预拌砂浆的种类可参照相关标准。

14. 抗冲击性能

水泥砂浆抗冲击性能是指硬化水泥砂浆抵抗外力冲击的性能,一般用其能够抵抗最大冲击力而不破坏时的能量表示,单位为焦耳。地面材料、防护材料等会受到重力碰撞的特种预拌砂浆常要求应具有一定的抗冲击性能。例如,地面用水泥基自流平材料要求其经过 1 kg 的重锤在 1 m 高度自由落体冲击后无开裂或脱离底板,即其抗冲击性能应不小于 10 J;普通型和加强型 EPS 板薄抹灰外保温系统抗冲击性能应分别不小于 3 J 和 10 J,其实也是对防护胶砂抗冲击性能提出了较高的要求。

15. 抗渗性能

抗渗性能是表征预拌砂浆尤其是具有防水要求的特种预拌砂浆性能的一个重要的指标。只有保证较高的抗渗性能砂浆才能起到防水、防漏、防潮和保护建筑物与构筑物等不受水侵蚀破坏的作用。砂浆抗渗性能测试一般是通过渗水压力方法进行测定的,利用水泥砂浆能抵抗最大渗水压力值来表示,但最大压力达到 1.5 MPa,仍不透水,则用其相对于基本砂浆不透水系数的提高率(即不透水性提高率)来衡量。不同的预拌砂浆对抗渗性能具有不同的要求,例如缓凝剂和速凝剂防水堵漏材料 7 d 抗渗压力应≥1.5 MPa,且缓凝型的还要求其涂层 7 d 抗渗压力值应≥0.4 MPa。

16. 抗碳化性能

水泥砂浆碳化是指溶解在孔溶液中的 CO_2 或自由的 CO_2 按照通过溶液的过程与水泥未水化物或水化产物发生反应,从而改变水泥砂浆的化学和矿物组成、微结构和孔结构等。水泥砂浆的碳化过程是水泥砂浆中性化的过程,是 CO_2 气体在其中扩散并与 $Ca(OH)_2$ 发生反应的过程,其化学反应为:$Ca(OH)_2 + CO_2 == CaCO_3 + H_2O$。碳化速度主要取决于 CO_2 气体在其中的扩散速度和水泥砂浆本身碱贮备的多少(即水泥砂浆中和 CO_2 气体的能力)。普通硅酸盐水泥水化产物中的 $Ca(OH)_2$ 含量约占 25%,这些 $Ca(OH)_2$ 在硬化水泥砂浆中结晶或在空隙中以饱和水溶液的形式存在,因为 $Ca(OH)_2$ 的 pH 值为 12~13,所以新鲜的水泥砂浆呈强碱性。当水泥砂浆遭受 CO_2 入侵时,由于碳化反应产生碳化产物,水泥砂浆的碱性降低,水泥砂浆碳化过程是由扩散速度控制的化学反应,碳化反应必须以 CO_2 气体扩散至砂浆内部为前提。由于水泥砂浆本身存在许多孔隙,因此碳化过程是无法避免的。气体在砂浆中的扩散的速度则主要与砂浆的密实度、气孔结构有关。在水泥基材料中,碳化几乎能够改变水泥浆中的所有组分。

17. 抗氯离子侵蚀性能

氯离子侵蚀是氯离子通过扩散进入水泥浆体与水化产物反应生成含氯复盐产生结晶膨胀导致破坏的一种腐蚀材料,抗氯离子扩散能力(扩散系数)的大小是评价其抗腐蚀能力的重要指标之一。ASTM1202-97 和 AASHTO-277 方法则认为氯离子渗透性的高低可以由所通过的电量大小来判断,通电量的大小与氯离子在水泥砂浆中的扩散有关。通过的电流越大,则总通电量越大,水泥砂浆的抗氯离子扩散性能就越差。

18. 抗硫酸盐侵蚀性能

硫酸盐侵蚀主要是通过 SO_4^{2-} 的扩散进入水泥基材料内部,并与水泥水化产物发生化学反应,生成石膏与钙矾石,产生结晶膨胀应力而使混凝土结构产生破坏的一种腐蚀。当 SO_4^{2-} 与 $Ca(OH)_2$ 反应,生成 $CaSO_4$ 结晶或 SO_4^{2-} 与水化铝酸盐反应生成水化硫铝酸钙时,均产生结晶膨胀应力,造成水泥基材料受损甚至破坏。

19. 抗酸侵蚀性能

由于污染的原因,空气中常常会含有一些酸性气体如二氧化硫、氮氧化物等,接触到水后就变成弱酸,其反应方程式为:$SO_2 + 2H_2O \Longrightarrow 2H^+ + SO_4^{2-} + H_2$ 和 $2NO_2 + 2H_2O \Longrightarrow 2H^+ + 2NO_3^- + H_2$。酸对水泥基材料的侵蚀主要是因为水泥水化产物为碱性的硅酸盐、铝酸盐以及相当数量的 $Ca(OH)_2$,酸性介质首先与 $Ca(OH)_2$ 发生反应,降低水泥基材料的碱度。随着水泥基材料碱度的不断降低,水化硅酸钙和水化铝酸钙失去稳定性而水解、溶出,导致水泥基材料强度不断下降。

20. 耐高温性能

耐高温性能是指预拌砂浆在较高温度条件下,保持其原有性能的能力。由于预拌砂浆尤其是防护砂浆、瓷砖胶黏剂、地面砂浆等会长期暴露在外界环境下,尤其是在夏季环境温度会达到 30℃ 以上,而太阳照射下材料表面温度会更高,例如外保温系统防护砂浆在夏季其表面温度甚至会达到 70℃ 以上。在一些特定使用场合例如车间,温度甚至会更高,在这些地方如果需要预拌砂浆,则预拌砂浆的耐高温性能则必须考虑在内。例如瓷砖胶黏剂性能指标中就规定其耐热后的黏结抗拉强度应≥0.5 MPa。

21. 抗冻融性能

水泥基材料抗冻性是反应其耐久性的重要指标之一,是指水泥基材料处于水溶液冻融循环作用的过程中,抵抗冻融破坏的能力。水泥基材料遭受到的冻融循环破坏主要有两部分组成:一是其中的毛细孔在负温下发生物态变化,由水转化成冰,体积膨胀 9%,因受毛细孔壁约束形成膨胀压力,从而在孔周围的微观结构中产生拉应力;二是当毛细孔水结成冰时,由凝胶孔中过冷水在水泥基材料微观结构中的迁移和重分布引起的渗透压。由于表面张力的作用,毛细孔隙中的水的冰点随着孔径的减小而降低;凝胶孔水形成冰核的温度在 -78℃ 以下,因而由冰与过冰水的饱和蒸汽压差和过冷水之间的盐分浓度差引起水分迁移而形成渗透压力。另外凝胶不断增加,形成更大膨胀压力,当水泥基材料受冻时,这两种压力会损伤其内部微观结构,只有经过反复多次的冻融循环以后,损伤逐步积累不断扩大,发展成相互连通的裂缝,使其强度逐步降低,最后甚至完全丧失。所以饱水状态是水泥基材料发生冻融破坏的必要条件之一,另一个必要条件是外界气温正负变化。这两个必要条件,决定了冻融破坏是从水泥基材料表面开始的层层剥蚀破坏。

预拌砂浆尤其是经常与水接触的防水砂浆、地面砂浆等常常会受到冻融循环的破坏作用,因此在工程应用过程中有必要考虑其抗冻融性能。

5.1.4 标记符号

用于预拌砂浆标记的符号,应根据其分类及使用材料的不同按下列规定使用。普通预拌砂浆标记符号用砂浆类别、强度等级和水泥品种符号结合表示。普通湿拌砂浆标记符号可按砂浆类别、强度等级、稠度和凝结时间的组合表示。其中水泥品种用其代号表示,稠度和强度等级用数字表示,常用砂浆种类标记符号如表 5-3 所示。

表 5-3 砂浆种类标号

种类	符号	种类	符号
预拌砂浆	DM	湿拌砂浆	WM
干拌砌筑砂浆	DMM	湿拌砌筑砂浆	WMM
干拌抹灰砂浆	DPM	湿拌抹灰砂浆	WPM
干拌地面砂浆	DSM	湿拌地面砂浆	WSM

注:例如砂浆编号为 DMM 10—P·O,表示用普通硅酸盐水泥制成的强度等级为 10 MPa 的干拌砌筑砂浆。

5.1.5 预拌砂浆特点

1. 优点

(1) 质量稳定。

预拌砂浆的生产由科学的实验室试配,严格的性能检验,精确的计量设备,大规模自动化生产,全程电脑控制,搅拌均匀度高,质量可靠且稳定,可以最大限度地避免传统砂浆现场计量不准确等原因造成的开裂、空鼓、脱落、渗漏,地面起粉起砂、工程返修率等质量问题。

(2) 品种丰富。

预拌砂浆一次供货量大,特别适用于常用砌筑、抹面和地面处理等。另外预拌砂浆的生产灵活性强,可根据用户不同的需求生产出具有防水、保温、隔热、防火、装饰等性能的特种砂浆,满足不同的施工工艺和设计需求。

(3) 文明施工。

在施工中使用预拌砂浆,不需要水泥、砂石的运输,也不需要原材料堆放场地、专用的干燥设备和包装设备,施工场地占用小,噪音小、粉尘排放量小,减少了对周边环境的污染,有利于文明施工。

(4) 提高工效。

预拌砂浆适合采用机械化施工,可以大大缩短工程建设周期,同时提高工程质量,且可大量节省后期的维修费用。即使是人工施工,由于预拌砂浆质量稳定,使用起来比较方便,也可以提高工效一倍以上。有利于提高工效,加快施工进度。

(5) 节能降耗。

在工程建设中,造成材料浪费主要原因是砂石、水泥驳运途中的遗漏,现场搅拌时的扬尘和损耗,人工运送和施工过程中的落地等。如果使用预拌砂浆,加上机械化施工,不存在水泥、砂石遗漏问题,也没有现场搅拌的损耗,降低了施工中的落地砂浆量,材料损耗及浪费将大大减少。

2. 预拌砂浆给施工、建设单位带来的好处

对施工单位,与现场搅拌砂浆相比,预拌砂浆可以免去施工企业原材料采购、运输、堆放、加工,实验室配比测试、现场搅拌生产质量控制等一系列过程,降低企业的运营成本。购买预拌砂浆,只需提前向生产单位订货,由生产单位负责运送预拌砂浆。施工经验表明,传统的现场搅拌砂浆每人每天抹灰量 15 m²,而预拌砂浆的机械施工每人每天抹灰量可达 60 m²,效率提高。

对建设单位而言,预拌砂浆能够缩短工期,还能降低建设成本。在保证施工质量的前

提下,预拌砂浆的施工厚度比现场搅拌砂浆小,一是可以减少砂浆用量,减轻建筑自重,二可增加使用面积 0.5‰~1‰,从而降低单位面积建设投资成本。由于预拌砂浆是工厂化生产,质量有保证,可以降低返工率,延长构筑物使用年限。

预拌砂浆工业化生产是现代建筑业发展到一定阶段的必然产物,禁止现场搅拌、使用预拌砂浆是建筑业的一项技术革命。无论是对于新建建筑还是改造建筑,预拌砂浆都是其中不可或缺的重要成分,更能大幅度降低建筑的二次施工率,在不断提高人们居住环境舒适度的同时,降低建筑耗能总量,有效缓解能源的供需矛盾,既具有实际经济意义,又具有重要的社会意义和环保价值。

5.2 取样及试样制备

5.2.1 取样

(1)预拌砂浆试验用料应从同一盘砂浆或同一车砂浆中取样。取样量不应少于试验所需量的 4 倍。

(2)当施工过程中进行砂浆试验时,砂浆取样方法应按相应的施工验收规范执行,并宜在现场搅拌点或预拌砂浆装卸料点的至少 3 个不同部位及时取样。对于现场取得的试样,试验前应人工搅拌均匀。

(3)从取样完毕到开始进行各项性能试验,不宜超过 15 min。

5.2.2 试样制备

(1)在试验室制备砂浆试样时,所用材料应提前 24 h 运入室内。拌合时,试验室的温度应保持在 20±5 ℃。当需要模拟施工条件下所用的砂浆时,所用原材料的温度宜与施工现场保持一致。

(2)试验所用原材料应与现场使用材料一致。砂应通过 4.75 mm 筛。

(3)试验室拌制砂浆时,材料用量应以质量计。水泥、外加剂、掺合料等的称量精度应为±0.5%,细骨料的称量精度应为±1%。

(4)在试验室搅拌砂浆时应采用机械搅拌,搅拌机应符合《试验用砂浆搅拌机》(JG/T 3033—1996)中的规定,搅拌的用量宜为搅拌机容量的 30%~70%,搅拌时间不应少于 120 s。掺有掺合料和外加剂的砂浆,其搅拌时间不应少于 180 s。

5.2.3 试验记录

试验记录应包括下列内容:
(1)取样日期和时间;
(2)工程名称、部位;
(3)砂浆品种、砂浆技术要求;
(4)试验依据;
(5)取样方法;

（6）试样编号；

（7）试样数量；

（8）环境温度；

（9）试验室温度、湿度；

（10）原材料品种、规格、产地及性能指标；

（11）砂浆配合比和每盘砂浆的材料用量；

（12）仪器设备名称、编号及有效期；

（13）试验单位、地点；

（14）取样人员、试验人员、复核人员。

5.3　检测砂浆稠度

砂浆稠度的检测参照《建筑砂浆基本性能试验方法标准》（JGJ/T 70—2009），本方法适用于确定砂浆的配合比或施工过程中控制砂浆的稠度。

5.3.1　检测仪器

（1）砂浆稠度仪。应由试锥、容器和支座三部分组成。试锥应由钢材或铜材制成，试锥高度应为 145 mm，锥底直径应为 75 mm，试锥连同滑杆的质量应为 300±2 g；盛浆容器应由钢板制成，筒高应为 180 mm，锥底内径应为 150 mm；支座应包括底座、支架及刻度显示三个部分，应由铸铁、钢或其他金属制成，如图 5-1 所示。

（2）钢制捣棒。直径为 10 mm，长度为 350 mm，端部磨圆。

（3）秒表。

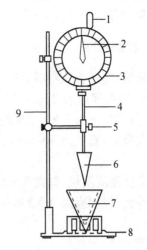

1. 齿条测杆；2. 指针；3. 刻度盘；4. 滑杆；5. 制动螺丝；
6. 试锥；7. 盛浆容器；8. 底座；9. 支架

图 5-1　砂浆稠度测定仪

5.3.2　检测步骤

（1）应先采用少量润滑油轻擦滑杆，再将滑杆上多余的油用吸油纸擦净，使滑杆能自由滑动。

（2）用湿布擦净盛浆容器和试锥表面，再将砂浆拌合物一次装入容器；砂浆表面宜低于容器口 10 mm，用捣棒自容器中心向边缘均匀地插捣 25 次，然后轻轻地将容器摇动或敲击 5～6 下，使砂浆表面平整，然后将容器置于稠度测定仪的底座上。

（3）拧开制动螺丝，向下移动滑杆，当试锥尖端与砂浆表面刚接触时，应拧紧制动螺丝，使齿条测杆下端刚接触滑杆上端，并将指针对准零点上。

（4）拧开制动螺丝，同时计时间，10 s 时立即拧紧螺丝，将齿条测杆下端接触滑杆上端,从刻度盘上读出下沉深度(精确至 1 mm),即为砂浆的稠度值。

(5) 盛浆容器内的砂浆,只允许测定一次稠度,重复测定时,应重新取样测定。

5.3.3 数据处理

(1) 同盘砂浆应取两次试验结果的算术平均值作为测定值,并应精确至 1 mm;

(2) 当两次试验值之差大于 10 mm 时,应重新取样测定。

5.3.4 注意事项

(1) 试杆(或试锥)应表面光滑,试锥尖完整无损且无水泥浆或杂物充塞。

(2) 锥模放在仪器底座固定位置时,试锥尖应对着中心。

(3) 砂浆拌好后用小刀将附在锅壁的砂浆刮下,并人工拌和数次后再装模。

5.4　检测砂浆表观密度

砂浆表观密度的检测参照《建筑砂浆基本性能试验方法标准》(JGJ/T 70—2009),本方法适用于测定砂浆拌合物捣实后的单位体积质量,以确定每立方米砂浆拌合物中各组成材料的实际用量。

5.4.1 检测仪器

(1) 容量筒:应由金属制成,内径应为 108 mm,净高应为 109 mm,筒壁厚应为 2 mm,容积应为 1 L;

(2) 天平:称量应为 5 kg,感量应为 5 g;

(3) 钢制捣棒:直径为 10 mm,长度为 350 mm,端部磨圆;

(4) 砂浆密度测定仪,如图 5-2 所示;

(5) 振动台:振幅应为 0.5±0.05 mm,频率应为50±3 Hz;

(6) 秒表。

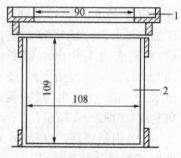

1. 漏斗;2. 容量筒

图 5-2　砂浆密度测定仪

5.4.2 检测步骤

(1) 应按照本标准的规定测定砂浆拌合物的稠度。

(2) 应先采用湿布擦净容量筒的内表面,再称量容量筒质量 m_1,精确至 5 g。

(3) 捣实可采用手工或机械方法。当砂浆稠度大于 50 mm 时,宜采用人工插捣法;当砂浆稠度不大于 50 mm 时,宜采用机械振动法。

采用人工插捣时,将砂浆拌合物一次装满容量筒,使稍有富余,用捣棒由边缘向中心均匀地插捣 25 次。当插捣过程中砂浆沉落到低于筒口时,应随时添加砂浆,再用木锤沿容器外壁敲击 5~6 次。

采用振动法时,将砂浆拌合物一次装满容量筒连同漏斗在振动台上振 10 s,当振动过程中砂浆沉入到低于筒口时,应随时添加砂浆。

（4）捣实或振动后,应将筒口多余的砂浆拌合物刮去,使砂浆表面平整,然后将容量筒外壁擦净,称出砂浆与容量筒总质量 m_2,精确至 5 g。

5.4.3　数据处理

（1）砂浆的表观密度 ρ 按式（5-2）计算。

$$\rho = \frac{m_2 - m_1}{V} \times 1\,000 \qquad (5-2)$$

式中,ρ 为砂浆拌合物的表观密度,kg/m^3;m_1 为容量筒质量,kg;m_2 为容量筒及试样质量,kg;V 为容量筒容积,L。

（2）表观密度取两次试验结果的算术平均值作为测定值,精确至 10 kg/m^3。

注:容量筒的容积可按下列步骤进行校正:选择一块能覆盖住容量筒顶面的玻璃板,称出玻璃板和容量筒质量;向容量筒中灌入温度为 20±5 ℃ 的饮用水,灌到接近上口时,一边不断加水,一边把玻璃板沿筒口徐徐推入盖严。玻璃板下不得存有气泡;擦净玻璃板面及筒壁外的水分,称量容量筒、水和玻璃板质量（精确至 5 g）。两次质量之差（以 kg 计）即为容量筒的容积（L）。

5.4.4　注意事项

（1）擦拭容量筒的湿抹布应拧干。

（2）砂浆拌合物应一次装满容量筒,并稍有富余;如插捣过程中砂浆沉落到低于筒口时,应随时添加砂浆。

（3）称量前应用湿抹布将容量筒外壁擦净。

5.5　检测砂浆分层度

砂浆分层度的检测参照标准《建筑砂浆基本性能试验方法标准》（JGJ/T 70—2009）,本方法适用于测定砂浆拌合物的分层度,以确定在运输及停放时砂浆拌合物的稳定性。

5.5.1　检测仪器

（1）砂浆分层度筒,如图 5-3 所示。应由钢板制成,内径应为 150 mm,上节高度应为 200 mm,下节带底净高应为 100 mm,两节的连接处应加宽到3～5 mm,并应设有橡胶垫圈。

（2）振动台:振幅应为 0.5±0.05 mm,频率应为 50±3 Hz。

（3）砂浆稠度仪、木锤等。

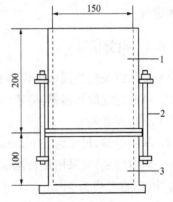

1. 无底圆筒;2. 连接螺栓;3. 有底圆筒

图 5-3　砂浆分层筒

5.5.2 检测步骤

砂浆分层度的测定可采用标准法和快速法。当发生争议时,应以标准法的测定结果为准。

1. 标准法

(1)应按照本标准的规定测定砂浆拌合物的稠度。

(2)应将砂浆拌合物一次装入分层度筒内,待装满后,用木槌在分层度筒周围距离大致相等的四个不同部位轻轻敲击1~2次;当砂浆沉落到低于筒口时,应随时添加,然后刮去多余的砂浆并用抹刀抹平。

(3)静置30 min后,去掉上节200 mm砂浆,然后将剩余100 mm砂浆倒在拌合锅内拌2 min,再按照本标准的规定测其稠度。前后测得的稠度之差即为该砂浆的分层度值。

2. 快速法

(1)应按照本标准的规定测定砂浆拌合物的稠度。

(2)应将分层度筒预先固定在振动台上,砂浆一次装入分层度筒内,振动20 s。

(3)去掉上节200 mm砂浆,剩余100 mm砂浆倒出放在拌合锅内拌2 min,再按本标准稠度试验方法测其稠度,前后测得的稠度之差即为该砂浆的分层度值。

5.5.3 数据处理

(1)应取两次试验结果的算术平均值作为该砂浆的分层度值,精确至1 mm。

(2)当两次分层度试验值之差大于10 mm时,应重新取样测定。

5.6 检测砂浆保水性

砂浆保水性的检测参照《建筑砂浆基本性能试验方法标准》(JGJ/T 70—2009),本方法适用于测定砂浆拌合物的保水率和含水率,以确定在运输及停放时砂浆拌合物内部组分的稳定性。

5.6.1 检测仪器

(1)金属或硬塑料圆环试模:内径应为100 mm,内部高度应为25 mm;

(2)可密封的取样容器:应清洁、干燥;

(3)2 kg的重物;

(4)医用棉纱,尺寸为110 mm×110 mm,宜选用纱线稀疏,厚度较薄的棉纱;

(5)超白滤纸:应采用现行国家标准《化学分析滤纸》(GB/T 1914—2007)规定的中速定性滤纸,直径应为110 mm,单位面积质量应为200 g/m²;

(6)2片金属或玻璃的方形或圆形不透水片,边长或直径应大于110 mm;

(7)天平:量程为200 g,感量应为0.1 g;量程为2 000 g,感量应为1 g;

(8)烘箱。

7.6.2　检测步骤

（1）称量底部不透水片与干燥试模质量 m_1 和 8 片中速定性滤纸质量 m_2。

（2）将砂浆拌合物一次性装入试模，并用抹刀插捣数次，当装入的砂浆略高于试模边缘时，用抹刀以 45°一次性将试模表面多余的砂浆刮去，然后再用抹刀以较平的角度在试模表面反方向将砂浆刮平。

（3）抹掉试模边的砂浆，称量试模、底部不透水片与砂浆总质量 m_3。

（4）用 2 片医用棉纱盖在砂浆表面，再在棉纱表面放上 8 片滤纸，用上部不透水片盖在滤纸表面，以 2 kg 的重物把上部不透水片压住。

（5）静置 2 min 后移走重物及上部不透水片，取出滤纸（不包括滤网），迅速称量滤纸质量 m_4。

（6）按照砂浆的配比及加水量计算砂浆的含水率。当无法计算时，可按本标准的规定测定砂浆含水率。

5.6.3　数据处理

（1）砂浆保水率应按式(5-3)计算。

$$W=\left[1-\frac{m_4-m_2}{\alpha\times(m_3-m_1)}\right]\times100\%\qquad(5-3)$$

式中，W 为砂浆保水率，%；m_1 为底部不透水片与干燥试模质量，g，精确至 1 g；m_2 为 8 片滤纸吸水前的质量，g，精确至 0.1 g；m_3 为试模、底部不透水片与砂浆总质量，g，精确至 1 g；m_4 为 8 片滤纸吸水后的质量，g，精确至 0.1 g；α 为砂浆含水率，%。

取两次试验结果的算术平均值作为砂浆的保水率，精确至 0.1%，且第二次试验应重新取样测定。当两个测定值之差超过 2% 时，此组试验结果应为无效。

（2）砂浆含水率的测定。

测定砂浆含水率时，应称取 1 000 g 砂浆拌合物试样，置于一干燥并已称重的盘中，在 105±5 ℃的烘箱中烘干至恒重。砂浆含水率应按式(5-4)计算。

$$\alpha=\frac{m_6-m_5}{m_6}\times100\%\qquad(5-4)$$

式中，α 为砂浆含水率，%；m_5 为烘干后砂浆样本的质量，g，精确至 1 g；m_6 为砂浆样本的总质量，g，精确至 1 g。

5.6.4　注意事项

（1）砂浆拌合物应一次性装入试模，插捣应力度均匀。

（2）将试模表面多余的砂浆刮去时抹刀与表面成 45°来回锯割。

（3）称量前应用湿抹布将容量筒外壁擦净。

5.7　检测砂浆凝结时间

砂浆凝结时间的检测参照标准《建筑砂浆基本性能试验方法标准》(JGJ/T 70—2009)，本方法适用于采用贯入阻力法确定砂浆拌合物的凝结时间。

5.7.1　检测仪器

(1) 砂浆凝结时间测定仪：应由试针、容器、压力表和支座四部分组成，并应符合下列规定，如图 5-4 所示；

试针：由不锈钢制成，截面积为 30 mm²；

盛浆容器：由钢制成，内径为 140 mm，高度为 75 mm；

压力表：测量精度为 0.5 N；

支座：分底座、支架及操作杆三部分，由铸铁或钢制成。

(2) 定时钟。

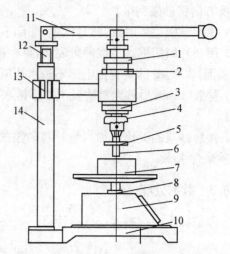

1. 调节螺母；2. 调节螺母；3. 调节螺母；4. 夹头；5. 垫片；
6. 试针；7. 盛浆容器；8. 调节螺母；9. 压力表座；10. 底座；
11. 操作杆；12. 调节杆；13. 立架；14. 立柱

图 5-4　砂浆凝结时间测定仪

5.7.2　检测步骤

(1) 将制备好的砂浆拌合物装入盛浆容器内，砂浆应低于容器上口 10 mm，轻轻敲击容器，并予以抹平，盖上盖子，放在 20±2℃的试验条件下保存。

(2) 砂浆表面的泌水不得清除，将容器放到压力表座上，然后通过下列步骤来调节测定仪：

① 调节螺母 3，使贯入试针与砂浆表面接触；

② 拧开调节螺母 2，再调节螺母 1，以确定压入砂浆内部的深度为 25 mm 后再拧紧螺母 2；

③ 旋动调节螺母 8，使压力表指针调到零位。

(3) 测定贯入阻力值，用截面为 30 mm² 的贯入试针与砂浆表面接触，在 10 s 内缓慢而均匀地垂直压入砂浆内部 25 mm 深，每次贯入时记录仪表读数 N_p，贯入杆离开容器边缘或已贯入部位应至少 12 mm。

(4) 在 20±2℃的试验条件下，实际贯入阻力值应在成型后 2 h 开始测定，并应每隔 30 min 测定一次，当贯入阻力值达到 0.3 MPa 时，应改为每 15 min 测定一次，直至贯入阻力值达到 0.7 MPa 为止。

注：在施工现场测定凝结时间时，砂浆的稠度、养护和测定的温度应与现场相同；在测定湿拌砂浆的凝结时间时，时间间隔可根据实际情况定。如可定为受检砂浆预测凝结时间的 1/4、1/2、3/4 等来测定，当接近凝结时间时可每 15 min 测定一次。

5.7.3　数据处理

(1) 砂浆贯入阻力值应按式(5-5)计算。

$$f_{p} = \frac{N_{p}}{A_{p}} \qquad\qquad (5-5)$$

式中, f_{p} 为贯入阻力值, MPa, 精确至 0.01 MPa; N_{p} 为贯入深度至 25 mm 时的静压力, N; A_{p} 为贯入试针的截面积, 即 30 mm²。

(2) 凝结时间的确定可采用图示法或内插法, 有争议时应以图示法为准。图示法为从加水搅拌开始计时, 分别记录时间和相应的贯入阻力值, 根据试验所得各阶段的贯入阻力与时间的关系绘图, 由图求出贯入阻力值达到 0.5 MPa 的所需时间 t_{s}(min), 此时的 t_{s} 值即为砂浆的凝结时间测定值。

(3) 测定砂浆凝结时间时, 应在同盘内取两个试样, 以两个试验结果的算术平均值作为该砂浆的凝结时间值, 两次试验结果的误差不应大于 30 min, 否则应重新测定。

5.7.4　注意事项

(1) 砂浆表面的泌水不得清除。

(2) 贯入杆离开容器边缘或已贯入部位应至少 12 mm。

(3) 实际贯入阻力值应在成型后 2 h 开始测定, 并应每隔 30 min 测定一次, 当贯入阻力值达到 0.3 MPa 时, 应改为每 15 min 测定一次, 直至贯入阻力值达到 0.7 MPa 为止。

5.8　检测砂浆抗压强度

砂浆抗压强度的检测参照《建筑砂浆基本性能试验方法标准》(JGJ/T 70—2009), 本方法适用于测定砂浆立方体的抗压强度, 以确定砂浆表面抵抗压应力的能力。

5.8.1　检测仪器

(1) 试模: 应为 70.7 mm×70.7 mm×70.7 mm 的带底试模, 应符合现行行业标准《混凝土试模》(JG 237—2008)的规定, 应具有足够的刚度并拆装方便。试模的内表面应机械加工, 其不平度应为每 100 mm 不超过 0.05 mm, 组装后各相邻面的不垂直度不应超过±0.5°;

(2) 钢制捣棒: 直径为 10 mm, 长度为 350 mm, 端部磨圆;

(3) 压力试验机: 精度应为 1%, 试件破坏荷载应不小于压力机量程的 20%, 且不应大于全量程的 80%;

(4) 垫板: 试验机上、下压板及试件之间可垫以钢垫板, 垫板的尺寸应大于试件的承压面, 其不平度应为每 100 mm 不超过 0.02 mm;

(5) 振动台: 空载中台面的垂直振幅应为 0.5±0.05 mm, 空载频率应为 50±3 Hz, 空载台面振幅均匀度不应大于 10%, 一次试验应至少能固定 3 个试模。

5.8.2 检测步骤

(1) 应采用立方体试件,每组试件应为 3 个;

(2) 采用黄油等密封材料涂抹试模的外接缝,试模内涂刷薄层机油或隔离剂。将拌制好的砂浆一次性装满砂浆试模,成型方法应根据稠度而确定。当稠度≥50 mm 时,宜采用人工插捣成型,当稠度<50 mm 时,宜采用振动台振实成型。

① 人工插捣。应采用捣棒均匀地由边缘向中心按螺旋方式插捣 25 次,插捣过程中当砂浆沉落低于试模口时,应随时添加砂浆,可用油灰刀插捣数次,并用手将试模一边抬高 5~10 mm 各振动 5 次,砂浆应高出试模顶面 6~8 mm。

② 机械振动。将砂浆一次装满试模,放置到振动台上,振动时试模不得跳动,振动 5~10 s 或持续到表面泛浆为止,不得过振。

(3) 应待表面水分稍干后,再将高出试模部分的砂浆沿试模顶面刮去并抹平。

(4) 试件制作后应在温度为 20±5 ℃的环境下静置 24±2 h,对试件进行编号、拆模。当气温较低时,或者凝结时间大于 24 h 的砂浆,可适当延长时间,但不应超过 2 d。试件拆模后应立即放入温度为 20±2 ℃,相对湿度为 90%以上的标准养护室中养护。养护期间,试件彼此间隔不得小于 10 mm,混合砂浆、湿拌砂浆试件上面应覆盖,防止有水滴在试件上。

(5) 从搅拌加水开始计时,标准养护龄期应为 28 d,也可根据相关标准要求增加 7 d 或 14 d。

(6) 试件从养护地点取出后应及时进行试验。试验前应将试件表面擦拭干净,测量尺寸,并检查其外观,并应计算试件的承压面积。当实测尺寸与公称尺寸之差不超过 1 mm 时,可按照公称尺寸进行计算。

(7) 将试件安放在试验机的下压板或下垫板上,试件的承压面应与成型时的顶面垂直,试件中心应与试验机下压板或下垫板中心对准。开动试验机,当上压板与试件或上垫板接近时,调整球座,使接触面均衡受压。承压试验应连续而均匀地加荷,加荷速度应为 0.25~1.5 kN/s;砂浆强度不大于 2.5 MPa 时,宜取下限。当试件接近破坏而开始迅速变形时,停止调整试验机油门,直至试件破坏,然后记录破坏荷载。

5.8.3 数据处理

(1) 砂浆立方体抗压强度应按式(5-6)计算。

$$f_{m,cu} = K \frac{N_u}{A} \qquad (5-6)$$

式中,$f_{m,cu}$ 为砂浆立方体试件抗压强度,MPa,应精确至 0.1 MPa;N_u 为试件破坏荷载,N;A 为试件承压面积,mm²;K 为换算系数,取 1.3。

(2) 应以 3 个试件测值的算术平均值作为该组试件的砂浆立方体抗压强度平均值,精确至 0.1 MPa。

(3) 当 3 个测值的最大值或最小值中有一个与中间值的差值超过中间值的 15%时,应把最大值及最小值一并舍去,取中间值作为该组试件的抗压强度值。

（4）当两个测值与中间值的差值均超过中间值的 15％时，该组试验结果视为无效。

5.8.4　注意事项

（1）黄油等密封材料涂抹试模的外接缝时应为一薄层，试模内也应涂刷薄层机油或隔离剂。

（2）抹平时抹刀应与试模边缘平齐，不能交叉。

（3）振实后抹平时应使砂浆高出试模表面 3～4 mm，初凝时收光应使砂浆高出试模表面 1～2 mm。

5.9　检测砂浆拉伸黏结强度

砂浆拉伸黏结强度的检测参照《建筑砂浆基本性能试验方法标准》(JGJ/T 70—2009)，试验条件应符合下列规定：

（1）温度应为 23±2 ℃；

（2）相对湿度应为 45％～75％。

5.9.1　检测仪器

（1）拉力试验机：破坏荷载应在其量程的 20％～80％范围内，精度应为 1％，最小示值应为 1 N；

（2）拉伸专用夹具，如图 5-5 和图 5-6 所示：应符合现行《建筑室内用腻子》(JG/T 3049—1998)的规定；

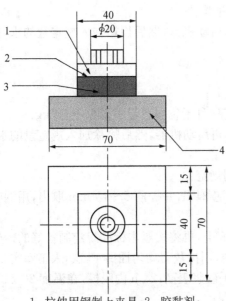

1. 拉伸用钢制上夹具；2. 胶黏剂；
　3. 检验砂浆；4. 水泥砂浆块

图 5-5　拉伸黏结强度用钢制上夹具

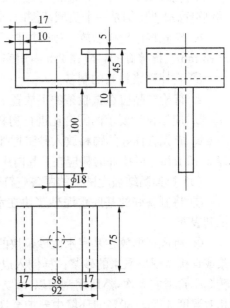

图 5-6　拉伸黏结强度用钢制下夹具

(3) 成型框：外框尺寸应为 70 mm×70 mm，内框尺寸应为 40 mm×40 mm，厚度应为 6 mm，材料应为硬聚氯乙烯或金属；

(4) 钢制垫板：外框尺寸应为 70 mm×70 mm，内框尺寸应为 43 mm×43 mm，厚度应为 3 mm。

5.9.2 检测步骤

(1) 制作基底水泥砂浆块。

基底水泥砂浆块的制备应符合下列规定：

① 原材料。水泥应采用符合现行《通用硅酸盐水泥》(GB 175—2007)中规定的 42.5 级水泥；砂应采用符合现行《普通混凝土用砂、石质量及检验方法标准》(JGJ 52—2006)中规定的中砂；水应采用符合现行《混凝土用水标准》(JGJ 63—2006)中规定的用水。

② 配合比。水泥：砂：水＝1：3：0.5（质量比）。

③ 成型。将制成的水泥砂浆倒入 70 mm×70 mm×20 mm 的硬聚氯乙烯或金属模具中，振动成型或用抹灰刀均匀插捣 15 次，人工颠实 5 次，转 90°，再颠实 5 次，然后用刮刀以 45°方向抹平砂浆表面；试模内壁事先宜涂刷水性隔离剂，待干、备用。

④ 应在成型 24 h 后脱模，并放入 23±2 ℃水中养护 6 d，再在试验条件下放置 21 d 以上。试验前，应用 200 号砂纸或磨石将水泥砂浆试件的成型面磨平，备用。

(2) 砂浆料浆的制备应符合下列规定：

① 干粉砂浆料浆的制备。

a. 待检样品应在试验条件下放置 24 h 以上；

b. 应称取不少于 10 kg 的待检样品，并按产品制造商提供比例进行水的称量；当产品制造商提供比例是一个值域范围时，应采用平均值；

c. 应先将待检样品放入砂浆搅拌机中，再启动机器，然后徐徐加入规定量的水，搅拌 3～5 min。搅拌好的料应在 2 h 内用完。

② 现拌砂浆料浆的制备。

a. 待检样品应在试验条件下放置 24 h 以上；

b. 应按设计要求的配合比进行物料的称量，且干物料总量不得少于 10 kg；

c. 应先将称好的物料放入砂浆搅拌机中，再启动机器，然后徐徐加入规定量的水，搅拌 3～5 min。搅拌好的料应在 2 h 内用完。

(3) 拉伸黏结强度试件的制备应符合下列规定：

① 将制备好的基底水泥砂浆块在水中浸泡 24 h，并提前 5～10 min 取出，用湿布擦拭其表面；

② 将成型框放在基底水泥砂浆块的成型面上，再将按照本标准规定制备好的砂浆料浆或直接从现场取来的砂浆试样倒入成型框中，用抹灰刀均匀插捣 15 次，人工颠实 5 次，转 90°，再颠实 5 次，然后用刮刀以 45°方向抹平砂浆表面，24 h 内脱模，在温度 20±2 ℃、相对湿度 60%～80%的环境中养护至规定龄期；

③ 每组砂浆试样应制备 10 个试件。

(4) 拉伸黏结强度试验应符合下列规定：

① 应先将试件在标准试验条件下养护 13 d，再在试件表面以及上夹具表面涂上环氧

树脂等高强度胶黏剂,然后将上夹具对正位置放在胶黏剂上,并确保上夹具不歪斜,除去周围溢出的胶黏剂,继续养护 24 h;

② 测定拉黏结强度时,应先将钢制垫板套入基底砂浆块上,再将拉伸黏结强度夹具安装到试验机上,然后将试件置于拉伸夹具中,夹具与试验机的连接宜采用球铰活动连接,以 5±1 mm/min 速度加荷至试件破坏;

③ 当破坏形式为拉伸夹具与胶黏剂破坏时,试验结果应无效。

注:对于有特殊条件要求的拉伸黏结强度,应先按照特殊要求条件处理后,再进行试验。

5.9.3 数据处理

(1) 拉伸黏结强度应按式(5-7)计算。

$$f_{at} = \frac{F}{A_z} \tag{5-7}$$

式中,f_{at} 为砂浆拉伸黏结强度,MPa;F 为试件破坏时的荷载,N;A_z 为黏结面积,mm^2。

(2) 应以 10 个试件测值的算术平均值作为拉伸黏结强度的试验结果。

(3) 当单个试件的强度值与平均值之差大于 20% 时,应逐次舍弃偏差最大的试验值,直至各试验值与平均值之差不超过 20%,当 10 个试件中有效数据不少于 6 个时,取有效数据的平均值为试验结果,结果精确至 0.01 MPa。

(4) 当 10 个试件中有效数据不足 6 个时,此组试验结果应为无效,并应重新制备试件进行试验。

5.9.4 注意事项

(1) 基底水泥砂浆块须在水中浸泡 24 h,取出后用湿抹布擦拭。

(2) 现场拌制砂浆时应先加待检样,后加水。

(3) 数据处理过程中舍弃偏差大于 20% 时,应逐次舍弃,不能一次性把大于 20% 的试验值都舍弃。

5.10 检测砂浆抗冻性能

砂浆抗冻性能的检测参照《建筑砂浆基本性能试验方法标准》(JGJ/T 70—2009),本方法可用于检验强度等级大于 M2.5 的砂浆的抗冻性能。

5.10.1 检测仪器

(1) 冷冻箱(室):装入试件后,箱(室)内的温度应能保持在 −20～−15 ℃;

(2) 篮筐:应采用钢筋焊成,其尺寸应与所装试件的尺寸相适应;

(3) 天平或案秤:称量应为 2 kg,感量应为 1 g;

(4) 融解水槽:装入试件后,水温应能保持在 15～20 ℃;

(5) 压力试验机:精度应为 1%,量程应不小于压力机量程的 20%,且不应大于全量程的 80%。

5.10.2 检测步骤

(1) 砂浆抗冻试件的制作及养护应按下列要求进行：

① 砂浆抗冻试件应采用 70.7 mm×70.7 mm×70.7 mm 的立方体试件，并应制备两组、每组 3 块，分别作为抗冻和与抗冻试件同龄期的对比抗压强度检验试件；

② 砂浆试件的制作与养护方法应符合本标准中立方体抗压强度试验的规定。

(2) 砂浆抗冻性能试验应符合下列规定：

① 当无特殊要求时，试件应在 28 d 龄期进行冻融试验。试验前 2 d，应把冻融试件和对比试件从养护室取出，进行外观检查并记录其原始状况，随后放入 15～20 ℃的水中浸泡，浸泡的水面应至少高出试件顶面 20 mm。冻融试件应在浸泡 2 d 后取出，并用拧干的湿毛巾轻轻擦去表面水分，然后对冻融试件进行编号，称其质量，然后置入篮框进行冻融试验。对比试件则放回标准养护室中继续养护，直到完成冻融循环后，与冻融试件同时试压；

② 冻或融时，篮筐与容器底面或地面应架高 20 mm，篮筐内各试件之间应至少保持 50 mm 的间隙；

③ 冷冻箱(室)内的温度均应以其中心温度为准。试件冻结温度应控制在 −20～−15 ℃。当冷冻箱(室)内温度低于 −15℃时，试件方可放入。当试件放入之后，温度高于 −15℃时，应以温度重新降至 −15℃时计算试件的冻结时间。从装完试件至温度重新降至 −15℃的时间不应超过 2 h；

④ 每次冻结时间应为 4 h，冻结完成后应立即取出试件，并应立即放入能使水温保持在 15～20 ℃水槽中进行融化。槽中水面应至少高出试件表面 20 mm，试件在水中融化的时间不应小于 4 h。融化完毕即为一次冻融循环。取出试件，并用拧干的湿毛巾轻轻擦去表面水分，送入冷冻箱(室)进行下一次循环试验，依此连续进行直至设计规定次数或试件破坏为止；

⑤ 每 5 次循环，应进行一次外观检查，并记录试件的破坏情况；当该组试件中有 2 块出现明显分层、裂开、贯通缝等破坏时，该组试件的抗冻性能试验应终止；

⑥ 冻融试验结束后，将冻融试件从水槽取出，用拧干的湿布轻轻擦去试件表面水分，然后称其质量。对比试件应提前 2 d 浸水；

⑦ 应将冻融试件与对比试件同时进行抗压强度试验。

5.10.3 数据处理

(1) 砂浆试件冻融后的强度损失率按式(5-8)计算。

$$\Delta f_m = \frac{f_{m1} - f_{m2}}{f_{m1}} \times 100 \tag{5-8}$$

式中，Δf_m 为 n 次冻融循环后砂浆试件的砂浆强度损失率，%，精确至 1%；f_{m1} 为对比试件的抗压强度平均值，MPa；f_{m2} 为经 n 次冻融循环后的 3 块试件抗压强度的算术平均值，MPa。

(2) 砂浆试件冻融后的质量损失率应按式(5-9)计算。

$$\Delta m_m = \frac{m_0 - m_n}{m_0} \times 100 \tag{5-9}$$

式中，Δm_{m} 为 n 次冻融循环后砂浆试件的质量损失率，以 3 块试件的算术平均值计算，％，精确至 1％；m_0 为冻融循环试验前的试件质量，g；m_n 为 n 次冻融循环后的试件质量，g。

（3）当冻融试件的抗压强度损失率不大于 25％，且质量损失率不大于 5％时，则该组砂浆试块在相应标准要求的冻融循环次数下，抗冻性能可判为合格，否则应判为不合格。

5.11　砂浆收缩试验

砂浆收缩性能的检测参照《建筑砂浆基本性能试验方法标准》（JGJ/T 70—2009），本方法适用于测定砂浆的自然干燥收缩值。

5.11.1　检测仪器

（1）立式砂浆收缩仪：标准杆长度为 176 ± 1 mm，测量精确度为 0.01 mm，如图5-7所示；

（2）收缩头：由黄铜或不锈钢加工而成，如图 5-8 所示；

（3）试模：采用 40 mm×40 mm×160 mm 棱柱体，且在试模的两个端面中心，各开一个 6.5 mm 的孔洞。

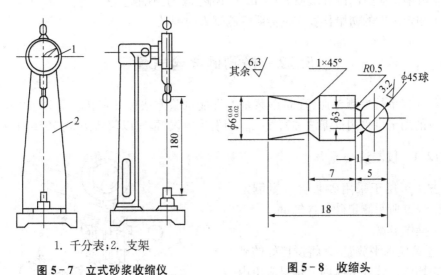

1. 千分表；2. 支架

图 5-7　立式砂浆收缩仪　　　　图 5-8　收缩头

5.11.2　检测步骤

（1）将收缩头固定在试模两端面的孔洞中，收缩头应露出试件端面 8 ± 1 mm；

（2）将拌合好的砂浆装入试模中，再用水泥胶砂振动台振动密实，然后置于20±5 ℃的室内，4 h 之后将砂浆表面抹平。砂浆应带模在标准养护条件（温度为20±2 ℃，相对湿度为90％以上）下养护 7 d 后，方可拆模，并编号、标明测试方向；

（3）将试件移入温度 20±2 ℃、相对湿度 60±5％的试验室中预置 4 h，方可按标明的测试方向立即测定试件的初始长度，测定前，应先采用标准杆调整收缩仪的百分表的原点；

（4）测定初始长度后，应将砂浆试件置于温度 20±2 ℃、相对湿度为 60±5％的室内，然后第 7 d、14 d、21 d、28 d、56 d 和 90 d 分别测定试件的长度,即为自然干燥后长度。

5.11.3 数据处理

(1)砂浆自然干燥收缩值应按式(5-10)计算。

$$\varepsilon_{at} = \frac{L_0 - L_t}{L - L_d} \qquad (5-10)$$

式中,ε_{at} 为相应为 t 天(7 d、14 d、21 d、28 d、56 d 和 90 d)时的砂浆试件自然干燥收缩值;L_0 为试件成型后 7 d 的长度即初始长度,mm;L 为试件的长度,160 mm;L_d 为两个收缩头埋入砂浆中长度之和,即 20 ± 2 mm;L_t 为相应为 t 天(7 d、14 d、21 d、28 d、56 d 和 90 d)时试件的实测长度,mm。

(2)应取 3 个试件测值的算术平均值作为干燥收缩值。当一个值与平均值偏差大于 20% 时,应剔除;当有两个值超过 20% 时,该组试件结果应无效。

(3)每个试件的干燥收缩值应取两位有效数字,并精确至 10×10^{-6}。

5.11.4 注意事项

(1)收缩头应露出试件端面 8 ± 1 mm,不能过长也不能过短。
(2)测定试件的初始长度应按标明的测试方向测试。

5.12 检测砂浆含气量

砂浆含气量的检测参照《建筑砂浆基本性能试验方法标准》(JGJ/T 70—2009)。砂浆含气量的测定可采用仪器法和密度法。当发生争议时,应以仪器法的测定结果为准。

5.12.1 仪器法

本方法可用于采用砂浆含气量测定仪,如图 5-9 所示测定砂浆含气量。

(1)操作步骤。

① 量钵应水平放置,并将搅拌好的砂浆分 3 次均匀地装入量钵内。每层应由内向外插捣 25 次,并用木锤在周围敲数下。插捣上层时,捣棒应插入下层 10~20 mm;

② 捣实后,应刮去多余砂浆,并用抹刀抹平表面,表面应平整、无气泡;

③ 盖上测定仪钵盖部分,卡扣应卡紧,不得漏气;

④ 打开两侧阀门,并松开上部微调阀,再用注水器通过注水阀门注水,直至水从排水阀流出。水从排水阀流出时,应

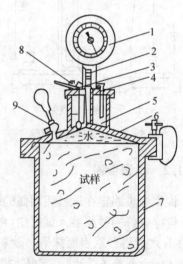

1. 压力表;2. 出气阀;3. 阀门杆;4. 打气筒;
5. 气室;6. 钵盖;7. 量钵;8. 微调阀;9. 小龙头

图 5-9 砂浆含气量测定仪

立即关紧两侧阀门；

⑤ 关紧所有阀门，并用气筒打气加压，再用微调阀调整指针为零；

⑥ 按下按钮，刻度盘读数稳定后读数；

⑦ 开启通气阀，压力仪示值回零；

⑧ 重复本条的⑤～⑦的步骤，对容器内试样再测一次压力值。

（2）数据处理。

① 当两次测值的绝对误差不大于 0.2%时，应取两次试验结果的算术平均值作为砂浆的含气量；当两次测值的绝对误差大于 0.2%，该组试件结果无效。

② 当所测含气量数值小于 5%时，测试结果应精确到 0.1%，当所测含气量数值大于或等于 5%时，测试结果应精确到 0.5%。

5.12.2　密度法

本方法可用于根据一定组成的砂浆的理论表观密度与实际表观密度的差值确定砂浆中的含气量。

（1）操作步骤。

① 应通过砂浆中各组成材料的表观密度与配比计算得到砂浆理论表观密度。

② 应按本标准的规定进行测定砂浆实际表观密度。

（2）数据处理。

砂浆含气量应按下式（5-11）和式（5-12）计算。

$$A_c = \left(1 - \frac{\rho}{\rho_t}\right) \times 100 \tag{5-11}$$

$$\rho_t = \frac{1 + x + y + W_c}{\frac{1}{\rho_c} + \frac{x}{\rho_s} + \frac{y}{\rho_p} + W_c} \tag{5-12}$$

式中，A_c 为砂浆含气量的体积百分比，%。应精确至 1%；ρ 为砂浆拌合物的实测表观密度，kg/m³；ρ_t 为砂浆理论表观密度，kg/m³，应精确至 10 kg/m³；ρ_c 为水泥实测表观密度，g/cm³；ρ_s 为砂的实测表观密度，g/cm³；W_c 为砂浆达到指定稠度时的水灰比；ρ_p 为外加剂的实测表观密度，g/cm³；x 为砂子与水泥的重量比；y 为外加剂与水泥用量之比，当 y 小于 1%时，可忽略不计。

5.13　砂浆吸水率试验

砂浆吸水率的检测参照《建筑砂浆基本性能试验方法标准》（JGJ/T 70—2009）进行。

5.13.1　检测仪器

（1）天平：称量应为 1 000 g，感量应为 1 g；

（2）烘箱：0～150 ℃，精度±2 ℃；

（3）水槽：装入试件后，水温应能保持在 20±2 ℃的范围内。

5.13.2 检测步骤

(1) 应按本标准立方体抗压强度试验中的规定成型及养护试件,并应在第 28 d 取出试件,然后在 78 ± 3 ℃温度下烘干 48 ± 0.5 h,称其质量 m_0;

(2) 应将试件成型面朝下放入水槽,用两根 $\phi10$ 的钢筋垫起。试件应完全浸入水中,且上表面距离水面的高度应为 35 mm。浸水 48 ± 0.5 h 取出,用拧干的湿布擦去表面水,称其质量 m_1。

5.13.3 数据处理

(1) 砂浆吸水率应按式(5-13)计算。

$$W_x = \frac{m_1 - m_0}{m_0} \times 100 \qquad (5-13)$$

式中,W_x 为砂浆吸水率。%;m_1 为吸水后试件质量,g;m_0 为干燥试件的质量,g。

(2) 应取 3 块试件测值的算术平均值作为砂浆的吸水率,并应精确至 1%。

5.14 砂浆抗渗性能试验

砂浆抗渗性能的检测参照《建筑砂浆基本性能试验方法标准》(JGJ/T 70—2009)进行。

5.14.1 检测仪器

(1) 金属试模:应采用截头圆锥形带底金属试模,上口直径应为 70 mm,下口直径应为 80 mm,高度应为 30 mm;

(2) 砂浆渗透仪。

5.14.2 检测步骤

(1) 应将拌合好的砂浆一次装入试模中,并用抹灰刀均匀插捣 15 次,再颠实 5 次,当填充砂浆略高于试模边缘时,应用抹刀以 45° 一次性将试模表面多余的砂浆刮去,然后再用抹刀以较平的角度在试模表面反方向将砂浆刮平,成型 6 个试件;

(2) 试件成型后,应在室温 20 ± 5 ℃的环境下,静置 24 ± 2 h 后再脱模。试件脱模后,应放入温度 20 ± 2 ℃、湿度 90% 以上的养护室养护至规定龄期。试件取出待表面干燥后,采用密封材料密封装入砂浆渗透仪中进行抗渗试验;

(3) 抗渗试验时,从 0.2 MPa 开始加压,恒压 2 h 后增至 0.3 MPa,以后每隔 1 h 增加 0.1 MPa。当 6 个试件中有 3 个试件表面出现渗水现象时,应停止试验,记下当时水压。在试验过程中,当发现水从试件周边渗出时,应停止试验,重新密封后再继续试验。

5.14.3 数据处理

砂浆抗渗压力值应以每组 6 个试件中 4 个试件未出现渗水时的最大压力计,并按式

(5-14)计算。

$$P = H - 0.1 \tag{5-14}$$

式中，P 为砂浆抗渗压力值，MPa，精确至 0.1 MPa；H 为 6 个试件中 3 个试件出现渗水时的水压力，MPa。

习题五

一、判断题（正确为 T，错误为 F）

1. 砂浆立方体抗压强度试验，试件安放在承压板上，以试件成型时的顶面做承压面加载直至试件破坏。　　　　　　　　　　　　　　　　　　　（　）

2. 砌筑砂浆配合比设计时，砌筑砂浆稠度、分层度、试配抗压强度必须同时符合要求。　　　　　　　　　　　　　　　　　　　　　　　　　　　　　（　）

3. 当施工过程中进行砂浆试验时，砂浆取样方法应按相应的施工验收规范执行，并宜在现场搅拌点或预拌砂浆卸料点的至少 10 个不同部位及时取样。　　（　）

4. 砂浆强度等级为 M7.5，施工水平为优良时，砂浆强度标准差 σ 应选用 1.50。（　）

5. 配制砂浆强度等级为 M5，施工水平为优良时，砂浆强度标准差 σ 选用 1.00。
　　　　　　　　　　　　　　　　　　　　　　　　　　　　　　　　（　）

6. 制作砂浆立方体试件时，应将砂浆一次性装满试模，放置到振动台上，振动时试模不得跳动，振动 5～10 s。　　　　　　　　　　　　　　　　　　　（　）

7. 试验室砂浆拌合物性能试验时，对水泥、掺加料和外加剂的称量精度均为 $\pm 1.0\%$。　　　　　　　　　　　　　　　　　　　　　　　　　　　　（　）

8. 凝结时间的确定可采用图示法或内插法，有争议时应以图示法为准。（　）

9. 砂浆拉伸黏结强度试验结果中，当 10 个试件中有效数据不足 6 个时，此组试验结果应为无效，并应重新制备试件进行试验。　　　　　　　　　　　　　（　）

10. 检验同一施工批次、同一配合比的散水、明沟、踏步、台阶、坡道的水泥砂浆强度试块，应按每 150 延长米不少于 1 组。　　　　　　　　　　　　　（　）

二、填空题

1. 砂浆的和易性包括＿＿＿＿和＿＿＿＿，分别用指标＿＿＿＿和＿＿＿＿表示。

2. 混合砂浆的基本组成材料包括＿＿＿＿、＿＿＿＿、＿＿＿＿和＿＿＿＿。

3. 抹面砂浆一般分底层、中层和面层等分层进行施工，其中底层起着＿＿＿＿作用，中层起着＿＿＿＿作用，面层起着＿＿＿＿作用。

4. 测定水泥砂浆强度的标准试件是棱长为＿＿＿＿的立方体试件，在＿＿＿＿条件下养护＿＿＿＿天，测定其＿＿＿＿强度，据此确定砂浆的＿＿＿＿。

5. 砂浆流动性的选择，是根据＿＿＿＿和＿＿＿＿等条件来决定。夏天砌筑红砖墙体时，砂浆的流动性应选得＿＿＿＿些；砌筑毛石时，砂浆的流动性应选得＿＿＿＿些。

三、选择题

1. 新拌砂浆应具备的技术性质是（　　）。

A. 刚度   B. 保水性   C. 变形性   D. 强度

2. 砌筑砂浆为改善其和易性和节约水泥用量,常掺入(　　)。

A. 纤维   B. 麻刀   C. 石膏   D. 黏土膏

3. 用于砌筑砖砌体的砂浆强度主要取决于(　　)。

A. 用水量   B. 砂子用量   C. 水灰比   D. 水泥强度等级

4. 用于石砌体的砂浆强度主要决定于(　　)。

A. 水泥用量   B. 砂子用量   C. 用水量   D. 水泥强度等级

5. 测定砌筑砂浆抗压强度采用的立方体试件的棱长为(　　)。

A. 100 mm   B. 150 mm   C. 200 mm   D. 70.7 mm

6. 砌筑砂浆的流动性指标用(　　)表示。

A. 坍落度   B. 维勃稠度   C. 沉入度   D. 分层度

7. 砌筑砂浆的保水性一般采用(　　)表示。

A. 坍落度   B. 维勃稠度   C. 沉入度   D. 分层度

8. 抹面砂浆的配合比一般用(　　)表示。

A. 质量   B. 体积   C. 质量比   D. 体积比

9. 在抹面砂浆中掺入纤维材料可以提高砂浆的(　　)。

A. 抗压强度   B. 抗拉强度   C. 黏结性   D. 分层度

10. 在水泥砂浆中掺入石灰膏配成混合砂浆,可显著提高砂浆的(　　)。

A. 吸湿性   B. 耐水性   C. 耐久性   D. 和易性

四、计算题

1. 某强度等级为 M5 的预拌水泥砂浆其基准配合比为(每立方米材料用量)水泥：水：砂=220：280：1 450。若此基准配合比的一个调整配比为水泥：水：砂=198：280：1450。则调整配合比的水泥用量为每立方米多少千克?

2. M7.5 水泥混合砂浆配合比设计,现有材料如下:水泥 32.5 级,28 d 实测强度为 36.3 MPa;砂为中砂,堆积密度为 1 450 kg/m³;石灰膏稠度为 120 mm。设施工水平为优良,标准差取 1.50。则该砂浆每立方米水泥用量是多少千克?

3. 某组预拌砂浆抗压强度试件的承压面积分别为 71 mm×71 mm、72 mm×72 mm 和 70 mm×71 mm,破坏荷载分别为 26.56 kN、27.05 kN 和 28.44 kN。则其抗压强度为多少 MPa?

扫一扫可见
本章电子资源

第6章 防水材料

项目分析

防水材料是保护建筑安全和使用寿命的防水工程必不可少的材料,广泛应用于建筑地下、屋面、顶板、墙体、厨房、卫生间以及地铁、铁路、水利及工业建筑等工程。建筑工程防水关系到建筑物的使用价值、使用条件及卫生条件,影响到人们的生产活动、工作生活质量,对保证工程质量具有重要的地位。建筑物渗漏是建筑工程较为突出的质量通病,屋面漏水、墙壁渗水、装饰层脱落、长期渗漏潮湿而发霉有异味,直接影响着民众的健康。公用建筑、办公室、机场候机厅、车站候车室、生产车间等场所长期渗漏,可导致办公设备、生产设备损坏,甚至电器短路而引起火灾。构筑物、水库大坝、铁路隧道、公路桥梁等渗漏,更会造成严重后果。由此可见,防水材料的质量对建筑物、构筑物等工程的质量至关重要。

项目内容

该项目主要包括:检测沥青软化点、检测沥青延度、检测沥青针入度试验;检测防水卷材的拉伸性能、检测防水卷材的不透水性、检测防水卷材的耐热性、检测沥青防水卷材低温柔性、检测高分子防水卷材低温弯折性。

知识目标

(1)了解防水材料的分类与材质要求;

(2)熟悉防水材料的执行标准、规范和规程;

(3)掌握防水材料的性能及检测方法。

能力目标

(1)能够通过书刊、网络等途径查阅所需资料并进行分析整理;

(2)能够合理选择防水材料性能检验方法;

(3)能够根据国家标准、行业标准和企业管理制度制定经济、科学的防水材料性能检验方案;

(4)能够进行常用防水材料的取样;

（5）能够正确选择试验仪器、设备；

（6）能够正确控制试验条件；

（7）能规范使用检测仪器；

（8）能够依据现行的标准、规范、规程进行防水材料常规检测项目的检测；

（9）能够及时、正确处理数据并填写原始记录、台账，出具检测报告；

（10）能够根据试验结果，判断防水材料的性能。

 **素 质 目 标**

（1）具备吃苦耐劳精神，不怕脏不怕累；

（2）具备诚信素质，实事求是地填写原始记录、台账；

（3）具备安全生产意识，安全使用试验仪器；

（4）具备良好的卫生习惯，保持试验室的清洁和整齐。

6.1 防水材料基本知识

6.1.1 防水材料的种类

1. 按成分分

（1）沥青：煤焦沥青，石油沥青和天然沥青。

（2）高聚物改性沥青材料：APP 改性沥青油毡、丁苯橡胶改性沥青油毡和 SBS 改性沥青油毡。

（3）合成高分子防水材料：三元乙丙（EPDM）橡胶防水材料、聚氯乙烯（PVC）塑料防水材料和氯化聚乙烯—橡胶共混防水材料。

2. 按外形分

（1）卷材：沥青防水卷材、高聚物改性沥青防水卷材和合成高分子防水卷材。

（2）涂料：沥青基防水涂料、高聚物改性沥青防水涂料、合成高分子防水涂料、水泥基防水涂料和高聚物水泥基防水涂料。

（3）油膏：沥青嵌缝油膏、高聚物密封膏和定型密封条。

（4）刚性防水材料：防水混凝土、防水砂浆和瓦材。

（5）防渗剂：有机硅防水剂、氧化铁防水剂和金属皂类避水浆。

6.1.2 沥青

沥青是一种憎水性的有机胶凝材料。它是由一些极其复杂的高分子碳氢化合物及这些碳氢化合物的一些非金属（氧、硫、氮等）的衍生物所组成的混合物，在常温下呈固体、半固体或液体的状态。

沥青材料具有良好的不透水性、不导电性；能与砖、石、木材及混凝土等牢固黏结，并能抵抗酸、碱及盐类物质的腐蚀作用；具有良好的耐久性；高温时易于进行加工处理，常温下又很快地变硬,并且具有抵抗变形的能力;相对便宜,并可以大量获得。因此,其被广泛地应用于建筑、铁路、道路、桥梁及水利工程中,用作胶结料或用作防水、防腐、耐酸及绝缘等。

1.沥青的分类

沥青材料一般作如下分类:

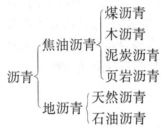

工程中使用最多的是石油沥青,其次为煤沥青,石油沥青的防水性能好于煤沥青,但煤沥青的防腐、黏结性能较好。在使用沥青时,多需经过调制,通常有以下几种方式。

(1)将沥青加热,使之熔化为液体,除去水分和杂质后,趁热涂刷,或者加入预热的骨料、填充料,制成各种沥青制品。

(2)用溶剂将沥青稀释为所需的使用稠度,用作直接涂刷或制作冷用制品。

(3)以机械作用,同时加入乳化剂,将沥青分离成极微小的颗粒,悬浮于水中,制成冷用的沥青乳液。

(4)用几种不同规格的沥青掺配,或加入其他物料,以得到改性沥青。

2.石油沥青

石油沥青是石油经蒸馏提炼出各种轻质油品(汽油、煤油等)及润滑油以后的残留物,经再加工得到的褐色或黑褐色的黏稠状液体或固体状物质,略有松香味,能溶于多种有机溶剂,如三氯甲烷、四氯化碳等。

(1)石油沥青的组分。

石油沥青的成分非常复杂,在研究沥青的组成时,将化学成分相近和物理性质相似的部分划分为若干组,即组分。各组分的含量多少会直接影响沥青的性质。一般分为油分、树脂和地沥青质三大组分。此外,还有一定的石蜡固体。各组分的主要特征及作用如表6-1所示。

表6-1　石油沥青的组分及其主要特性

组分	状态	颜色	密度/ $(g \cdot cm^{-3})$	含量/%	特征性能	作用
油分	黏性透明液体	淡黄色至红褐色	<1	40～60	几乎溶于所有溶剂	使沥青具有流动性
树脂	有黏性半固体	红褐色至黑褐色	≥1	15～30	对温度敏感,熔点低于100℃	使沥青具有黏附性和塑性
地沥青质	粉末颗粒	深褐色至黑褐色	>1	10～30	加热不熔化,分解为硬焦炭	提高沥青的黏性和热稳定性;地沥青质含量提高,使塑性降低

石油沥青中的石蜡,会降低石油沥青的黏性、塑性和温度稳定性,因此石蜡是石油沥青中的有害成分。高温时会使沥青发软,导致沥青路面出现车辙,低温时会使沥青变得脆硬,导致路面出现裂纹。

石油沥青的状态随温度不同也会改变。温度升高,固体沥青中的易熔成分逐渐变为液体,使沥青流动性提高;当温度降低时,它又恢复为原来的状态。石油沥青中各组分不稳定,会因环境中的阳光、空气、水等因素作用而变化,油分、树脂减少,地沥青质增多,这一过程称为"老化"。这时,沥青层的塑性降低,脆性增加,变硬,出现脆裂,失去防水、防腐蚀效果。

(2) 石油沥青的技术性质。

① 黏滞性。

黏滞性或称黏结性,是指沥青材料在外力作用下抵抗发生黏性变形的能力。黏滞性强的沥青,黏结性高,但加工操作较难。如只图操作方便去选择沥青,沥青的黏结性则会很差。半固体和固体沥青的黏性用针入度表示,液体沥青的黏性用黏滞度表示。黏滞度和针入度是划分沥青牌号的主要指标。

黏滞度是液体沥青在一定温度下经规定直径的孔,漏下 50 mL 所需的秒数。

针入度通常是以荷重为 100 g 的标准针,在25℃温度下,垂直沉入沥青试样中的深度来表示。每深入 0.1 mm 定为针入度为 1。针入度值愈小,表明沥青的黏性愈大,沥青愈硬。

② 塑性。

塑性是指沥青在外力作用下所具有的适应变形的能力。塑性好的沥青,具有较好的抗冲击振动能力,其抗裂性能也较强。沥青之所以能成为性能良好的柔性防水材料,很大程度上取决于塑性性质。

塑性用延度作指标。将沥青样品制成的"∞"字形试件,在 25 ℃或 15 ℃水中,按 5 cm/min速度拉伸至断时的长度为延度,单位为 cm。延度值愈大,说明沥青的塑性越好。

③ 温度稳定性。

温度稳定性是指沥青的黏性和塑性随温度的升降而变化的性能。温度稳定性高的沥青,这种改变达某一规定的状态时,需要的温度较高。

温度稳定性的指标,常以软化点来表示。将沥青试样装入规定尺寸的铜环,其顶面放直径和质量都有规定的钢球,在规定的液体和升温速度下,试样软化下垂达规定高度时的温度,即软化点。

沥青的软化点为 0~100 ℃。软化点高,沥青的耐热性好,但软化点过高,又不易加工和施工;软化点低的沥青,夏季高温时易产生流淌而变形。

④ 大气稳定性。

大气稳定性,是指石油沥青在大气作用下,抵抗老化的性能。

石油沥青在热、阳光、空气和水等外界因素作用下,随时间的增长,其流动性、塑性会逐渐减小,直至脆裂,这一过程称为老化。沥青的老化分为两个阶段:第一阶段的老化可强化沥青的结构,使沥青与矿料颗粒表面的黏结得到加强;然后到达第二阶段——真正的老化阶段,这时沥青的稠度和脆性增加,沥青结构遭到破坏,最终导致道路沥青面层的破坏。

石油沥青的大气稳定性,可通过蒸发损失和蒸发后针入度比的检测来评定。将试样置于160℃的烘箱内5 h,测其质量减少的百分率,即蒸发损失。将蒸发损失后的试样,测针入度与原针入度的百分比,为蒸发后针入度比。这两项测量值越小,说明沥青的大气稳定性越好。

⑤ 闪点和燃点。

沥青材料在使用时有时需加热,当加热至一定温度时,沥青材料在挥发的油分蒸气与周围空气组成混合气体,此混合气体遇火焰则易发生闪火。若继续加热,蒸气的饱和度增加,由此种蒸气与空气组成的混合气体遇火焰极易燃烧,从而引发火灾。为此,需测定沥青加热后闪火和燃烧的温度,即闪点和燃点。闪点和燃点是保证沥青加热质量和施工安全的一项重要指标。其试验方法是:将沥青试样盛于试验仪器的标准杯中,按规定加热速度进行加热。当加热达到某一温度时,点火器扫拂过沥青试样任何一部分表面,出现一瞬即灭的蓝色火焰状闪光时,此时的温度即为闪点。

按规定的加热速度继续加热,将点火器扫拂过沥青试样表面时产生燃烧火焰,并持续5 s以上,此时的温度即为燃点。

⑥ 溶解度。

沥青的溶解度是指石油沥青在三氯乙烯或二甲苯中溶解的百分率(即有效物质的含量)。那些不溶解的物质为有害物质(沥青碳或似碳物),会降低沥青的性能,应加以限制。我国道路石油沥青技术要求溶解度不小于99.5%。

⑦ 含水量。

沥青中含有水分,施工中挥发太慢,影响施工速度,所以要求沥青中含水量不宜过多。在加热过程中,如水分过多,易产生溢锅现象,引起火灾,使材料损失。所以在熔化沥青时应加快搅拌速度,促进水分蒸发,控制加热温度。

(3)石油沥青的标准和应用。

沥青的主要技术标准以针入度、相应的软化点和延伸度来表示,如表6-2所示。

表6-2　道路石油沥青和建筑石油沥青技术标准

项目	道路石油沥青（NB/SH/T0522—2010)					建筑石油沥青（GB/T 494—2010)		
	200 号	180 号	140 号	100 号	60 号	10 号	30 号	40 号
针入度 (25℃,100 g ,5 s)/ (1/10 mm)	200～300	150～200	110～150	80～100	50～80	10～25	26～35	36～50
延度(25℃)/cm,≥	20	100	100	90	70	1.5	2.5	3.5
软化点/℃	30～48	35～48	38～51	42～55	45～58	≥95	≥75	≥60
溶解度/%,≥	99.0					99.0		

续表

项目	道路石油沥青(NB/SH/T 0522—2010)					建筑石油沥青 (GB/T 494—2010)		
	200 号	180 号	140 号	100 号	60 号	10 号	30 号	40 号
蒸发损失 (163℃,5h)/ %,≤	1.3	1.3	1.3	1.2	1.0	1		
闪点(开口)/℃,≥	180	200	230			260		

在施工现场,应掌握沥青质量、牌号的鉴别方法,如表 6-3 所示,以便正确使用。

表 6-3　石油沥青的外观及牌号鉴别

项目		鉴别方法
沥青形态	固态	敲碎,检查其断口,色黑而发亮的质好,暗淡的质差
	半固态 (即膏状体)	取少许,拉成细丝,丝越长越好
	液态	黏性强、有光泽、没有沉淀和杂质的较好;也可用一小木条插入液体中,轻轻搅动几下,提起,丝越长越好
沥青牌号	140～100	质软
	60	用铁锤敲,不碎,只出现凹坑、变形
	30	用铁锤敲,成为较大的碎块
	10	用铁锤敲,成为较小的碎块,表面色黑有光

对于同一品种石油沥青,牌号越小,沥青越硬;牌号越大,沥青越软;随沥青牌号的增加,沥青的黏性减小,塑性增加,温度敏感性增加。

道路石油沥青黏性差,塑性好,容易浸透和乳化,但弹性、耐热性和温度稳定性较差,主要用来拌制各种沥青混凝土或沥青砂浆,用来修筑路面和各种防渗、防护工程,还可用来配制填缝材料、黏结剂和防水材料。

建筑石油沥青具有良好的防水性、黏结性、耐热性及温度稳定性,但黏度大,延伸变形性能较差,主要用于制造防水卷材,配制沥青胶和沥青涂料,大部分用于屋面和各种防水工程以及防腐工程。

普通石油沥青性能较差,一般较少单独使用,可以作为建筑石油沥青的掺配材料。

(4) 沥青的掺配。

当单独使用一种牌号沥青不能满足工程的耐热性要求时,用两种或三种沥青进行掺配。

掺配量用式(6-1)和式(6-2)计算。

$$较软沥青掺量(\%) = \frac{较硬沥青的软化点-要求沥青的软化点}{较硬沥青的软化点-较软沥青的软化点} \times 100 \quad (6-1)$$

$$软硬沥青的掺量(\%) = 100 - 较软沥青的掺量 \quad (6-2)$$

经过试配,测定掺配后沥青的软化点,最终掺量以试配结果(掺量—软化点曲线)来确定满足要求软化点的配比。如用三种沥青进行掺配,可先计算两种的掺量,然后再与第三种沥青进行掺配。

3. 煤沥青

煤沥青是炼焦或生产煤气的副产品,烟煤干馏时所挥发的物质冷凝得到的黑色黏稠物质,称为煤焦油,煤焦油再经分馏提取各种油品后的残渣即为煤沥青。与石油沥青相比,煤沥青具有的特点如表6-4所示。煤沥青中含有酚,有毒,防腐性好,适用于地下防水层或防腐蚀材料。

表6-4 石油沥青和煤沥青的区别

性质	石油沥青	煤沥青
密度/(g·cm⁻³)	近于1.0	1.25~1.28
锤击	韧性较好	韧性差,较脆
颜色	灰亮褐色	浓黑色
溶解性	易溶于汽油煤油中,呈棕黑色	难溶于汽油煤油中,呈黄绿色
温度敏感性	较好	较差
燃烧	烟少无色,有松香味,无毒	烟多,黄色,臭味大,有毒
防水性	好	较差(含酚,能溶于水)
大气稳定性	较好	较差
抗腐蚀性	差	较好

4. 改性沥青

对沥青进行氧化、乳化、催化,或者掺入橡胶、树脂等物质,使得沥青的性质发生不同程度的改善,得到的产品称为改性沥青。

(1) 橡胶改性沥青。

橡胶改性沥青是掺入橡胶(天然橡胶、丁基橡胶、氯丁橡胶、丁苯橡胶、再生橡胶)的沥青,具有一定橡胶特性,其气密性、低温柔性、耐化学腐蚀性、耐光性、耐气候性、耐燃烧性均得到改善,可用于制作卷材、片材、密封材料或涂料。

(2) 树脂改性沥青。

树脂改性沥青是用树脂改性的沥青,可以提高沥青的耐寒性、耐热性、黏结性和不透水性。常用品种有聚乙烯、聚丙烯、酚醛树脂等。

(3) 橡胶树脂改性沥青。

橡胶树脂改性沥青同时加入橡胶和树脂,可使沥青同时具备橡胶和树脂的特性,性能更优良,主要产品有片材、卷材、密封材料和防水涂料。

（4）矿物填充料改性沥青。

矿物填充料改性沥青是指为了提高沥青的黏结力和耐热性，减小沥青的温度敏感性，加一定数量矿物填充料（滑石粉、石灰粉、云母粉、硅藻土）的沥青。

6.1.3 沥青防水材料

以沥青为主要原料的沥青防水材料按其形式分有防水涂料和防水卷材两大类。

1. 沥青防水涂料

（1）冷底子油。

冷底子油是将沥青溶解于有机溶剂中制成的沥青涂料，它是常用 30 号或 10 号建筑石油沥青加入溶剂（柴油、煤油、汽油或苯等）配成的溶液。冷底子油的流动性好，便于涂刷，但形成涂膜较薄，故一般不单独作防水材料使用，往往仅作防水材料的配套材料使用。

冷底子油可用于涂刷在水泥砂浆或混凝土基层，也可用于金属配件的基层处理，提高沥青类防水卷材与基层的黏结性能。

（2）乳化沥青。

乳化沥青是一种冷施工的防水涂料，是将石油沥青在乳化剂水溶液作用下，经乳化机强烈搅拌而成。当该乳化液涂在基层上后，水分逐渐蒸发，沥青颗粒随即成膜，形成均匀、稳定、黏结强度高的防水层。水性沥青基防水涂料有石棉沥青防水涂料、膨润土沥青乳液、石灰乳化沥青。

（3）沥青胶（沥青玛𹯤脂）。

沥青胶是在沥青中加入适量的粉状或纤维状填充料配制而成的一种胶结材料。沥青胶具有良好的耐热性、黏结力和柔韧性。其应用范围很广，普遍用于黏结防水卷材等。

2. 沥青防水卷材

沥青防水卷材是以沥青或改性沥青为主要浸涂材料，以原纸、玻纤毡、聚酯毡、黄麻布等为胎基，表面施以隔离材料而制成的防水卷材。其中具有代表性的是 SBS 改性沥青防水卷材、APP 改性沥青防水卷材。它们具有高温不流淌，低温不脆裂、拉伸强度高、延伸率大等优异性能。沥青防水卷材是建筑工程中用量较大的沥青制品，广泛应用于工业与民用建筑工程中，特别是屋面工程中仍被普遍采用。

6.1.4 合成高分子防水材料

合成高分子材料是以不饱和的低分子碳氢化合物（单体）为主要成分，含少量氧、氮、硫等，经人工加聚或缩聚而合成的分子量很大的物质，常称为高分子聚合物。

1. 合成高分子防水卷材

以合成树脂、合成橡胶或橡胶—塑料共混体为基料，加入适量的化学助剂和添加剂，经过混炼（塑炼）压延或挤出成型、定型、硫化等工序制成。有橡胶类（三元乙丙卷材、丁基橡胶卷材、氯化聚乙烯卷材、氯磺化聚乙烯卷材、氯丁橡胶卷材、再生胶卷材），树脂类（聚氯乙烯卷材、聚乙烯卷材、乙烯共聚物卷材）和橡塑共混类（氯化聚乙烯—橡胶共混卷材、聚丙烯—乙烯共聚物卷材）。

（1）三元乙丙橡胶防水卷材。

三元乙丙橡胶防水卷材的耐老化性能好，使用寿命长（估计 30 年以上），化学稳定性佳，优良的耐候性、耐臭氧性、耐热性和低温柔性甚至超过氯丁橡胶卷材与丁基橡胶卷材，比塑料优越得多。它还具有质量轻、拉伸强度高、伸长率大、使用寿命长、耐强碱腐蚀等优点，能在严寒或酷热环境中使用。三元乙丙橡胶卷材在工业及民用建筑的屋面工程中，适用于外露防水层的单层或多层防水，如易受振动、易变形的建筑防水工程，有刚性保护层或倒置式屋面及地下室、桥梁和隧道防水。

（2）氯丁橡胶卷材。

氯丁橡胶卷材除耐低温性能稍差外，其他性能基本与三元乙丙橡胶防水卷材类似，拉伸强度大，耐油性、耐日光、耐臭氧和耐候性很好。

（3）聚氯乙烯防水卷材（PVC 卷材）。

PVC 卷材的拉伸强度高、伸长率大，对基层的伸缩和开裂变形适应性强，卷材幅面宽，可焊接性好，具有良好的水蒸气扩散性，冷凝物容易排出，耐穿透、耐腐蚀、耐老化，低温柔性和耐热性好，可用于各种屋面防水、地下防水及旧屋面维修。

（4）氯化聚乙烯—橡胶共混防水卷材

氯化聚乙烯—橡胶共混防水卷材具有塑料和橡胶的特点，弹性好，具有高延伸率、高强度，耐臭氧性能和耐低温性能好，耐老化性、耐水和耐腐蚀性强。性能优于单一的橡胶类或树脂类卷材，对结构基层的变形适应能力大，适用于屋面的外露和非外露防水工程，地下室防水工程以及水池、土木建筑的防水工程等。

2. 合成高分子防水涂料

合成高分子防水涂料是以合成橡胶或合成树脂为主要成膜物质，加入其他辅料而配制成的单组分或多组分防水涂料。合成高分子防水涂料的品种很多，常见的有硅酮、氯丁橡胶、聚氯乙烯、聚氨酯、丙烯酸酯、丁基橡胶、氯磺化聚乙烯、偏二氯乙烯等防水涂料。常用防水涂料的性能及用途如表 6-5 所示。

表 6-5　常用防水涂料的性能及用途

硅橡胶防水涂料	防水性好，成膜性、弹性黏结性好，安全无毒	地下工程、储水池、厕浴间、屋面的防水
PVC 防水涂料	具有弹塑性，能适应基层的一般开裂或变形	可用于屋面及地下工程、蓄水池、水沟、天沟的防腐和防水
三元乙丙橡胶防水涂料	具有高强度、高弹性、高延伸率，施工方便	可用于宾馆、办公楼、厂房、仓库、宿舍的建筑屋面和地面防水
聚丙烯酸酯防水涂料	黏结性强，防水性好，延伸率高，耐老化，能适应基层的开裂或变形，冷施工	广泛应用于中、高级建筑工程的各种防水工程平面、立面
聚氨酯防水涂料	强度高，耐老化性能优异，延伸率大，黏结力强	用于建筑屋面的隔热防水工程，地下室、厕浴间的防水，也可用于彩色装饰性防水

6.2 检测沥青针入度

6.2.1 现行检测方法

沥青针入度按《沥青针入度测定法》(GB/T 4509—2010)进行检测。

6.2.2 检测仪器

（1）针入度仪，如图6-1所示。

能使针连杆在无明显摩擦下垂直运动，并能指示穿入深度精确到0.1 mm的仪器均可使用。针连杆的质量为47.5±0.05 g。针和针连杆的总质量为50±0.05 g,另外仪器附有50±0.05 g和100±0.05 g的砝码各一个,可以组成150±0.05 g载荷以满足试验所需的载荷条件。仪器设有放置平底玻璃皿的平台,并有可调水平的机构,针连杆应与平台垂直。仪器设有针连杆制动按钮,紧压按钮针连杆可以自由下落。针连杆要易于拆卸,以便定期检查其质量。

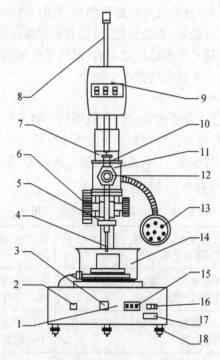

1. 加热控制;2. 时控选择按钮;3. 启动开关;4. 标准针 5. 砝码;6. 微调手轮;
7. 升降支架;8. 测杆;9. 针入度显示器;10. 针连杆;11. 电磁铁;
12. 手动释杆按钮;13. 反光镜;14. 恒温浴;15. 温度显示;
16. 温度调节;17. 电源开关;18. 水平调节螺钉

图6-1 针入度试验器外观

（2）标准针。

标准针应由硬化回火的不锈钢制造，钢号为 440-C 或等同的材料，洛氏硬度为 54～60，如图 6-2 所示，针长约 50 mm，长针长约 60 mm，所有针的直径为 1.00～1.02 mm。针的一端应磨成 8.7°～9.7°的锥形。锥形应与针体同轴，圆锥表面和针体表面交界线的轴向最大偏差不大于 0.2 mm，切平的圆锥端直径应在 0.14～0.16 mm 之间，与针轴所成角度不超过 2°。切平的圆锥面的周边应锋利没有毛刺。圆锥表面粗糙度的算术平均值应为 0.2～0.3 μm，针应装在一个黄铜或不锈钢的金属箍中。金属箍的直径为 3.20±0.05 mm，长度为 38±1 mm，针应牢固地装在箍里。针尖及针的任何其余部分均不得偏离箍轴 1 mm 以上。针箍及其附件总质量为 2.50±0.05 g。可以在针箍的一端打孔或将其边缘磨平，以控制质量。每个针箍上打印单独的标志号码。

为了保证试验用针的统一性，国家计量部门对针的检验结果应满足上述的要求，对每一根针应附有国家计量部门的检验单。

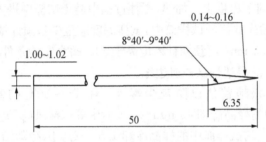

图 6-2　沥青针入度试验用针

（3）试样皿。

应使用最小尺寸符合表 6-6 要求的金属或玻璃的圆柱形平底容器。

表 6-6　试样皿尺寸

针入度范围	直径/mm	深度/mm
小于 40	33～55	8～16
小于 200	55	35
200～350	55～75	45～70
350～500	55	70

（4）恒温水浴。

容量不少于 10 L，能保持温度在试验温度下控制在±0.1℃范围内的水浴。水浴中距水底部 50 mm 处有一个带孔的支架，这一支架离水面至少有 100 mm。如果针入度测定时在水浴中进行，支架应足够支撑针入度仪。在低温下测定针入度时，水浴中装入盐水。

注：水浴中建议使用蒸馏水，小心不要让表面活性剂、隔离剂或其他化学试剂污染水，这些物质的存在会影响针入度的测定值。建议测量针入度温度小于或等于 0℃时，用盐调整水的凝固点，以满足水浴恒温的要求。

（5）平底玻璃皿。

平底玻璃皿的容量不小于 350 mL，深度要没过最大的样品皿。内设一个不锈钢三角支架,以保证试样皿稳定。

(6) 计时器。

刻度为 0.1 s 或小于 0.1 s,60 s 内的准确度达到±0.1 s 的任何计时装置均可。直接连到针入度仪上的任何计时设备应进行精确校正以提供±0.1 s 的时间间隔。

(7) 温度计。

液体玻璃温度计,符合以下标准:刻度范围:－8℃～55℃,分度值为 0.1℃。或满足此准确度、精度和灵敏度的测温装置均可用。温度计或测温装置应定期按检验方法进行校正。

6.2.3 检测步骤

(1) 小心加热样品,不断搅拌以防局部过热,加热到使样品能够易于流动。加热时焦油沥青的加热温度不超过软化点的 60℃,石油沥青不超过软化点的 90℃。加热时间在保证样品充分流动的基础上尽量少。加热、搅拌过程中避免试样中进入气泡。

(2) 将试样倒入预先选好的试样皿中,试样深度应至少是预计锥入深度的 120%。如果试样皿的直径小于 65 mm,而预期针入度高于 200,每个实验条件都要倒 3 个样品。如果样品足够,浇注的样品要达到试样皿边缘。

(3) 将试样皿松松地盖住以防灰尘落入。在 15～30℃的室温下,小的试样皿(ϕ33 mm×16 mm)中的样品冷却 45 min～1.5 h,中等试样皿(ϕ55 mm×35 mm)中的样品冷却 1～1.5 h,较大的试样皿中的样品冷却 1.5～2.0 h,冷却结束后将试样皿和平底玻璃皿一起放入测试温度下的水浴中,水面应没过试样表面 10 mm 以上。在规定的试验温度下恒温,小试样皿恒温 45 min～1.5 h,中等试样皿恒温 1～1.5 h,更大试样皿恒温 1.5～2.0 h。

(4) 调节针入度仪的水平,检查针连杆和导轨,确保上面没有水和其他物质。如果预测针入度超过 350,应选择长针,否则用标准针。先用合适的溶剂将针擦干净,再用干净的布擦干,然后将针插入针连杆中固定。按试验条件选择合适的砝码并放好砝码。

(5) 如果测试时针入度仪是在水浴中,则直接将试样皿放在浸在水中的支架上,使试样完全浸在水中。如果实验时针入度仪不在水浴中,将已恒温到试验温度的试样皿放在平底玻璃皿中的三角支架上,用与水浴相同温度的水完全覆盖样品,将平底玻璃皿放置在针入度仪的平台上。慢慢放下针连杆,使针尖刚刚接触到试样的表面,必要时用放置在合适位置的光源观察针头位置,使针尖与水中针头的投影刚刚接触为止。轻轻拉下活杆,使其与针连杆顶端相接触,调节针入度仪上的表盘读数指零或归零。

(6) 在规定时间内快速释放针连杆,同时启动秒表或计时装置,使标准针自由下落穿入沥青试样中,到规定时间使标准针停止移动。

(7) 拉下活杆,再使其与针连杆顶端相接触,此时表盘指针的读数即为试样的针入度,或自动方式停止锥入,通过数据显示设备直接读出锥入深度数值,得到针入度,用 1/10 mm 表示。

(8) 同一试样至少重复测定 3 次。每一试验点的距离和试验点与试样皿边缘的距离都不得小于 10 mm。每次试验前都应将试样和平底玻璃皿放入恒温水浴中,每次测定都要用干净的针。当针入度小于 200 时可将针取下用合适的溶剂擦净后继续使用。当针入度超过 200 时,每个试样皿中扎一针,3 个试样皿得到 3 个数据。或者每个试样至少用 3 根针,每次试验用的针留在试样中,直到 3 根针扎完时再将针从试样中取出。但是这样测得的针入度的最高值和最低值之差,不得超过表 6-7 中的规定。

6.2.4　数据记录及处理

(1) 同一试样的 3 次平行试验结果的最大值与最小值之差在表 6-7 允许偏差范围内时,计算 3 次结果的平均值,取整数作为针入度试验结果,以 0.1 mm 为单位。

表 6-7　允许差值表

针入度(0.1 mm)	0~49	50~149	150~249	250~350	350~500
允许差值(0.1 mm)	2	4	6	8	20

(2) 试验结果超出表 6-7 所规定的范围时,利用 6.2.3 中(2)的第二个样品重复试验。

(3) 如果结果再次超过允许值,则取消所有的试验结果,重新进行试验。

(4) 原始数据记录如表 6-8 所示。

表 6-8　沥青针入度试验记录表

试验温度 /℃	试针荷重 /g	贯入时间 /s	刻度盘初读数	刻度盘终读数	针入度(0.1 mm)	
					测定值	平均值

试验者:　　　记录者:　　　校核者:　　　日期:

6.2.5　注意事项

(1) 根据沥青的标号选择试样皿,试样深度应大于预计穿入深度 10 mm。不同的试样皿其在恒温水浴中的恒温时间不同。

(2) 测定针入度时,水温应当控制在 25±1 ℃范围内,试样表面以上的水层高度不小于 10 mm。

(3) 测定时针尖应刚好与试样表面接触.必要时用放置在合适位置的光源反射来观察.使活杆与针连杆顶端相接触,调节针入度刻度盘使指针为零。

(4) 在 3 次重复测定时,各测定点之间与试样皿边缘之间的距离不应小于 10 mm。

(5) 3 次平行试验结果的最大值与最小值应在规定的允许值差值范围内,若超过规定差值试验应重新做。

6.3 检测沥青的延度

6.3.1 现行检测标准

沥青延度的检测按现行的《沥青延度测定方法》(GB/T 4508—2010)进行。

6.3.2 检测仪器

(1)模具:模具应按图 6 - 3 中所给样式进行设计。试件模具由黄铜制造,由两个弧形端模和两个侧模组成,组装模具的尺寸变化范围如图 6 - 3 所示。

(2)水浴:水浴能保持试验温度变化不大于 0.1℃,容量至少为 10 L,试件浸入水中深度不得小于 10 cm,水浴中设置带孔搁架以支撑试件,搁架距水浴底部不得小于 5 cm。

(3)延度仪:对于测量沥青的延度来说,凡能够满足 6.3.3 中(4)规定的将能按照一定的速度拉伸试件的仪器均可使用。该仪器在启动时应无明显的振动。

(4)温度计:0～50℃,分度为 0.1℃和 0.5℃各一支。

注:如果延度试样放在 25℃标准的针入度浴中进行恒温时,上述温度计可用《沥青针入度测定法》(GB/T 4509 - 2010)中所规定的温度计代替。

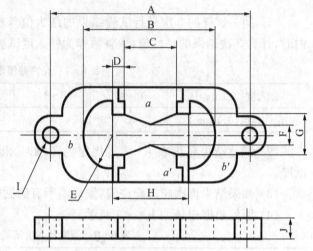

A——两端模环中心点距离 111.5～113.5 mm;
B——试件总长 74.54～75.5 mm;
C——端模间距 29.7～30.3 mm;
D——肩长 6.8～7.2 mm;
E——半径 15.75～16.25 mm;
F——最小横断面宽 9.9～10.1 mm;
G——端模口宽 19.8～20.2 mm;
H——两半圆心间距离 42.9～43.1 mm;
I——端模孔直径 6.54～6.7 mm;
J——厚度 9.9～10.1 mm。

图 6 - 3 延度仪模具

(5)隔离剂:以质量计,由两份甘油和一份滑石粉调制而成。

(6)支撑板:黄铜板,一面应磨光至表面粗糙度为 Ra 0.63。

6.3.3 检测步骤

(1)将模具组装在支撑板上,将隔离剂涂于支撑板表面及侧模的内表面,以防沥青沾在模具上。板上的模具要水平放好,以便模具的底部能够充分与板接触。

(2)小心加热样品,充分搅拌以防局部过热,直到样品容易倾倒。石油沥青加热温度不超过预计石油沥青软化点 90℃;煤焦油沥青样品加热温度不超过煤焦油沥青预计软化点60℃。样品的加热时间在不影响样品性质和在保证样品充分流动的基础上尽量短。将熔化后的样品充分搅拌之后倒入模具中,在组装模具时要小心,不要弄乱了配件。在倒样品时使试样呈细流状,自模的一端至另一端往返倒入,使试样略高出模具,将试件在空气中冷却 30～40 min,然后放在规定温度的水浴中保持 30 min 取出,用热的直刀或铲将高出模具的沥青刮出,使试样与模具齐平。

(3)恒温:将支撑板、模具和试件一起放入水浴中,并在试验温度下保持 85～95 min,然后从板上取下试件,拆掉侧模,立即进行拉伸试验。

(4)将模具两端的孔分别套在实验仪器的柱上,然后以一定的速度拉伸,直到试件拉伸断裂。拉伸速度允许误差在 ±5% 以内,测量试件从拉伸到断裂所经过的距离,以 cm 表示。试验时,试件距水面和水底的距离不小于 2.5 cm,并且要使温度保持在规定温度的 ±0.5℃ 范围内。

(5)如果沥青浮于水面或沉入槽底时,则试验不正常。应使用乙醇或氯化钠调整水的密度,使沥青材料既不浮于水面,又不沉入槽底。

(6)正常的试验应将试样拉成锥形或线形或柱形,直至在断裂时实际横断面面积接近于零或一均匀断面。如果 3 次试验得不到正常结果,则报告在该条件下延度无法测定。

6.3.4　数据记录及处理

(1)若 3 个试件测定值在其平均值的 5% 内,取平行测定 3 个结果的平均值作为测定结果。若 3 个试件测定值不在其平均值的 5% 以内,但其中两个较高值在平均值的 5% 之内,则弃去最低测定值,取两个较高值的平均值作为测定结果,否则重新测定。

(2)原始数据记录如表 6-9 所示。

表 6-9　沥青延度数据

试验温度/℃	试验速度/(cm/min)	测定值/mm	平均值/mm

试验者:　　　　　记录者:　　　　　校核者:　　　　　日期:

6.3.5　注意事项

(1)按照规定方法制作延度试件,应当满足试件在空气中冷却和在水浴中保温的时间。

(2)检查延度仪拉伸速度是否符合要求,移动滑板是否能使指针对准标尺零点,检查水槽中水温是否符合规定温度。

(3)拉伸过程中水面距试件表面应不小于 25 mm,如发现沥青丝浮于水面则应在水中加入酒精,若发现沥青丝沉入槽底则应在水中加入食盐,调整水的密度至试样的密度接近后再进行测定。

（4）试样在断裂时的实际断面应为零，若得不到该结果则应在报告中注明在此条件下无测定结果。

（5）3 个平行试验结果的最大值与最小值之差应当满足重复性试验精度的要求。

6.4 检测沥青软化点

6.4.1 现行检测标准

沥青软化点的检测按现行《沥青软化点测定方法 环球法》(GB/T 4507—2014)进行。

6.4.2 检测仪器

（1）环：两只黄铜肩或锥环，其尺寸规格如图 6-4 所示。

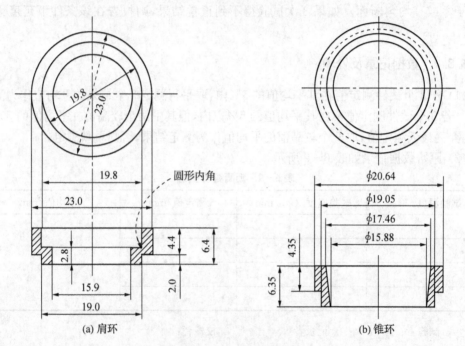

图 6-4 肩环、锥环

（2）支撑板：扁平光滑的黄铜板或瓷砖，其尺寸约为 50 mm×75 mm。

（3）球：两只直径为 9.5 mm 钢球，每只质量为 3.50±0.05 g。

（4）钢球定位器：两只钢球定位器用于使钢球定位于试样中央，其一般形状和尺寸如图 6-5 所示。

（5）浴槽：可以加热的玻璃容器，其内径不小于 85 mm，离加热底部的深度不小于 120 mm。

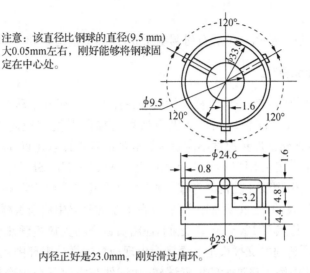

注意：该直径比钢球的直径(9.5 mm)
大0.05mm左右，刚好能够将钢球固
定在中心处。

内径正好是23.0mm，刚好滑过肩环。

图 6-5　钢球定位器

（6）环支撑架和组装：一只铜支撑架用于支撑两个水平位置的环，其形状和尺寸如图
6-6 所示，其安装图如图 6-7 所示。支撑架上的肩环的底部距离下支撑板的上表面为
25 mm，下支撑板的下表面距离浴槽底部为 16±3 mm。

注意：该直径为19.0mm，正好能够载入肩环。

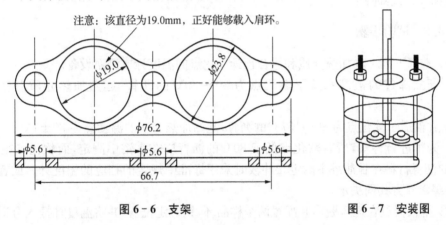

图 6-6　支架　　　　**图 6-7　安装图**

（7）刀：切沥青用。

（8）温度计：应符合《石油产品试验用玻璃液体温度计技术条件》(GB/T 514—2005)温
度计的技术要求，即测温范围在 30～180℃、最小分度值为 0.5℃的全浸式温度计。该温
度计不允许使用其他温度计代替，可使用满足相同精度、数据显示最小温度和误差要求的
其他测温设备代替。合适的温度计或合适的测温设备应悬于支架上，使得水银球底部或
测温点与环底部水平，其距离在 13 mm 以内，但不要接触环或支撑架。

6.4.3　材料

（1）加热介质。

① 新煮沸过的蒸馏水。

② 甘油。

（2）隔离剂。

以重量计，两份甘油和一份滑石粉调制而成，此隔离剂适合 30～157℃ 的沥青材料。

6.4.4　试样准备

（1）样品的加热时间在不影响样品性质和在保证样品充分流动的基础上尽量短。石油沥青、改性沥青、天然沥青以及乳化沥青残留物加热温度不应超过预计沥青软化点 110℃。煤焦油沥青样品加热温度不应超过煤焦油沥青预计软化点 55℃。

（2）如果样品为按照 SH/T 0099.4、SH/T 0099.16、NB/SH/T 0890 方法得到的乳化沥青残留物或高聚物改性乳化沥青残留物时，可将其热残留物搅拌均匀后直接注入试模中。如果重复试验，不能重新加热样品，应在干净的容器中用新鲜样品制备试样。

（3）若估计软化点在 120～157℃ 之间，应将黄铜环与支撑板预热至 80～100℃，然后将铜环放到涂有隔离剂的支撑板上。否则会出现沥青试样从铜环中完全脱落的现象。

（4）向每个环中倒入略过量的沥青试样，让试件在室温下至少冷却 30 min。对于在室温下较软的样品，应将试件在低于预计软化点 10℃ 以上的环境中冷却 30 min。从开始倒试样时起至完成试验的时间不得超过 240 min。

（5）当试样冷却后，用稍加热的小刀或刮刀干净地刮去多余的沥青，使得每一个圆片饱满且和环的顶部齐平。

6.4.5　试验步骤

（1）选择下列一种加热介质和适合预计软化点的温度计或测温设备。

① 新煮沸过的蒸馏水适于软化点为 30～80℃ 的沥青，起始加热介质温度应为 5±1℃。

② 甘油适于软化点为 80～157℃ 的沥青，起始加热介质的温度应为 30±1℃。

③ 为了进行仲裁，所有软化点低于 80℃ 的沥青应在水浴中测定，而软化点在 80～157℃ 的沥青材料在甘油浴中测定。仲裁时采用标准中规定的相应的温度计。或者上述内容由买卖双方共同决定。

（2）把仪器放在通风橱内并配置两个样品环、钢球定位器，并将温度计插入合适的位置，浴槽装满加热介质，并使各仪器处于适当位置。用镊子将钢球置于浴槽底部，使其同支架的其他部位达到相同的起始温度。

（3）如果有必要，将浴槽置于冰水中，或小心加热并维持适当的起始浴温达 15 min，并使仪器处于适当位置，注意不要玷污浴液。

（4）再次用镊子从浴槽底部将钢球夹住并置于定位器中。

（5）从浴槽底部加热使温度以恒定的速率 5℃/min 上升。为防止通风的影响有必要时可用保护装置，试验期间不能取加热速率的平均值，但在 3 min 后，升温速度应达到 5±0.5℃/min，若温度上升速率超过此限定范围，则此次试验失败。

（6）当包着沥青的钢球触及下支撑板时，分别记录温度计所显示的温度。无需对温度计的浸没部分进行校正。取两个温度的平均值作为沥青材料的软化点。当软化点在 30～157℃ 时，如果两个温度的差值超过 1℃，则重新试验。

6.4.6　试验结果及数据处理

（1）因为软化点的测定是条件性的试验方法，对于给定的沥青试样，当软化点略高于80℃时，水浴中测定的软化点低于甘油浴中测定的软化点。

（2）软化点高于80℃时，从水浴变成甘油浴时的变化是不连续的。在甘油浴中所报告的沥青软化点最低可能为84.5℃，而煤焦油沥青的软化点最低可能为82℃。当甘油浴中软化点低于这些值时，应转变为水浴中的软化点为80℃或更低，并在报告中注明。

① 将甘油浴软化点转化为水浴软化点时，石油沥青的校正值为－4.5℃，对煤焦油沥青的为－2.0℃。采用此校正值只能粗略地表示出软化点的高低，欲得到准确的软化点应在水浴中重复试验。

② 无论在任何情况下，如果甘油浴中所测得的石油沥青软化点的平均值为80.0℃或更低，煤焦油沥青软化点的平均值为77.5℃或更低，则应在水浴中重复试验。

（3）将水浴中略高于80℃的软化点转化成甘油浴中的软化点时，石油沥青的校正值为＋4.5℃，煤焦油沥青的校正值为＋2.0℃。采用此校正值只能粗略地表示出软化点的高低，欲得到准确的软化点应在甘油浴中重复试验。

在任何情况下，如果水浴中两次测定温度的平均值为85.0℃或更高，则应在甘油浴中重复试验。

（4）同一试样平行试验两次，当两次测定值的差值符合重复性试验精度要求时，取其平均值作为软化点试验结果，准确至0.5℃。报告试验结果时同时报告浴槽中所使用加热介质的种类。记录格式如表6-10所示。

表 6-10　沥青软化点试验记录表

起始温度	第1分钟	第2分钟	第3分钟	第4分钟	第5分钟	第6分钟	第7分钟	第8分钟	测定值/℃	平均值/℃

试验者：　　　　　记录者：　　　　　校核者：　　　　　日期：

6.4.7　注意事项

（1）按照规定方法制作延度试件，应当满足试件在空气中冷却和在水浴中保温的时间。

（2）估计软化点在80℃以下时，实验采用新煮沸并冷却至5℃的蒸馏水作为起始温度测定软化点，当估计软化点在80℃以上时，试验采用32±1℃的甘油作为起始温度测定软化点。

（3）环架放入烧杯后，烧杯中的蒸馏水或甘油应加入至环架深度标记处，环架上任何部分均不得有气泡。

（4）加热 3 min 后使液体维持每分钟上升 5±0.5℃，在整个测定过程中如温度上升速度超出此范围应重做试验。

（5）两次平行试验测定值的差值应当符合重复性试验精度。

6.5 沥青取样法

6.5.1 取样标准

沥青的取样按现行标准《沥青取样方法》(GB/T 11147—2010)进行。

6.5.2 样品选择及数量

1. 样品选择

为检查沥青质量，装运前在生产厂或贮存地取样；当不能在生产厂或贮存地取样时，在交货地点当时取样。

2. 样品数量

（1）液体沥青样品量。

① 常规检验取样量为 1 L(乳化沥青 4 L)。

② 从贮罐中取样为 4 L。

③ 从桶中取样为 1 L。

（2）固体或半固体样品量。

取样量为 1～2 kg。

6.5.3 盛样器

1. 盛样器的种类

（1）液体沥青（不包括乳化沥青）或半固体沥青盛样器宜为具有密封盖的广口金属容器。

（2）乳化沥青盛样器宜为具有密封盖的广口塑料容器。

（3）碎沥青或粉末沥青盛样器宜为具有密封盖的广口金属容器，也可以用塑料袋，此塑料袋应有可靠的外包装。

2. 盛样器的大小

根据取样多少选择合适的盛样器。

6.5.4 取样方法

1. 从沥青贮罐中取样

（1）从不带搅拌的贮罐中取样（沥青为流体或经加热可变成流体），应先关闭进料阀和出料阀，然后再取样。

① 取样阀法。

贮罐允许安装取样阀取样,阀门要有简单、安全的入口,安装在贮罐的一侧。贮罐按高度三等分,第一个取样阀安装在贮罐的上三分之一处,但距贮罐顶不得小于 1 m,第二个取样阀安装在贮罐中部的三分之一处,第三个取样阀安装在贮罐的下三分之一处,且距罐底不得低于 1.1 m。取样阀的示意图如图 6-8 所示。

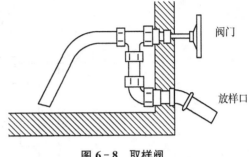

图 6-8　取样阀

依次从上、中、下取样阀取样,每个取样阀至少要放掉 4 L 沥青产品后方可取 1~4 L 样品。从贮罐中取出的上、中、下三个样品充分混合均匀后,取 1~4 L 进行所要求的检验。

② 底部进样取样器法(不适用于黏稠沥青)。

在贮罐中投入底部进样取样器,依次按贮罐中实际液面高度的上、中、下位置各取样 1~4 L,取样器在每次取样后尽量倒净。从贮罐中取出的上、中、下三个样品充分混合均匀后,取 1~4 L 进行所要求的检验。底部进样取样器如图 6-9 所示。

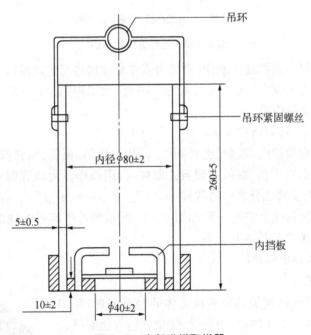

图 6-9　底部进样取样器

③ 上部进样取样器法。

在贮罐中投入上部进样取样器,依次按贮罐中实际液面高度的上、中、下位置各取样 1~4 L,取样器在每次取样后尽量倒净。从贮罐中取出的上、中、下三个样品充分混合均匀后,取 1~4 L 进行所要求的检验。上部进样取样器如图 6-10 所示。

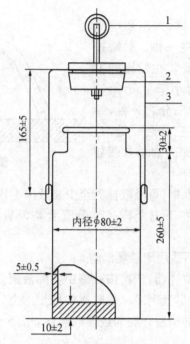

1. 吊环；2. 聚四氟乙烯塞；3. 手柄

图 6 - 10　上部进样取样器

（2）从有搅拌设备的贮罐中取样（沥青为流体或经加热可变成流体）。

先将沥青充分搅拌均匀，再按 6.5.4 的（1）中①、②、③中的任一方法从罐中部取 1～4 L 样品进行所要求的检验。

2. 从槽车、罐车、沥青洒布车中取样

（1）当车上设有取样阀、顶盖、出料阀时，可从取样阀、顶盖、出料阀处取样。从取样阀取样要先放掉 4 L 沥青再取样；从顶盖处取样时，用取样器由该容器中部取样；从出料阀取样时，应在出料至约二分之一时取样。

（2）也可以在出料线上安装一种如图 6 - 11 所示的可拆卸式在线取样装置，使用这种取样装置取样时要先放掉 4 L 沥青。

3. 从油轮和驳船中取样

（1）卸料前取样。

对于流体沥青（包括经加热可变成流体的轻质沥青）在卸料前取样时，可以按 6.5.4 的（1）中的②、③描述的方法取样。

（2）装卸料时管线中取样。

① 装卸料时可通过在泵的出口线上或在沥青靠重力流出的管线上加装一个取样装置方便地取样。在线取样装置如图 6 - 11 所示。取样装置伸入管线部分的管直径小于管线直径的八分之一，开口应面向沥青流向，通过安装一个阀门或旋塞控制取样。根据装卸料需要的时间，间隔均匀地取至少 3 个

图 6 - 11　沥青在线取样装

4 L 样品。装卸料结束后将所取样品充分混合均匀再从中取出 4 L 样品进行所要求的检验。

②或者从容量 4 000 m³ 或稍小的油轮、驳船出口线直接取样,在整个装、卸料过程中,安装、卸料时间间隔均匀地取至少 5 个 4 L 样品,容量大于 4 000 m³ 时,至少要取 10 个 4 L 样品,装卸料结束后将这些样品充分混合均匀再从中取出 4 L 样品进行所要求的检验。

4. 从桶中取样

按 6.5.4 的 5. 的随机取样要求,从充分混合均匀后的桶中用取样器取 1 L 液体沥青。

5. 半固体或未破碎的固体沥青的取样

(1) 取样方式。

从桶、袋、箱中取样应在样品表面以下及容器侧面以内至少 75 mm 处采取。若沥青是可以打碎的,则用干净锤头打碎后取样,若沥青是软的,则用干净的适宜工具切割取样。

(2) 取样数量。

① 同批产品的取样数量。

当能确认是同一批生产的产品时,随机取一件按 6.5.4 的 5. 中(1)规定取 4 kg 供检验用。

② 非同批产品的取样数量。

当不能确认是同一批生产的产品或按同批产品要求取出的样品检验不符合规范要求时,则应按随机取样原则选出若干件再按 6.5.4 的 5. 中(1)规定取样,其件数等于总件的立方根。表 6-11 给出了不同装载件数所要取出的样品件数。当取样件数超过一件,每个样品重量应不少于 0.1 kg,这样取出的样品,经充分混合均匀后取出 4 kg 供检验用。

当不是一批产品且批次可以明显分出,从每一批次中取出 4 kg 样品供检验。

表 6-11　装载件数与选取件数的关系

装载件数	选取件数
2～8	2
9～27	3
28～64	4
65～125	5
126～216	6
217～343	7
344～512	8
513～729	9
730～1 000	10
1 001～1 331	11

6. 碎块或粉末状沥青的取样

（1）散装贮存的沥青。

散装贮存的碎块或粉末状固体沥青取样,应按《固体和半固体石油产品取样法》(SH/T 0229—1992)从散装不熔性固体石油产品中采取试样的方法操作。总样量应不少于 25 kg,再从中取出 1～2 kg 供检验用。

（2）桶、袋、箱装贮存的沥青。

装在桶、袋、箱中的碎块或粉末状固体沥青,按 6.5.4 的 5.所述随机取样原则挑选出若干件,从每一件接近中心处取至少 0.5 kg 样品,这样采集的总样量应不少于 25 kg,然后按 SH/T 0229—1992 从散装不熔性固体石油产品中采取试样的方法执行四分法操作,从中取出 1～2 kg 供检验用。

7. 在交货地点取样

（1）到达目的地、贮存地、使用地或卸货时应尽快取样。

（2）每次交货都要取足需要数量的沥青样品。

（3）取样可以在卸料前按 6.5.4 的 1.规定取样,也可以通过在运输贮罐的中间三分之一处加取样阀或其他取样装置取样。

（4）所取样品中的一部分用于验收试验,其他样品留存以备第一次样品未通过检验时复查。

6.5.5　样品的保护和存放

（1）盛样器应洁净、干燥,盖子配合严密。使用过的旧容器应洗刷干净,并满足上述要求,才可重复使用。

（2）注意防止污染样品,装好样品后的盛样器应立即封口。

（3）盛满样品的容器不能浸入溶剂中,也不能用浸透了溶剂的布擦拭,如果须清洁要用洁净的干布擦拭。

（4）要妥善包装防止乳化沥青冻结,盛样器要盛满以避免在空气和乳液接触面结皮。

（5）当需将样品从一个容器移入另一容器时,应符合本取样法要求。

（6）盛样器装完样品、密封好并擦拭干净后,应用适宜的标记笔在盛样器上（不得在盖上）做出标识。如果用标签牢固地贴在盛样器上做标识,要保证转移中不丢失,标签不能贴在盛样器的盖子上。所有标识材料应在 200℃ 以上温度保存完好。

（7）对于质量仲裁用的沥青样品,由供需双方共同取样,取样后双方在密封上签字盖章,一份用于检验,一份留存备用。

6.6　检测沥青防水卷材拉伸性能

6.6.1　现行检测标准

沥青防水卷材的拉伸性能检测按现行标准《沥青防水卷材　拉伸性能》(GB/T 328.8—2007)进行。

6.6.2　仪器设备

拉伸试验机,有连续记录力和对应距离的装置,能按下面规定的速度均匀地移动夹具。拉伸试验机有足够的量程(至少 2 000 N)和夹具移动速度 100±10 mm/min,夹具宽度不小于 50 mm。

拉伸试验机的夹具能随着试件拉力的增加而保持或增加夹具的夹持力,对于厚度不超过 3 mm 的产品能夹住试件使其在夹具中的滑移不超过 1 mm,更厚的产品不超过 2 mm。这种夹持方法不应在夹具内外产生过早的破坏。

为防止从夹具中的滑移超过极限值,允许用冷却的夹具,同时实际的试件伸长用引伸计测量。

力值测量至少应符合《拉力、压力和万能试验机》(JJG 139—2014)的 2 级(即±2%)。

6.6.3　试件制备

整个拉伸试验应制备两组试件,一组纵向 5 个试件,一组横向 5 个试件。

试件在试样上距边缘 100 mm 以上任意裁取,用模板,或用裁刀,矩形试件宽为 50±0.5 mm,长为(200 mm+2×夹持长度),长度方向为试验方向。

表面的非持久层应去除。

试件在试验前在 23±2℃和相对湿度 30%～70%的条件下至少放置 20 h。

6.6.4　检测步骤

将试件紧紧地夹在拉伸试验机的夹具中,注意试件长度方向的中线与试验机夹具中心在一条线上。夹具间距离为 200±2 mm,为防止试件从夹具中滑移应作标记。当用引伸计时,试验前应设置标距间距离为 180±2 mm。为防止试件产生任何松弛,推荐加载不超过 5 N 的力。

试验在 23±2℃进行,夹具移动的恒定速度为 100±10 mm/min。

连续记录拉力和对应的夹具(或引伸计)间距离。

6.6.5　结果计算与评定

记录得到的拉力和距离,或数据记录,最大的拉力和对应的由夹具(或引伸计)间距离与起始距离的百分率计算的延伸率。

去除任何在夹具 10 mm 以内断裂或在试验机夹具中滑移超过极限值的试件的试验结果,用备用件重测。

最大拉力单位为 N/50 mm,对应的延伸率用百分率表示,作为试件同一方向结果。

分别记录每个方向 5 个试件的拉力值和延伸率,计算平均值。

拉力的平均值修约到 5 N,延伸率的平均值修约到 1%。

同时对于复合增强的卷材在应力应变图上有两个或更多的峰值,拉力和延伸率应记录两个最大值。

6.7　检测高分子防水卷材拉伸性能

6.7.1　现行检测标准

高分子防水卷材的拉伸性能的检测按现行《高分子防水卷材　拉伸性能》(GB/T 328.9—2007)进行。

6.7.2　仪器设备

拉伸试验机,有连续记录力和对应距离的装置,能按下面规定的速度均匀的移动夹具。拉伸试验机有足够的量程,至少 2 000 N,夹具移动速度 100±10 mm/min 和 500±50 mm/min,夹具宽度不小于 50 mm。

拉伸试验机的夹具能随着试件拉力的增加而保持或增加夹具的夹持力,对于厚度不超过 3 mm 的产品能夹住试件使其在夹具中的滑移不超过 1 mm,更厚的产品不超过 2 mm。试件放入夹具时做记号或用胶带以帮助确定滑移。

这种夹持方法不应导致在夹具附近产生过早的破坏。

假若试件从夹具中的滑移超过规定的极限值,实际延伸率应用引伸计测量。

力值测量应符合《拉力、压力和万能试验机》(JJG 139—2014)中的至少 2 级(即±2%)。

6.7.3　试件制备

除非有其他规定,整个拉伸试验应准备两组试件,一组纵向 5 个试件,一组横向 5 个试件。试件在距试样边缘 100±10 mm 以上裁取,用模板,或用裁刀,尺寸如下:

方法 A:矩形试件为(50±0.5)mm×200 mm,按图 6-12 和表 6-12 所示。

方法 B:哑铃型试件为(6±0.4)mm×115 mm,按图 6-13 和表 6-12 所示。

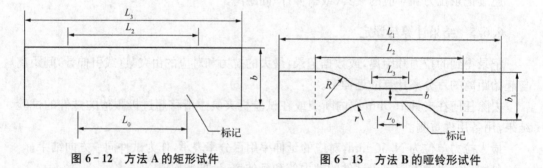

图 6-12　方法 A 的矩形试件　　　　　图 6-13　方法 B 的哑铃形试件

表面的非持久层应去除。

试件中的网格布、织物层、衬垫或层合增强层在长度或宽度方向应裁一样的经纬数,避免切断筋。

试件在试验前在 23±2 ℃和相对湿度 50±5% 的条件下至少放置 20 h。

表 6 - 12　试件尺寸

方　法	方法 A/mm	方法 B/mm
全长、至少(L_3)	>200	>115
端头宽度(b_1)		25±1
狭窄平行部分长度(L_1)		33±2
宽度(b)	50±0.5	6±0.4
小半径(r)		14±1
大半径(R)		25±2
标记间距离(L_0)	100±5	25±0.25
夹具间起始间距(L_2)	120	80±5

6.7.4　检测步骤

对于方法 B,厚度是用《高分子防水器材厚度、单位面积质量》(GB/T 328.5—2007)方法测量的试件有效厚度。

将试件紧紧地夹在拉伸试验机的夹具中,注意试件长度方向的中线与试验机夹具中心在一条线上。为防止试件产生任何松弛推荐加载不超过 5 N 的力。

试验在 23±2℃进行,夹具移动的恒定速度为方法 A:100±10 mm/min,方法 B:500±50 mm/min。

连续记录拉力和对应的夹具(或引伸计)间分开的距离,直至试件断裂。

注:在 1%和 2%应变时的正切模量,可以从应力应变曲线上推算,试验速度 5±1 mm/min。

试件的破坏形式应记录。

对于有增强层的卷材,在应力应变图上有两个或更多的峰值,应记录两个最大峰值的拉力和延伸率及断裂延伸率。

6.7.5　结果计算与评定

记录得到的拉力和距离,或数据记录,最大的拉力和对应的由夹具(或标记)间距离与起始距离的百分率计算的延伸率。

去除任何在距夹具 10 mm 以内断裂或在试验机夹具中滑移超过极限值的试件的试验结果,用备用件重测。

记录试件同一方向最大拉力,对应的延伸率和断裂延伸率的结果。

测量延伸率的方式,如夹具间距离或引伸计。

分别记录每个方向 5 个试件的值,计算算术平均值和标准偏差,方法 A 拉力的单位为 N/50 mm,方法 B 拉伸强度的单位为 MPa(N/mm^2)。

拉伸强度 MPa(N/mm^2)根据有效厚度计算(见 GB/T 328.5—2007)。

方法 A 的结果精确至 N/50 mm,方法 B 的结果精确至 0.1 MPa(N/mm^2),延伸率精确至两位有效数字。

6.8 检测沥青和高分子防水卷材不透水性

6.8.1 现行检测标准

沥青和高分子防水卷材的不透水性检测按现行标准《沥青和高分子防水卷材不透水性》(GB/T 328.10—2007)进行。

6.8.2 方法 A

试验适用于卷材低压力的使用场合,如屋面、基层、隔气层。试件满足直到 60 kPa 压力 24 h。

1. 仪器设备

一个带法兰盘的金属圆柱体箱体,孔径 ϕ150 mm,并连接到开放管子末端或容器,其间高差不低于 1 m。通常如图 6-14 所示。

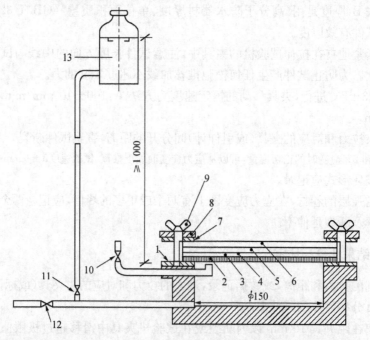

1. 下橡胶密封垫圈;2. 试件的迎水面是通常暴露于大气/水的面;3. 实验室用滤纸;4. 湿气指示混合物,均匀地铺在滤纸上面,湿气透过试件能容易地探测到,指示剂由细白糖(冰糖)(99.5%)和亚甲基蓝染料(0.5%)组成的混合物。用 0.074 mm 筛过滤并在干燥器中用氯化钙干燥;5. 实验室用滤纸;6. 圆的普通玻璃板,其中:5 mm 厚,水压≤10 kPa;8 mm 厚,水压≤60 kPa;7. 上橡胶密封垫圈;8. 金属夹环;9. 带翼螺母;10. 排气阀;11. 进水阀;12. 补水和排水阀;13. 提供和控制水压到 60 kPa 的装置。

图 6-14 低压力不透水性装置

2. 检测步骤

(1) 试件在卷材宽度方向均匀裁取,最外一个距卷材边缘 100 mm。试件的纵向与产品的纵向平行并标记。在相关的产品标准中应规定试件数量,最少 3 块。试件为圆形试件,直径 $\phi 200 \pm 2$ mm

(2) 试验前试件在 23 ± 5℃放置至少 6 h。试验在 23 ± 5℃进行,产生争议时,在 23 ± 2℃相对湿度 $50 \pm 5\%$进行。

(3) 放试件在图 6-14 所示的低压力不透水性装置的设备上,旋紧翼形螺母固定夹环。打开阀 11 让水进入,同时打开阀 10 排出空气,直至水出来关闭阀 10,说明设备已水满。调整试件上表面所要求的压力。保持压力(24 ± 1) h。检查试件,观察上面滤纸有无变色。

3. 结果表示

试件有明显的水渗到上面的滤纸产生变色,认为试验不符合。

所有试件通过认为卷材不透水。

6.8.3 方法B

试验适用于卷材高压力的使用场合,如特殊屋面、隧道、水池。试件采用有 4 个规定形状尺寸狭缝的圆盘保持规定水压 24 h,或采用 7 孔圆盘保持规定水压 30 min,观测试件是否保持不渗水。

1. 仪器设备

组成设备的装置如图 6-15 和图 6-16 所示,产生的压力作用于试件的一面。

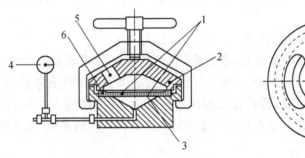

1. 狭缝;2. 封盖;3. 试件;4. 静压力表;
5. 观测孔;6. 开缝盘。

图6-15 高压力不透水性用压力试验装置　图6-16 狭缝压力试验装置

试件用 4 个狭缝的盘盖上,缝的形状尺寸符合图 6-17 的规定,孔的尺寸形状符合图 6-18 规定。

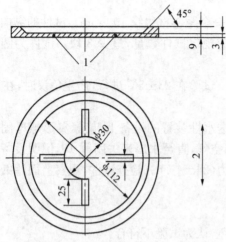

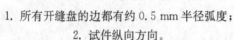

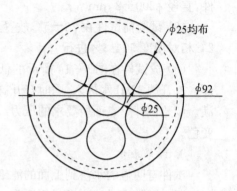

1. 所有开缝盘的边都有约 0.5 mm 半径弧度；

2. 试件纵向方向。

图 6-17 开缝盘   图 6-18 7孔圆盘

2. 检测步骤

（1）试件在卷材宽度方向均匀裁取，最外一个距卷材边缘 100 mm。试件的纵向与产品的纵向平行并标记。在相关的产品标准中应规定试件数量，最少 3 块。试件直径不小于盘外径（约 130 mm）。

（2）试验前试件在 23±5℃ 放置至少 6 h。试验在 23±5℃ 进行，产生争议时，在 23±2℃ 相对湿度 50±5% 进行。

（3）图 6-15 装置中充水直到满出，彻底排出水管中空气。

试件的上表面朝下放置在透水盘上，盖上规定的开缝盘（或 7 孔圆盘），其中一个缝的方向与卷材纵向平行，如图 6-17 所示。放上封盖，慢慢夹紧直到试件夹紧在盘上，用布或压缩空气干燥试件的非迎水面，慢慢加压到规定的压力。达到规定压力后，保持压力 24±1 h（7 孔盘保持规定压力 30±2 min）。试验时观察试件的不透水性（水压突然下降或试件的非迎水面有水）。

6.8.4 结果表示

所有试件在规定的时间不透水，认为不透水性试验通过。

6.9 检测沥青防水卷材耐热性

6.9.1 现行检测标准

沥青防水卷材的耐热性检测按现行标准《沥青防水卷材 耐热性》（GB/T 328.11—2007）进行。

6.9.2　方法 A

1. 仪器设备

（1）鼓风烘箱（不提供新鲜空气）在试验范围内最大温度波动±2℃。当门打开 30 s 后,恢复温度到工作温度的时间不超过 5 min。

（2）热电偶　连接到外面的电子温度计,在规定范围内能测量到±1℃。

（3）悬挂装置（如夹子）至少 100 mm 宽,能夹住试件的整个宽度在一条线,并被悬挂在试验区域,如图 6-19 所示 。

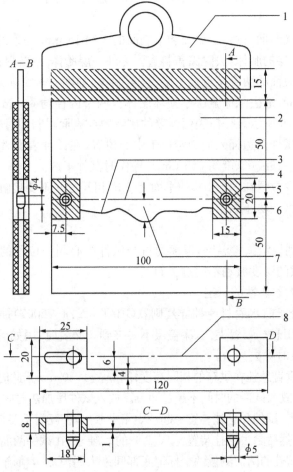

1. 悬挂装置；2. 试件；3. 标记线 1；4. 标记线 2；5. 插销,φ4 mm；
6. 去除涂盖层；7. 滑动 ΔL（最大距离）；8. 直边。

图 6-19　试件悬挂装置和标记装置

（4）光学测量装置（如读数放大镜）刻度至少 0.1 mm。

（5）金属圆插销的插入装置:内径约 4 mm。

（6）画线装置:画直的标记线,如图 6-19 所示。

（7）墨水记号：线的宽度不超过 0.5 mm，白色耐水墨水。

（8）硅纸。

2. 试件制备

矩形试件尺寸(115±1) mm×(100±1) mm，按 6.9.2 的 3. 中(2)或(3)试验。试件均匀地在试样宽度方向裁取，长边是卷材的纵向。试件应距卷材边缘 150 mm 以上，试件从卷材的一边开始连续编号，卷材上表面和下表面应标记。

去除任何非持久保护层，适宜的方法是常温下用胶带黏在上面，冷却到接近假设的冷弯温度，然后从试件上撕去胶带，另一方法是用压缩空气吹（压力约 0.5 MPa（5 bar），喷嘴直径约 0.5 mm），假若上面的方法不能除去保护膜，用火焰烤，用最少的时间破坏膜而不损伤试件。

在试件纵向的横断面一边，上表面和下表面的大约 15 mm 一条的涂盖层去除直至胎体，若卷材有超过一层的胎体，去除涂盖料直到另外一层胎体。在试件的中间区域的涂盖层也从上表面和下表面的两个接近处去除，直至胎体，如图 6-19 所示。为此，可采用热刮刀或类似装置，小心地去除涂盖层不损坏胎体。两个内径约 4 mm 的插销在裸露区域穿过胎体，如图 6-19 所示。任何表面浮着的矿物料或表面材料通过轻轻敲打试件去除。然后标记装置放在试件两边插入插销定位于中心位置，在试件表面整个宽度方向沿着直边用记号笔垂直画一条线（宽度约 0.5 mm），操作时试件平放。

试件试验前至少放置在 23±2℃ 的平面上 2 h，相互之间不要接触或黏住，有必要时，将试件分别放在硅纸上防止黏结。

3. 检测步骤

（1）烘箱预热到规定试验温度，温度通过与试件中心同一位置的热电偶控制。整个试验期间，试验区域的温度波动不超过±2℃。

（2）规定温度下耐热性的测定。

按《沥青和高分子防水卷材　抽样规则》(GB/T 328.1—2007)抽样制备的一组 3 个试件露出的胎体处用悬挂装置夹住，涂盖层不要夹到。必要时，用如硅纸的不粘层包住两面，便于在试验结束时除去夹子。

制备好的试件垂直悬挂在烘箱的相同高度，间隔至少 30 mm。此时烘箱的温度不能下降太多，开关烘箱门放入试件的时间不超过 30 s。放入试件后加热时间为 120±2 min。

加热周期一结束，试件和悬挂装置一起从烘箱中取出，相互间不要接触，在23±2℃自由悬挂冷却至少 2 h。然后除去悬挂装置，按 6.9.2 的 2. 要求，在试件两面画第二个标记，用光学测量装置在每个试件的两面测量两个标记底部间最大距离 ΔL，精确到 0.1 mm，如图 6-19 所示。

（3）耐热性极限测定。

耐热性极限对应的涂盖层位移正好 2 mm，通过对卷材上表面和下表面在间隔 5℃ 的不同温度段的每个试件的初步处理试验的平均值测定，其温度段总是 5℃ 的倍数（如 100℃、105℃、110℃）。这样试验的目的是找到位移尺寸 $\Delta L=2$ mm 在其中的两个温度段 T 和 $(T+5)$℃。卷材的两个面按 6.9.2 的 3 中的(2)试验，每个温度段应采用新的试件试验。

按 6.9.2 的 3 中的(2)一组 3 个试件初步测定耐热性能的这样两个温度段已测定后，上表面和下表面都要测定两个温度 T 和 $(T+5)$℃，在每个温度用一组新的试件。

在卷材涂盖层在两个温度段间完全流动将产生的情况下，$\Delta L=2$ mm 时的精确耐热性不能测定，此时滑动不超过 2.0 mm 的最高温度 T 可作为耐热性极限。

4. 结果计算及评定

计算卷材每个面 3 个试件的滑动值的平均值，精确到 0.1 mm。

(1) 耐热性。

耐热性按 6.9.2 的 3 中的(2)试验，在此温度卷材上表面和下表面的滑动平均值不超过 2.0 mm 认为合格。

(2) 耐热性极限。

耐热性极限通过线性图或计算每个试件上表面和下表面的两个结果测定，每个面修约到 1℃。

6.9.3　方法 B

从试样裁取的试件，在规定温度分别垂直悬挂在烘箱中。在规定的时间后测量试件两面涂盖层相对于胎体的位移及流淌、滴落。

1. 仪器设备

(1) 鼓风烘箱(不提供新鲜空气)在试验范围内最大温度波动±2℃。当门打开 30 s 后，恢复温度到工作温度的时间不超过 5 min。

(2) 热电偶：连接到外面的电子温度计，在规定范围内能测量到±1℃。

(3) 悬挂装置：洁净无锈的铁丝或回形针。

(4) 硅纸。

2. 试件制备

矩形试件尺寸 (100 ± 1) mm×(50 ± 1) mm，按 6.9.3 的 3. 中的(2)试验。试件均匀地在试样宽度方向裁取，长边是卷材的纵向。试件应距卷材边缘 150 mm 以上，试件从卷材的一边开始连续编号，卷材上表面和下表面应标记。

去除任何非持久保护层，适宜的方法是常温下用胶带黏在上面，冷却到接近假设的冷弯温度，然后从试件上撕去胶带，另一方法是用压缩空气吹(压力约 0.5 MPa(5 bar)，喷嘴直径约 0.5 mm)，假若上面的方法不能除去保护膜，用火焰烤，用最少的时间破坏膜而不损伤试件。

试件试验前至少在 23±2℃平放 2 h，相互之间不要接触或黏住，有必要时，将试件分别放在硅纸上防止黏结。

3. 检测步骤

(1) 试验准备。

烘箱预热到规定试验温度，温度通过与试件中心同一位置的热电偶控制。整个试验期间，试验区域的温度波动不超过±2℃。

(2) 规定温度下耐热性的测定。

按《沥青和高分子防水卷材　抽样规则》(GB/T 328.1—2007)抽样制备一组 3 个试

件,分别在距试件短边一端 10 mm 处的中心打一小孔,用细铁丝或回形针穿过,垂直悬挂试件在规定温度烘箱的相同高度,间隔至少 30 mm。此时烘箱的温度不能下降太多,开关烘箱门放入试件的时间不超过 30 s。放入试件后加热时间为 120±2 min。

加热周期一结束,试件从烘箱中取出,相互间不要接触,目测观察并记录试件表面的涂盖层有无滑动、流淌、滴落、集中性气泡(集中性气泡指破坏涂盖层原形的密集气泡)。

4. 结果计算及评价

试件任一端涂盖层不应与胎基发生位移,试件下端的涂盖层不应超过胎基,无流淌、滴落、集中性气泡,为规定温度下耐热性符合要求。一组 3 个试件都应符合要求。

6.10　检测沥青防水卷材低温柔性

6.10.1　现行检测标准

沥青防水卷材的低温柔性检测按现行标准《沥青防水卷材　低温柔性》(GB/T 328.14—2007)进行。

6.10.2　仪器设备

试验装置的操作的示意和方法如图 6 - 20 所示。该装置由两个直径 20±0.1 mm 不旋转的圆筒,一个直径 30±0.1 mm 的圆筒或半圆筒弯曲轴组成(可以根据产品规定采用其他直径的弯曲轴,如 20 mm、50 mm),该轴在两个圆筒中间,能向上移动。两个圆筒间的距离可以调节,即圆筒和弯曲轴间的距离能调节为卷材的厚度。

整个装置浸入能控制温度在 +20～-40℃,精度 0.5℃温度条件的冷冻液中。冷冻液用任一混合物:

① 丙烯乙二醇/水溶液(体积比 1∶1)低至-25℃;

② 低于-20℃的乙醇/水混合物(体积比 2∶1)。

用一支测量精度 0.5℃的半导体温度计检查试验温度,放入试验液体中与试验试件在同一水平面。试件在试验液体中的位置应平放且完全浸入,用可移动的装置支撑,该支撑装置

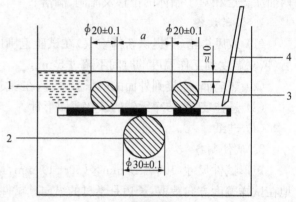

(a) 开始弯曲

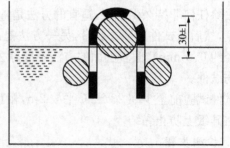

(b) 弯曲结束

1. 冷冻液;2. 弯曲轴;3. 固定圆筒;
4. 半导体温度计(热敏探头)。

图 6 - 20　试验装置原理和弯曲过程

应至少能放一组 5 个试件。

试验时,弯曲轴从下面顶着试件以 360 mm/min 的速度升起,这样试件能弯曲 180℃,电动控制系统能保证在每个试验过程和试验温度的移动速度保持在 360± 40 mm/min。裂缝通过目测检查,在试验过程中不应有任何人为的影响。为了准确评价,试件移动路径是在试验结束时,试件应露出冷冻液,移动部分通过设置适当的极限开关控制限定位置。

6.10.3　试件制备

用于 6.10.4 的 3. 或 6.10.4 的 4. 试验的矩形试件尺寸(150±1) mm×(25±1) mm,试件从试样宽度方向上均匀地裁取,长边在卷材的纵向,试件裁取时应距卷材边缘不少于150 mm,试件应从卷材的一边开始做连续的记号,同时标记卷材的上表面和下表面。

去除表面的任何保护膜,适宜的方法是常温下用胶带黏在上面,冷却到接近假设的冷弯温度,然后从试件上撕去胶带,另一方法是用压缩空气吹(压力约 0.5 MPa(5 bar),喷嘴直径约 0.5 mm),假若上面的方法不能除去保护膜,用火焰烤,用最少的时间破坏膜而不损伤试件。

试件试验前应在 23±2℃的平板上放置至少 4 h,并且相互之间不能接触,也不能黏在板上。可以用硅纸垫,表面的松散颗粒用手轻轻敲打除去。

6.10.4　检测步骤

1. 仪器准备

在开始所有试验前,两个圆筒间的距离,如图 6-20 所示,应按试件厚度调节,即弯曲轴直径+2 mm+两倍试件的厚度。然后将装置放入已冷却的液体中,并且圆筒的上端在冷冻液面下约 10 mm,弯曲轴在下面的位置。弯曲轴直径根据产品不同可以为 20 mm、30 mm 和 50 mm。

2. 试件条件

冷冻液达到规定的试验温度,误差不超过 0.5℃,试件放于支撑装置上,且在圆筒的上端,保证冷冻液完全浸没试件。试件放入冷冻液达到规定温度后,开始保持在该温度 1 h±5 min。半导体温度计的位置靠近试件,检查冷冻液温度,然后试件按 6.10.4 的 3. 或 6.10.4 的 4. 试验。

3. 低温柔性

两组各 5 个试件,全部试件按 6.10.4 的 2. 在规定温度处理后,一组是上表面试验,另一组下表面试验,试验按下述进行。

试件放置在圆筒和弯曲轴之间,试验面朝上,然后设置弯曲轴以 360±40 mm/min 速度顶着试件向上移动,试件同时绕轴弯曲。轴移动的终点在圆筒上面 30±1 mm 处,如图 6-20 所示。试件的表面明显露出冷冻液,同时液面也因此下降。

在完成弯曲过程 10 s 内,在适宜的光源下用肉眼检查试件有无裂纹,必要时,用辅助光学装置帮助。假若有一条或更多的裂纹从涂盖层深入到胎体层,或完全贯穿无增强卷材,即存在裂缝。一组 5 个试件应分别试验检查。假若装置的尺寸满足,可以同时试验几组试件。

4. 冷弯温度测定

假若沥青卷材的冷弯温度要测定(如人工老化后变化的结果),按 6.10.4 的 3. 和下面的步骤进行试验。

冷弯温度的范围(未知)最初测定,从期望的冷弯温度开始,每隔 6℃ 试验每个试件,因此每个试验温度都是 6℃ 的倍数(如 −12℃、−18℃、−24℃ 等)。从开始导致破坏的最低温度开始,每隔 2℃ 分别试验每组 5 个试件的上表面和下表面,连续的每次 2℃ 的改变温度,直到每组 5 个试件分别试验后至少有 4 个无裂缝,这个温度记录为试件的冷弯温度。

6.10.5 结果记录及评价

1. 规定温度的柔度结果

按 6.10.4 的 3. 进行试验,一个试验面 5 个试件在规定温度至少 4 个无裂缝为通过,上表面和下表面的试验结果要分别记录。

2. 冷弯温度测定的结果

测定冷弯温度时,要求按 6.10.4 的 4. 试验得到的温度应 5 个试件中至少 4 个通过,这冷弯温度是该卷材试验面的上表面和下表面的结果应分别记录(卷材的上表面和下表面可能有不同的冷弯温度)。

6.11 检测高分子防水卷材低温弯折性

6.11.1 现行检测标准

高分子防水卷材的低温弯折性检测按现行标准《高分子防水卷材 低温弯折性》(GB/T 328.15—2007)进行。

6.11.2 仪器设备

(1) 弯折板。

金属弯折装置有可调节的平行平板,图 6-21 是装置示例。

(2) 环境箱。

空气循环的低温空间,可调节温度至 −45℃,精度 ±2℃。

(3) 检查工具。

6 倍玻璃放大镜。

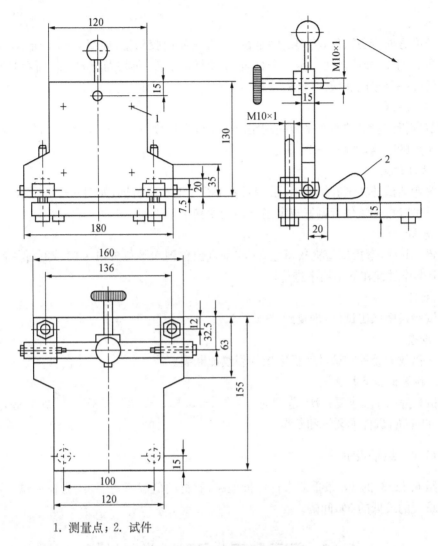

1. 测量点；2. 试件

图 6-21　弯折装置示意图

6.11.3　检测步骤

1. 试件制备

每个试验温度取 4 个 100 mm×50 mm 试件,2 个卷材纵向(L),2 个卷材横向(T)。试验前试件应在 23±2℃和相对湿度 50±5% 的条件下放置至少 20 h。

2. 温度

除了低温箱,试验步骤中所有操作在 23±5℃进行。

3. 厚度

根据《高分子防水卷材　厚度、单位面积质量》(GB/T 328.5—2007)测量每个试件的全厚度。

4. 弯曲

沿长度方向弯曲试件,将端部固定在一起,例如用胶粘带,如图 6-21 所示。卷材的上表面弯曲朝外,如此弯曲固定一个纵向、一个横向试件;再将卷材的上表面弯曲朝内,如此弯曲另外一个纵向和横向试件。

5. 平板距离

调节弯折试验机的两个平板间的距离为试件全厚度(如 6.11.3 的 3.)的 3 倍。检测平板间 4 点的距离,如图 6-21 所示。

6. 试件位置

放置弯曲试件在试验机上,胶带端对着平行于弯板的转轴,如图 6-21 所示。放置翻开的弯折试验机和试件于调好规定温度的低温箱中。

7. 弯折

放置 1 h 后,弯折试验机从超过 90°的垂直位置到水平位置,1 s 内合上,保持该位置 1 s,整个操作过程在低温箱中进行。

8. 条件

从试验机中取出试件,恢复到 23±5℃。

9. 检查

用 6 倍放大镜检查试件弯折区域的裂纹或断裂。

10. 临界低温弯折温度

弯折程序每 5℃重复一次,范围为−40℃、−35℃、−30℃、−25℃、−20℃等,直至按 6.11.3 的 9 条,试件无裂纹和断裂。

6.11.4 结果表示

按照 6.11.3.的 10.条重复进行弯折程序,卷材的低温弯折温度,为任何试件不出现裂纹和断裂的最低的 5℃间隔。

6.12 沥青和高分子防水卷材抽样

6.12.1 现行检测标准

沥青和高分子防水卷材的抽样按现行标准《沥青和高分子防水卷材 抽样规则》(GB/T 328.1—2007)进行。

6.12.2 抽样

抽样根据相关方协议的要求,若没有这种协议,可按表 6-13 所示进行。不要抽取损坏的卷材。

表 6-13 抽样

批量/m²		样品数量/卷
以上	直至	
—	1 000	1
1 000	2 500	2
2 500	5 000	3
5 000	—	4

6.12.3 试样和试件

1. 温度条件

在裁取试样前样品应在 20±10℃放置至少 24 h。无争议时可在产品规定的展开温度范围内裁取试样。

2. 试样

在平面上展开抽取的样品,根据试件需要的长度在整个卷材宽度上裁取试样。若无合适的包装保护,将卷材外面的一层去除。

试样用能识别的材料标记卷材的上表面和机器生产方向。若无其他相关标准规定,在裁取试件前试样应在 23±2℃放置至少 20 h。

3. 试件

在裁取试件前检查试样,试样不应有由于抽样或运输造成的折痕,保证试样没有《沥青防水卷材　外观》(GB/T 328.2—2007)或(GB/T 328.3—2007)规定的外观缺陷。

根据相关标准规定的检测性能和需要的试件数量裁取试件。

试件用能识别的方式来标记卷材的上表面和机器生产方向。

习题六

一、填空题

1. 石油沥青的四大技术指标是_____、_____、_____和_____,它们分别表示沥青的_____性、_____性、_____性和_____性。石油沥青的牌号是以其中的_____指标来表示的。

2. 目前防水卷材主要包括_____、_____和_____三大类。

3. 沥青胶的标号是以_____来表示的,沥青胶中矿粉的掺量愈多,则其_____性愈高,_____愈大,但_____性降低。

4. SBS 改性沥青柔性油毡是近几年来生产的一种弹性沥青防水卷材,它是以_____为胎体,以_____改性沥青为面层,以_____为隔离层的沥青防水卷材。

5. 同一品种石油沥青的牌号越高,则针入度越_____,黏性越_____;延度越_____,塑性越_____;软化点越_____,温度敏感性越_____。

二、选择题

1. 黏稠沥青的黏性用针入度值表示,当针入度值愈大时,(　　)。

A. 黏性越小;塑性越大;牌号增大

B. 黏性越大;塑性越差;牌号减小

C. 黏性不变;塑性不变;牌号不变

D. 黏性越小;塑性越差;牌号减小

2. 石油沥青的温度稳定性用软化点来表示,当沥青的软化点越高时,(　　)。

A. 温度稳定性越好

B. 温度稳定性越差

C. 温度稳定性不变

3. 煤沥青与石油沥青相比较,煤沥青的哪种性能较好(　　)。

A. 塑性　　　　　　　　　　　　B. 温度敏感性

C. 大气稳定性　　　　　　　　　D. 防腐能力

E. 与矿物表面的黏结性

4. (　　)说明石油沥青的大气稳定性愈高。

A. 蒸发损失率愈小,蒸发后针入度比愈大

B. 蒸发损失和蒸发后针入度比愈大

C. 蒸发损失率愈大,蒸发后针入度比愈小

D. 蒸发损失和蒸发后针入度比愈小

5. 下列选项中,除(　　)以外均为改性沥青。

A. 氯丁橡胶沥青　　　　　　　　B. 聚乙烯树脂沥青

C. 沥青胶　　　　　　　　　　　D. 煤沥青

三、简答题

1. 石油沥青有哪些主要技术性质?各用什么指标表示?

2. 某屋面工程需要使用软化点为 85℃ 的石油沥青,现工地仅有 10 号及 60 号石油沥青,求这两种沥青的掺配比例?

3. 沥青为什么会发生老化?如何延缓其老化?

4. 简述 SBS 改性沥青防水卷材、APP 改性沥青防水卷材的性能及工程应用。

扫一扫可见
本章电子资源

第7章 建筑钢材

项目分析

建筑钢材主要用作结构材料,钢材的性能往往决定建筑结构的安全。建筑工程每年要耗用大量的钢材,为了合理地使用钢材、充分发挥钢材的特性,以达到提高工程质量、加快工程进度和节约钢材的目的,必须严格控制建筑钢材的质量。只有在设计和施工中合理选择和使用钢材,才能保证建筑结构的安全。

项目内容

本项目内容主要包括:检测钢筋的拉伸性能和钢筋的冷弯性能。

知识目标

(1) 掌握钢材的分类、钢材的表示方法;
(2) 了解钢材化学成分对钢材性能、质量的影响;
(3) 掌握钢材的力学性能、工艺性能及化学性能;
(4) 掌握现行国家标准对钢材性能指标的要求;
(5) 掌握钢结构用钢、钢筋混凝土结构用钢的特性;
(6) 掌握钢材的牌号及选用方法。

能力目标

(1) 能够通过书刊、网络等途径查阅所需资料并进行分析整理;
(2) 能够根据试验需要合理取样;
(3) 能够正确选择试验仪器、设备;
(4) 能够正确控制试验条件;
(5) 能根据现行标准检测钢筋拉伸性能和弯曲性能;
(6) 能够及时、正确处理数据并填写原始记录、台账;
(7) 能够根据试验结果,判断钢筋的性能是否符合要求,从而进一步判断钢筋在工程上的用途;
(8) 能按要求维护、保养所用仪器并保持试验室卫生良好。

素质目标

(1) 具备吃苦耐劳,不怕脏不怕累的精神;

(2) 具备诚信素质,实事求是地填写原始记录、台账;

(3) 具备安全生产意识,安全使用各种仪器设备;

(4) 具备环保意识,最大限度地回收废弃物;

(5) 具备经济成本意识,科学地选择成本较低的检验方法;

(6) 具备良好的卫生习惯,保持试验室的清洁和整齐;

(7) 具备良好的团结合作精神,和同组成员协调配合。

7.1 建筑钢材基本知识

建筑钢材是指建筑工程中所用的各种钢材,包括各种型钢(如角钢、工字钢、槽钢等)、钢板和钢筋混凝土中所用的各种钢筋和钢丝等。钢材具有较高的强度、良好的塑性和韧性,组织均匀、致密,能承受冲击和振动荷载的优点。钢材还具有良好的加工性能,可以焊接、铆接、切割、锻压,便于加工和装配。钢材的主要缺点是易锈蚀、维护费用大,生产耗能大。

7.1.1 钢的冶炼

钢是由生铁冶炼而成的,生铁是由铁矿石、燃料和熔剂在高炉中经过还原反应得到的一种碳铁合金。

生铁的含碳量大于2%,生铁中含有较多的碳和其他杂质,性质硬而脆,强度不高、塑性很差,不能采用轧制、锻压等方法进行加工。

钢的含碳量在2%以下,钢的冶炼就是将熔融的生铁进行氧化,使碳的含量降低到规定范围,其他杂质含量也降低到允许范围之内。

根据炼钢设备所用炉种不同,炼钢方法主要可分为平炉炼钢、氧气转炉炼钢和电炉炼钢三种。

1. 平炉炼钢

平炉是较早使用的炼钢炉种。它以熔融状态或固体状生铁、铁矿石或废钢铁为原料,以煤气或重油为燃料,利用铁矿石中的氧或鼓入空气中的氧使杂质氧化。因为平炉的冶炼时间长,便于化学成分的控制和杂质的去除,所以平炉钢的质量稳定而且比较好,但由于炼制周期长、成本较高,此法逐渐被氧气转炉法取代。

2. 氧气转炉炼钢

以熔融的铁水为原料,由转炉顶部吹入高纯度氧气,能有效地去除有害杂质,并且冶炼时间短(20~40 min),生产效率高,因此氧气转炉钢质量好,成本低,应用广泛。

3. 电炉炼钢

以电为能源迅速将废钢、生铁等原料熔化,并精炼成钢。电炉又分为电弧炉、感应炉和电渣炉等。因为电炉熔炼温度高,便于调节控制,所以电炉钢的质量最好,主要用于冶炼优质碳素钢及特殊合金钢,但成本较高。

冶炼后的钢水中含有以 FeO 形式存在的氧,FeO 与碳作用生成 CO 气泡,并使某些元素产生偏析(分布不均匀),影响钢的质量。因此必须进行脱氧处理,方法是在钢水中加入锰铁、硅铁或铝等脱氧剂。由于锰、硅、铝与氧的结合能力大于氧与铁的结合能力,生成的 MnO、SiO_2、Al_2O_3 等氧化物成为钢渣被排除。

7.1.2　钢材的分类

钢材的品种繁多,常按不同角度进行分类。

1. 按脱氧程度分类

(1) 沸腾钢。

炼钢时仅加入锰铁进行脱氧,脱氧不完全。这种钢水浇入锭模时,有大量的 CO 气体从钢水中外逸,引起钢水呈沸腾状,故称沸腾钢,代号为"F"。沸腾钢组织不够致密,成分不够均匀,硫、磷等杂质偏析较严重,故质量较差。但因其成本低、产量高,故被广泛用于一般建筑工程。

(2) 镇静钢。

炼钢时采用锰铁、硅铁和铝锭等作为脱氧剂,脱氧完全,且同时能有去硫作用。这种钢水铸锭时能平静地充满锭模并冷却凝固,故称镇静钢,代号为"Z"。镇静钢虽成本较高,但其组织致密,成分均匀,性能稳定,故质量好。适用于预应力混凝土等重要的结构工程。

(3) 半镇静钢。

半镇静钢的脱氧程度介于沸腾钢和镇静钢之间,为质量较好的钢,其代号为"B"。

(4) 特殊镇静钢。

特殊镇静钢是比镇静钢脱氧程度还要充分还要彻底的钢,故其质量最好,适用于特别重要的结构,代号为"TZ"。

2. 按化学成分分类

(1) 碳素钢。

含碳量为 0.02%～2.06% 的铁碳合金称为碳素钢,也称碳钢。其主要成分是铁和碳,还有少量的硅、锰、磷、硫、氧、氮等。碳素钢中的含碳量较多,且对钢的性质影响较大。碳素钢的分类如表 7-1 所示。

表 7-1　碳素钢分类

类　型	低碳钢	中碳钢	高碳钢
含碳量/%	<0.25	0.25～0.60	>0.60

(2) 合金钢。

合金钢是在碳素钢中加入一定的合金元素的钢。钢中除含有铁、碳和少量不可避免的硅、锰、磷、硫外,还含有一定量的(有意加入的)硅、锰、铁、钛、钒等一种或多种合金元素。其目的是改善钢的性能或使其获得某些特殊性能。合金钢的分类如表 7-2 所示。

表7-2 合金钢的分类

类型	低合金钢	中合金钢	高合金钢
合金元素总含量/%	<5.0	5.0~10	>10

3. 其他分类

按品质(杂质含量)分类,可分为普通钢、优质钢、高级优质钢和特级优质钢,高级优质钢的钢号后加"高"字或"A",特级优质钢的钢号后加"E"。按用途分结构钢、工具钢、轴承钢等。按加工方式分热加工钢和冷加工钢。建筑工程中,钢结构用钢和钢筋混凝土结构用钢主要使用非合金钢中的低碳钢及低合金钢加工成的产品,合金钢亦有少量应用。

7.1.3 钢材的主要性能

1. 力学性能

力学性能又称机械性能,是钢材最重要的使用性能。在建筑结构中,要求承受静荷载的钢材具有一定的力学强度,并要求所产生的变形不致影响结构的正常工作和安全使用;承受动荷载的钢材,还要具有较高的韧性,而不导致断裂。钢材的力学性能主要有强度、塑性、冲击韧性和硬度等。

(1)强度。

强度是钢材的重要技术指标,是指钢材在外力作用下,抵抗变形和断裂的能力。测定钢材强度的主要方法是拉伸试验。应力—应变关系反映出钢材的主要力学特征。低碳钢的拉伸试验具有典型意义,其应力—应变曲线如图7-1所示。从图中可见,就变形性质而言,曲线可划分为四个阶段,即弹性阶段(O-A)、屈服阶段(A-B)、强化阶段(B-C)和颈缩阶段(C-D)。

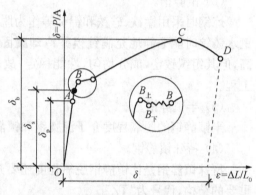

图7-1 低碳钢拉伸应力—应变图

① 弹性极限与弹性模量。

曲线的OA段,随着荷载的增加,应力和应变成比例增加,如卸去荷载,试件将恢复原状,钢材呈现弹性变形,所以此阶段为弹性阶段。与A点对应的应力为弹性极限,用σ_p表示。OA为一直线,在这一范围内,应力与应变的比值为一常数,称为弹性模量,用E表示,即$E=\sigma/\varepsilon$。弹性模量反映钢材抵抗变形的能力,即材料的刚度,是计算钢材在静荷载作用下结构受力变形的重要指标。E值越大,钢材抵抗弹性变形的能力越大,在一定的荷载作用下,钢材发生的弹性变形量越小。常用低碳钢的弹性模量$E=(2.0~2.1)\times10^5$ MPa,弹性极限$\sigma_p=180~200$ MPa。

② 屈服强度。

在曲线的AB段内,当应力超过σ_p后,应力与应变不再成正比关系,钢材在荷载作用下产生弹性变形的同时产生塑性变形。当应力达到B点后,塑性应变迅速增加,曲线出现一个波动的小平台,钢材暂时失去了抵抗塑性变形的能力,这种现象称为屈服。图7-1

中 $B_上$ 点是这一阶段的应力最高点,称为上屈服点;$B_下$ 点是最低点,称为下屈服点。由于下屈服点的数值比较稳定,所以下屈服点作为材料屈服强度(或称屈服点)的标准值,用 σ_s 表示。屈服点是确定钢材容许应力的依据。常用低碳钢的 $\sigma_s = 195 \sim 235$ MPa。有些钢材在受力时没有明显的屈服现象,通常以产生残余变形为 0.2% 时所对应的应力作为该钢材的屈服强度,称为条件屈服强度。

③ 极限强度。

当钢材屈服到一定程度后,由于内部晶粒重新排列,其抵抗变形能力又重新提高,此时虽然变形很快,但却只能随着应力的提高而提高,直至应力达最大值。所以此阶段称为强化阶段。此后,钢材抵抗变形的能力明显降低,并在最薄弱处发生较大的塑性变形,此处试件截面迅速缩小,出现颈缩现象,直至断裂破坏。钢材受拉断裂前的最大应力值(C 点对应值)称为强度极限或抗拉强度 σ_b。屈服强度与抗拉强度之比,称为屈强比(σ_s / σ_b)。屈强比愈大,反映钢材受力超过屈服点工作时的可靠性越大,因而结构的安全性愈高,不易发生脆性断裂和局部超载引起的破坏。但屈强比太小,钢材强度的有效利用率低。合理的屈强比一般为 0.60 ~ 0.75。

④ 疲劳强度。

钢材在交变应力的反复作用下,往往在应力远小于其抗拉强度时就发生破坏,这种现象称为疲劳破坏。

疲劳破坏的危险应力用疲劳强度来表示,它是指疲劳试验时试件在交变应力作用下,于规定周期基数内不发生断裂所能承受的最大应力。一般取交变应力循环次数为 10^7 周次。疲劳强度是衡量钢材耐疲劳性能的指标。设计承受反复荷载且须进行疲劳验算的结构时应测定疲劳强度。通常,试件不发生破坏的最大应力作为疲劳强度。

(2) 塑性。

塑性表示钢材在外力作用下发生塑性变形而不破坏的能力,它是钢材的一个重要指标。钢材塑性用伸长率来表示。伸长率是衡量钢材塑性的指标,它的数值越大,表示钢材塑性越好。拉伸试验中试件的原始标距为 L_0,拉断后的试件于断裂处对接在一起,测得其断后标距 L_1,则其伸长率(A)计算如式(7-1)。

$$A = \frac{L_1 - L_0}{L_0} \times 100\% \tag{7-1}$$

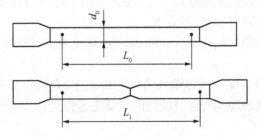

图 7-2　试件拉伸前和断裂后标距长度

（3）冲击韧性。

冲击韧性是钢材抵抗冲击荷载作用的能力，它是用试验机摆锤冲击带有 V 形缺口的标准试件的背面，将其冲断后试件单位截面积上所消耗的功来表示，a_k 值越大，表示冲击试件所消耗的功越多，钢材的冲击韧性越好，抵抗冲击作用的能力越强。对于重要的结构以及经常受冲击荷载作用的结构，特别是处于低温条件下的结构，为了防止钢材的脆性断裂，应对钢材的冲击韧性有一定的要求。

钢材冲击韧性的高低不仅取决于其化学成分、组织状态、冶炼的质量，还与环境温度有关。当温度下降到一定范围内时，冲击韧性突然下降，钢材的断裂呈脆性，这一性质称为钢材的冷脆性，如图 7-3 所示。

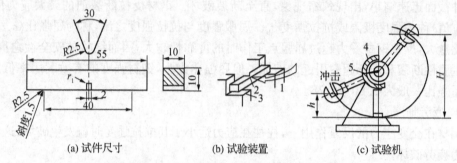

| (a) 试件尺寸 | (b) 试验装置 | (c) 试验机 |

1. 摆锤；2. 试件；3. 试验台；4. 刻度盘；5. 指针

图 7-3　钢材冲击韧性试验示意

冲击韧性下降的温度范围称为脆性转变温度。脆性转变温度越低，钢材的低温冲击韧性越好，越能在低温下承受冲击荷载。北方寒冷地区使用的钢材应选用脆性转变温度低于使用温度的钢材，并满足规范规定的 $-20\,℃$ 或 $-40\,℃$ 下冲击韧性指标的要求。

（4）硬度。

硬度是指钢材表面局部体积内抵抗硬物压入的能力，它是衡量钢材软硬程度的指标。测定钢材硬度的方法有布氏法、洛氏法和维氏法，较常用的是布氏法和洛氏法。

布氏法使用一定的压力把淬火钢球压入钢材表面，将压力除以压痕面积即得布氏硬度值 HB。HB 值越大，表示钢材越硬。布氏法的特点是压痕较大，试验数据准确、稳定。布氏法适用于 HB<450 的钢材。

洛氏法是在洛氏硬度机上根据压头压入试件的深度来计算硬度值。洛氏法的压痕很小，一般用于判断机械零件的热处理效果。

钢材的硬度与抗拉强度间存在较好的相关性，硬度越大，钢材的抗拉强度越高。

2. 工艺性能

良好的工艺性能可以保证钢材顺利通过各种加工，而使钢材制品的质量不受影响。冷弯、冷拉、冷拔及焊接性能均是建筑结构的重要工艺性能。

（1）冷弯性能。

冷弯性能是指钢材在常温下承受弯曲变形的能力。以试件弯曲的角度和弯心直径对试件厚度（或直径）的比值来表示。弯曲的角度越大，弯心直径对试件厚度（或直径）的比值越小，表示对冷弯性能的要求越高。冷弯检验时按规定的弯曲角度和弯心直径进行弯曲后,检查试件弯曲处外面及侧面不发生裂缝、断裂或起层,即认为冷弯性能合格。其实验图如图 7 - 4 所示。

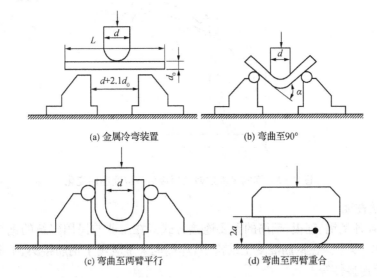

(a) 金属冷弯装置　　　　　(b) 弯曲至90°

(c) 弯曲至两臂平行　　　　　(d) 弯曲至两臂重合

图 7 - 4　冷弯实验图

冷弯是钢材处于不利变形条件下的塑性,更有助于暴露钢材的某些内在缺陷,而伸长率则是反映钢材在均匀变形下的塑性。因此,相对于伸长率而言,冷弯是对钢材塑性更严格的检验,它能揭示钢材是否存在内部组织不均匀、是否存在内应力和夹杂物等缺陷。

(2) 冷加工性能。

将钢材在常温下进行冷加工(如冷拉、冷拔或冷轧),使之产生塑性变形,屈服点明显提高,而塑性、韧性降低,弹性模量下降,这个过程称为冷加工强化处理。

① 冷拉。

冷拉是将热轧钢筋用冷拉设备加力进行张拉。钢材冷拉后,屈服强度可提高 20%～30%,钢材经冷拉后屈服阶段缩短,伸长率降低,材质变硬。

② 冷拔。

冷拔是将光圆钢筋通过硬质合金拔丝模强行拉拔。每次拉拔断面缩小应在 10% 以下。钢筋在冷拔过程中,不仅受拉,同时还受到挤压作用,因而冷拔作用比冷拉作用强烈。经过一次或多次冷拔后的钢筋,表面光洁度高,屈服强度提高 40%～60%,但塑性大大降低,具有硬钢的性质。

建筑工地或预制构件厂常利用该原理对钢筋按一定要求进行冷拉或冷加工,以提高屈服强度,节约钢材。

(3) 时效。

钢材经冷加工后,在常温下存放 15～20 d,或加热至 100～200 ℃保持 2 h 左右,其屈服强度、抗拉强度及硬度进一步提高,而塑性及韧性继续降低,这种现象称为时效。前者称为自然时效,后者称为人工时效。

钢材经冷加工及时效处理后,其应力—应变关系变化的规律,可明显地在应力—应变图得到反映,如图 7-5 所示。

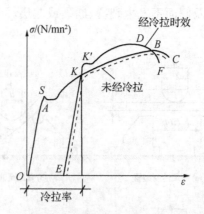

图7-5 钢筋经冷拉时效后应力—应变图的变化

（4）焊接性能。

焊接是各种型钢、钢板、钢筋的重要连接方式。在工业与民用建筑的钢结构中，焊接结构占到90％以上。在钢筋混凝土结构中，焊接也大量应用于钢筋接头、钢筋网、钢筋骨架、预埋件及连接件等。

钢材的可焊性是指钢材适应用通常的方法与工艺进行焊接的性能。可焊性的好坏，主要取决于钢材的化学成分，而其中影响最大的是碳元素，钢中的其他合金元素大部分也不利于焊接，但其影响程度一般都比碳小得多，也就是说金属含碳量的多少决定了它的可焊性。含碳量小于0.25％的碳素钢具有良好的可焊性。加入合金元素（如硅、锰、钒、钛等）也将增大焊接处的硬脆性，降低可焊性，特别是硫能使焊接产生热裂纹及硬脆性。焊接的质量取决于焊接工艺、焊接材料及钢的焊接性能。

（5）钢材的热处理。

热处理是将钢材按一定的温度要求进行加热、保温和冷却，以改变其金相组织和纤维结构组织，从而获得所需性能的一种综合工艺。

① 淬火。

将钢材加热至基本组织改变温度以上，然后投入水或矿物油中急冷，使晶粒细化，碳的固溶量增加，强度和硬度增加，塑性和韧性明显下降。

② 回火。

将比较硬脆、存在内应力的钢，再加热至基本组织改变温度以下（150～650℃），保温后按一定要求冷却至室温的热处理方法称回火。回火后的钢材，内应力消除，硬度降低，塑性和韧性得到改善。

③ 退火。

将钢材加热至基本组织转变温度以下（低温退火）或以上（完全退火），适当保温后缓慢冷却，以消除内应力，减少缺陷和晶格畸变，使钢的塑性和韧性得到改善。

④ 正火。

将钢件加热至基本组织改变温度以上，然后在空气中冷却，使晶格细化，钢的强度提高而塑性有所降低。

对于含碳量高的高强度钢筋和焊接时形成的硬脆组织的焊件，适合以退火方式来消除内应力和降低脆性,保证焊接质量。

7.1.4　钢材的技术标准与应用

一、常用建筑钢种

1. 碳素结构钢

(1) 碳素结构钢的牌号及其表示方法。

国家标准《碳素结构钢》(GB/T 700—2006)规定,由代表屈服强度的字母、屈服强度数值、质量等级符号、脱氧方法符号组成碳素结构钢牌号。

碳素结构钢按其屈服点分为 Q195、Q215、Q235 和 Q275 四个牌号。

质量等级:按硫、磷等有害杂质的含量多少分成 A、B、C、D 四个等级,随 A、B、C、D 的顺序碳素结构钢的质量等级逐级提高。

脱氧程度:F 为沸腾钢、Z 为镇静钢和 TZ 为特殊镇静钢。当为镇静钢或特殊镇静钢时,牌号中的 Z、TZ 可省略。

例如牌号为 Q235AF,表示这种碳素结构钢的屈服强度为 235 MPa,质量等级为 A,脱氧程度为沸腾钢。

(2) 碳素结构钢的技术要求。

碳素结构钢的技术要求包括化学成分、力学性能及冷弯性能等,其指标应分别满足表 7-3、表 7-4 和表 7-5 的要求。

表 7-3　碳素结构钢的化学成分

牌号	统一数字代号[a]	等级	厚度（或直径）/mm	脱氧方法	化学成分（质量分数）/%,不大于				
					C	Si	Mn	P	S
Q195	U11952	——		F、Z	0.12	0.30	0.50	0.035	0.040
Q215	U12152	A		F、Z	0.15	0.35	1.20	0.045	0.050
	U12155	B							0.045
Q235	U12352	A		F、Z	0.22	0.35	1.40	0.045	0.050
	U12355	B			0.20[b]				0.045
	U12358	C		Z	0.17			0.040	0.040
	U12359	D		TZ				0.035	0.035
Q275	U12752	A		F、Z	0.24	0.35	1.50	0.045	0.050
	U12755	B	≤40	Z	0.21			0.045	0.045
			>40		0.22				
	U12758	C		Z	0.20			0.040	0.040
	U12759	D		TZ				0.035	0.035

注:a. 表中为镇静钢、特殊镇静钢牌号的统一数字代码,沸腾钢牌号的统一数字代号如下:Q195F-U11950;Q215AF-U12150,Q215BF-U12153;Q235AF-U12350,Q235BF-U12353;Q275AF-U12750。

b. 经需方同意,Q235B 的碳含量可不大于 0.22%。

表 7-4 碳素结构钢的力学性能(GB/T 700—2006)

牌号	等级	屈服强度[a]R/(N/mm²),不小于						抗拉强度[b] Rm/(N/mm²)	断后伸长率 A/%,不小于					冲击实验(V型缺口)	
		厚度(或直径)/mm							厚度(或直径)/mm					温度/℃	冲击吸收功(纵向)/J 不小于
		≤16	>16~40	>40~60	>60~100	>100~150	>150~200		≤40	>40~60	>60~100	>100~150	>150~200		
Q195	—	195	185	—	—	—	—	315~430	33	—	—	—	—	—	—
Q215	A	215	205	195	185	175	165	335~450	31	30	29	27	26	—	—
	B													+20	27
Q235	A	235	225	215	215	195	185	370~500	26	25	24	22	21	—	—
	B													+20	27[c]
	C													0	
	D													−20	
Q275	A	275	265	255	245	225	215	410~540	22	21	20	18	17	—	—
	B													+20	27
	C													0	
	D													−20	

注:a. Q195 的屈服强度值仅供参考,不作交货条件。

b. 厚度大于 100 mm 的钢材,抗拉强度下限允许降低 20 N/mm²。宽带钢(包括剪切钢板)抗拉强度上限不作交货条件。

c. 厚度小于 25 mm 的 Q235B 级钢材,如供方能保证冲击吸收功值合格,经需方同意,可不做检验。

表 7-5 碳素结构钢的冷弯性能

牌号	试样方向	冷弯试验 180° B=2a[a]	
		钢材厚度(或直径)[b]/mm	
		≤60	>60~100
		弯心直径 d	
Q195	纵	0	—
	横	0.5a	
Q215	纵	0.5a	1.5a
	横	a	2a
Q235	纵	a	2a
	横	1.5a	2.5a
Q275	纵	1.5a	2.5a
	横	2a	3a

a. B 为试样宽度,a 为试样厚度(或直径)。

b. 钢材厚度(或直径)大于 100 mm 时,弯曲试验由双方协商确定。

由表 7-3、表 7-4 和表 7-5 可知,碳素结构钢随着牌号的增大,其含碳量增加,强度提高,塑性和韧性降低,冷弯性能逐渐变差。

(3) 碳素结构钢的特性与选用。

Q195、Q215 号钢强度低,塑性和韧性较好,易于冷加工,常用做钢钉、铆钉、螺栓及铁丝等。Q215 号钢经冷加工后可代替 Q235 号钢使用。

Q275 号钢强度较高,但塑性、韧性和可焊性较差,不易焊接和冷加工,可用于轧制钢筋、制作螺栓配件等。

Q235 号钢既具有较高的强度,又具有较好的塑性和韧性,可焊性也好,故能较好地满足一般钢结构和钢筋混凝土结构的用钢要求,工程中应用最为广泛。

2. 优质碳素结构钢

按照《优质碳素结构钢》(GB/T 699—1999)规定,优质碳素结构钢共有 31 个牌号,其中有 3 个牌号是沸腾钢,其他均为镇静钢。

优质碳素结构钢的牌号由数字和字母两部分组成。两位数字表示平均含碳量(以 0.01% 为单位);字母分别为含锰量标注、脱氧程度代号。当锰的含量较高时(0.70%～1.20%),两位数字后加"Mn",普通含锰量时(0.35%～0.80%)不做标注。如果是沸腾钢,则在数字后加注"F",镇静钢则不做标注。例如钢号 10F 表示平均含碳量为 0.10%,普通含锰量的沸腾钢;50Mn 表示平均含碳量为 0.50%,较高含锰量的镇静钢。

优质碳素结构钢在生产过程中严格控制杂质的含量(含硫量不高于 0.035%,含磷量不高于 0.035%),因此其质量稳定,综合性能较好,优于碳素结构钢。在建筑工程中常用做重要结构的钢铸件、高强螺栓及预应力锚具。常用的是 30～45 号钢。45 号钢也用作预应力混凝土锚具,65～80 号钢主要用于生产预应力钢筋混凝土用的钢丝、刻痕钢丝和钢绞线。

3. 低合金高强度结构钢

(1) 低合金高强度结构钢的牌号及其表示方法。

根据国家标准《低合金高强度结构钢》(GB/T 1591—2008)规定,牌号为 Q345、Q390、Q420、Q460、Q500、Q550、Q620、Q690。质量等级为 A、B、C、D、E 五个等级。

(2) 技术要求。

低合金高强度结构钢的技术要求包括化学成分、力学性能及冷弯性能等,其指标应分别满足表 7-6、表 7-7、表 7-8 和表 7-9 的要求。

表 7-6　低合金高强度结构钢的化学成分

牌号	质量等级	化学成分[a,b]（质量分数）/%														
		C	Si	Mn	P	S	Nb	V	Ti	Cr	Ni	Cu	N	Mo	B	Als
							不大于									不小于
Q345	A	≤0.20	≤0.50	≤1.70	0.035	0.035	0.07	0.15	0.20	0.30	0.50	0.30	0.012	0.10	—	—
	B				0.035	0.035										
	C				0.030	0.030										
	D	≤0.18			0.030	0.025										0.015
	E				0.025	0.020										
Q390	A	≤0.20	≤0.50	≤1.70	0.035	0.035	0.07	0.20	0.20	0.30	0.50	0.30	0.015	0.10	—	—
	B				0.035	0.035										
	C				0.030	0.030										
	D				0.030	0.025										0.015
	E				0.025	0.020										
Q420	A	≤0.20	≤0.50	≤1.70	0.035	0.035	0.07	0.20	0.20	0.30	0.80	0.30	0.015	0.20	—	—
	B				0.035	0.035										
	C				0.030	0.030										
	D				0.030	0.025										0.015
	E				0.025	0.020										
Q460	C	≤0.20	≤0.60	≤1.80	0.030	0.030	0.11	0.20	0.20	0.30	0.80	0.55	0.015	0.20	0.004	0.015
	D				0.030	0.025										
	E				0.025	0.020										
Q500	C	≤0.18	≤0.60	≤1.80	0.030	0.030	0.11	0.12	0.20	0.60	0.80	0.55	0.015	0.20	0.004	0.015
	D				0.030	0.025										
	E				0.025	0.020										
Q550	C	≤0.18	≤0.60	≤2.00	0.030	0.030	0.11	0.12	0.20	0.80	0.80	0.80	0.015	0.30	0.004	0.015
	D				0.030	0.025										
	E				0.025	0.020										
Q620	C	≤0.18	≤0.60	≤2.00	0.030	0.030	0.11	0.12	0.20	1.00	0.80	0.80	0.15	0.30	0.004	0.015
	D				0.030	0.025										
	E				0.025	0.020										
Q690	C	≤0.18	≤0.60	≤2.00	0.030	0.030	0.11	0.12	0.20	1.00	0.80	0.80	0.015	0.30	0.004	0.015
	D				0.030	0.025										
	E				0.025	0.020										

a. 型材及棒材 P、S 含量可提高 0.005%，其中 A 级钢上限可为 0.045%。

b. 当细化晶粒元素组合加入时，20(Nb+V+Ti)≤0.22%，20(Mo+Cr)≤0.30%。

表 7 - 7 钢材的拉伸性能

拉伸试验[a,b,c]

牌号	质量等级	下屈服强度 (R_{eL})/MPa 以下公称厚度(直径、边长)									抗拉强度 (R_m)/MPa 以下公称厚度(直径、边长)							断后伸长率 (A)/% 公称厚度(直径、边长)					
		≤16 mm	>16~40 mm	>40~63 mm	>63~80 mm	>80~100 mm	>100~150 mm	>150~200 mm	>200~250 mm	>250~400 mm	≤40 mm	>40~63 mm	>63~80 mm	>80~100 mm	>100~150 mm	>150~250 mm	>250~400 mm	≤40 mm	>40~63 mm	>63~100 mm	>100~150 mm	>150~250 mm	>250~400 mm
Q345	A	≥345	≥335	≥325	≥315	≥305	≥285	≥275	≥265	—	470~630	470~630	470~630	470~630	450~600	450~600	—	≥20	≥19	≥19	≥18	≥17	—
	B	≥345	≥335	≥325	≥315	≥305	≥285	≥275	≥265	—	470~630	470~630	470~630	470~630	450~600	450~600	—	≥20	≥19	≥19	≥18	≥17	—
	C	≥345	≥335	≥325	≥315	≥305	≥285	≥275	≥265	—	470~630	470~630	470~630	470~630	450~600	450~600	—	≥21	≥20	≥20	≥19	≥18	—
	D	≥345	≥335	≥325	≥315	≥305	≥285	≥275	≥265	≥265	470~630	470~630	470~630	470~630	450~600	450~600	450~600	≥21	≥20	≥20	≥19	≥18	≥17
	E	≥345	≥335	≥325	≥315	≥305	≥285	≥275	≥265	—	470~630	470~630	470~630	470~630	450~600	450~600	—	≥21	≥20	≥20	≥19	≥18	—
Q390	A	≥390	≥370	≥350	≥330	≥330	≥310	—	—	—	490~650	490~650	490~650	490~650	470~620	—	—	≥20	≥19	≥19	≥18	—	—
	B	≥390	≥370	≥350	≥330	≥330	≥310	—	—	—	490~650	490~650	490~650	490~650	470~620	—	—	≥20	≥19	≥19	≥18	—	—
	C	≥390	≥370	≥350	≥330	≥330	≥310	—	—	—	490~650	490~650	490~650	490~650	470~620	—	—	≥20	≥19	≥19	≥18	—	—
	D	≥390	≥370	≥350	≥330	≥330	≥310	—	—	—	490~650	490~650	490~650	490~650	470~620	—	—	≥20	≥19	≥19	≥18	—	—
	E	≥390	≥370	≥350	≥330	≥330	≥310	—	—	—	490~650	490~650	490~650	490~650	470~620	—	—	≥20	≥19	≥19	≥18	—	—
Q420	A	≥420	≥400	≥380	≥360	≥360	≥340	—	—	—	520~680	520~680	520~680	520~680	500~650	—	—	≥19	≥18	≥18	≥18	—	—
	B	≥420	≥400	≥380	≥360	≥360	≥340	—	—	—	520~680	520~680	520~680	520~680	500~650	—	—	≥19	≥18	≥18	≥18	—	—
	C	≥420	≥400	≥380	≥360	≥360	≥340	—	—	—	520~680	520~680	520~680	520~680	500~650	—	—	≥19	≥18	≥18	≥18	—	—
	D	≥420	≥400	≥380	≥360	≥360	≥340	—	—	—	520~680	520~680	520~680	520~680	500~650	—	—	≥19	≥18	≥18	≥18	—	—
	E	≥420	≥400	≥380	≥360	≥360	≥340	—	—	—	520~680	520~680	520~680	520~680	500~650	—	—	≥19	≥18	≥18	≥18	—	—
Q460	C	≥460	≥440	≥420	≥400	≥400	≥380	—	—	—	550~720	550~720	550~720	550~720	530~700	—	—	≥17	≥16	≥16	≥16	—	—
	D	≥460	≥440	≥420	≥400	≥400	≥380	—	—	—	550~720	550~720	550~720	550~720	530~700	—	—	≥17	≥16	≥16	≥16	—	—
	E	≥460	≥440	≥420	≥400	≥400	≥380	—	—	—	550~720	550~720	550~720	550~720	530~700	—	—	≥17	≥16	≥16	≥16	—	—

续表

牌号	质量等级	以下公称厚度（直径、边长）下屈服强度 R_{eL}/MPa									拉伸试验[a,b,c] 以下公称厚度（直径、边长）抗拉强度 R_m/MPa							断后伸长率(A)/% 公称厚度（直径、边长）					
		≤16 mm	>16 mm~40 mm	>40 mm~63 mm	>63 mm~80 mm	>80 mm~100 mm	>100 mm~150 mm	>150 mm~200 mm	>200 mm~250 mm	>250 mm~400 mm	≤40 mm	>40 mm~63 mm	>63 mm~80 mm	>80 mm~100 mm	>100 mm~150 mm	>150 mm~250 mm	>250 mm~400 mm	≤40 mm	>40 mm~63 mm	>63 mm~100 mm	>100 mm~150 mm	>150 mm~250 mm	>250 mm~400 mm
Q500	C	≥500	≥480	≥470	≥450	≥440	—	—	—	—	610~770	600~760	590~750	540~730	—	—	—	≥17	≥17	≥17	—	—	—
	D	≥500	≥480	≥470	≥450	≥440	—	—	—	—	610~770	600~760	590~750	540~730	—	—	—	≥17	≥17	≥17	—	—	—
	E	≥500	≥480	≥470	≥450	≥440	—	—	—	—	610~770	600~760	590~750	540~730	—	—	—	≥17	≥17	≥17	—	—	—
Q550	C	≥550	≥530	≥520	≥500	≥490	—	—	—	—	670~830	620~810	600~790	590~780	—	—	—	≥16	≥16	≥16	—	—	—
	D	≥550	≥530	≥520	≥500	≥490	—	—	—	—	670~830	620~810	600~790	590~780	—	—	—	≥16	≥16	≥16	—	—	—
	E	≥550	≥530	≥520	≥500	≥490	—	—	—	—	670~830	620~810	600~790	590~780	—	—	—	≥16	≥16	≥16	—	—	—
Q620	C	≥620	≥600	≥590	≥570	—	—	—	—	—	710~880	690~880	670~860	—	—	—	—	≥15	≥15	≥15	—	—	—
	D	≥620	≥600	≥590	≥570	—	—	—	—	—	710~880	690~880	670~860	—	—	—	—	≥15	≥15	≥15	—	—	—
	E	≥620	≥600	≥590	≥570	—	—	—	—	—	710~880	690~880	670~860	—	—	—	—	≥15	≥15	≥15	—	—	—
Q690	C	≥690	≥670	≥660	≥640	—	—	—	—	—	770~940	750~920	730~900	—	—	—	—	≥14	≥14	≥14	—	—	—
	D	≥690	≥670	≥660	≥640	—	—	—	—	—	770~940	750~920	730~900	—	—	—	—	≥14	≥14	≥14	—	—	—
	E	≥690	≥670	≥660	≥640	—	—	—	—	—	770~940	750~920	730~900	—	—	—	—	≥14	≥14	≥14	—	—	—

a. 当屈服不明显时，可测量 $R_{p0.2}$ 代替下屈服强度。

b. 宽度不小于 600 mm 扁平材，拉伸试验取横向试样；宽度小于 600 mm 的扁平材、型材及棒材取纵向试样，断后伸长率最小值相应提高 1%（绝对值）。

c. 厚度>250 mm~400 mm 的数值适用于扁平材。

表 7-8 弯曲实验

牌 号	试样方向	180°弯曲试验 [d＝弯心直径,a＝试样厚度(直径)]	
		钢材厚度(直径,边长)	
		≤16 mm	>16 mm～100 mm
Q345 Q390 Q420 Q450	宽度不小于 600 mm 扁平材,拉伸试验取横向试样。宽度小于 600 mm 的扁平材、型材及棒材取纵向试样	2a	3a

表 7-9 夏比(V 型)冲击试验的试验温度和冲击吸收能量

牌 号	质量等级	试验温度/℃	冲击吸收能量(KV_2)[a]/J		
			公称厚度(直径、边长)		
			12 mm～150 mm	>150 mm～250 mm	>250 mm～400 mm
Q345	B	20	≥34	≥27	—
	C	0			
	D	−20			27
	E	−40			
Q390	B	20	≥34	—	—
	C	0			
	D	−20			
	E	−40			
Q420	B	20	≥34	—	—
	C	0			
	D	−20			
	E	−40			
Q460	C	0	≥34	—	—
	D	−20			
	E	−40			
Q500、 Q550、 Q620、 Q690	C	0	≥55	—	—
	D	−20	≥47	—	—
	E	−40	≥31	—	—

a. 冲击试验取纵向试样。

（3）低合金高强度结构钢的性能与应用。

低合金高强度结构钢是在碳素结构钢的基础上，添加总量小于5％的一种或几种合金元素的一种结构钢，所加元素主要有锰、硅、钒、钛、铌、铬、镍及稀土元素，其目的是提高钢的屈服强度、抗拉强度、耐磨性、耐蚀性及耐低温性能等，使钢材具有较好的塑性、韧性和可焊性，因此，它是综合性能较为理想的钢材，在钢结构和钢筋混凝土结构中常采用低合金高强度结构钢轧制型钢（角钢、槽钢、工字钢）、钢板、钢管及钢筋，来建筑桥梁、高层及大跨度建筑，尤其在承受动荷载和冲击荷载的结构中更为适用。另外，与使用碳素钢相比，可节约钢材20％～30％，而成本并不很高。

二、钢结构用钢

钢结构用钢主要是由普通碳素结构钢及低合金高强度结构钢加工而成的钢板和型钢等。钢板是厚度比很大的矩形板。按轧制工艺不同分热轧和冷轧两大类。按其公称厚度分为薄板（厚度0.1～4 mm）、中板（厚度4～20 mm）、厚板（厚度20～60 mm）、特厚板（厚度超过60 mm）；型钢的规格通常以反映其断面形状的主要轮廓尺寸来表示。钢结构常用的型钢有工字钢、H型钢、T型钢、槽钢、等边角钢、不等边型钢等。型钢由于截面形式合理，材料在截面上分布对受力最为有利，且构件间连接方便，所以是钢结构中采用的主要钢材。

三、钢筋混凝土结构用钢筋

1. 热轧钢筋

用加热钢坯轧成的条型成品钢筋，称为热轧钢筋。它是建筑工程中用量最大的钢材品种之一，主要用于钢筋混凝土的配筋。热轧钢筋按表面形状分为热轧光圆钢筋和热轧带肋钢筋。

（1）热轧光圆钢筋。

经热轧成型，横截面通常为圆形，表面光滑的成品钢筋，称为热轧光圆钢筋（HPB，热轧光圆钢筋的英文Hot rolled Plain Bars缩写）。热轧光圆钢筋按屈服强度特征值分为235级和300级，其牌号由HPB和屈服强度特征值构成，分为HPB235和HPB300两个牌号。热轧光圆钢筋的公称直径范围为6～22 mm。热轧光圆钢筋的屈服强度、抗拉强度、断后伸长率、最大拉力总伸长率等力学性能特征值应符合表7-10的规定。

表7-10　热轧光圆钢筋的力学性能和工艺性能（GB 1499.1—2008）

牌号	屈服强度/MPa	抗拉强度/MPa	断后伸长率/％	最大拉长总伸长率/％	冷弯试验180°，d 为弯心直径，a 为钢筋公称直径
	不小于				
HPB235	235	370	25.0	10.0	$d=a$
HPB300	300	420			

（2）热轧带肋钢筋。

经热轧成型并自然冷却的横截面为圆形的且表面通常带有两条纵肋和沿长度方向均匀分布的横肋的钢筋，称为热轧带肋钢筋。其包括普通热轧钢筋和细晶粒热轧钢筋两种。

普通热轧带肋钢筋牌号由 HRB(热轧带肋钢筋的英文 Hot rolled Ribbed Bars 缩写)和屈服强度特征值构成,分为 HRB335、HRB400 和 HRB500 三个牌号,细晶粒热轧钢筋的牌号由 HRBF 和屈服强度特征值构成,分为 HRBF335、HRBF400 和 HRBF500 三个牌号。

热轧带肋钢筋的公称直径范围为 6～50 mm。

热轧带肋钢筋的力学性能和工艺性能应符合表 7-11 的规定。表中所列各力学性能特征值,可作为交货检验的最小保证值;按规定的弯心直径弯曲 $180°$ 后,钢筋受弯部位表面不得产生裂纹。反向弯曲试验是先正向弯曲 $90°$,再反向弯曲 $20°$,经反向弯曲试验后,钢筋受弯曲部位表面不得产生裂纹。

表 7-11　热轧带肋钢筋的力学性能和工艺性能(GB 1499.2—2007)

牌号	屈服强度/MPa	抗拉强度/MPa	断后伸长率/%	最大拉力总伸长率/%	公称直径/mm	弯心直径	反向弯曲
	不小于					d 为钢筋公称直径	
HRB335 HRBF335	335	455	17		6～25	$3d$	$4d$
					28～40	$4d$	$5d$
					>40～50	$5d$	$6d$
HRB400 HRBF400	400	540	16	7.5	6～25	$4d$	$5d$
					28～40	$5d$	$6d$
					>40～50	$6d$	$7d$
HRB500 HRBF500	500	630	15		6～25	$6d$	$7d$
					28～40	$7d$	$8d$
					>40～50	$8d$	$9d$

热轧钢筋中热轧光圆钢筋的强度较低,但塑性及焊接性能很好,便于各种冷加工,因而广泛用做普通钢筋混凝土构件的受力筋及各种钢筋混凝土结构的构造筋;HRB335 和 HRB400 钢筋强度较高,塑性和焊接性能也较好,故广泛用做大、中型钢筋混凝土结构的受力钢筋;HRB500 钢筋强度高,但塑性及焊接性能较差,可用做预应力钢筋。

2. 冷轧带肋钢筋

冷轧带肋钢筋是热轧圆盘条经冷轧后,在其表面带有沿长度方向均匀分布的三面或两面横肋的钢筋。其牌号由 CRB(冷轧带肋钢筋的英文 Cold rolled Ribbed Bars 缩写)和钢筋的抗拉强度最小值构成,分为 CRB550、CRB650、CRB800 和 CRB970。CRB550 为普通钢筋混凝土用钢筋,其他牌号为预应力混凝土用钢筋。冷轧带肋钢筋应满足《冷轧带肋钢筋》(GB 13788—2008)标准的要求。

3. 冷轧扭钢筋

低碳钢热轧圆盘条经专用钢筋冷轧扭机调直、冷轧并冷扭(或冷滚)一次成型具有规定截面形式和相应节距的连续螺旋状钢筋。冷轧扭钢筋按其截面形状不同分为三种类型:近似矩形截面为Ⅰ型;近似正方形截面为Ⅱ型;近似圆形截面为Ⅲ型。冷轧扭钢筋按其强度级别不同分为两级：550 级和 650 级。其牌号由 CTB(冷轧扭钢筋的英文 Cold rolled and Twisted Bars 缩写)和钢筋的抗拉强度最小值构成,分为 CTB550 和 CTB600。

冷轧扭钢筋应满足《冷轧扭钢筋》(JG 190—2006) 标准的要求。

4. 钢筋混凝土用余热处理钢筋

钢筋混凝土用余热处理钢筋是热轧后利用热处理原理进行表面控制冷却,并利用芯部余热自身完成回火处理所得的成品钢筋。钢筋混凝土用余热处理钢筋按屈服强度特征值分为 400 级和 500 级,按用途分为可焊和非可焊。其牌号由 RRB 和规定的屈服强度特征值构成,分为 RRB400、RRB500 和 RRB400W(W 表示可焊)。钢筋混凝土用余热处理钢筋应满足《钢筋混凝土用余热处理钢筋》(GB 13014—2013)标准的要求。

四、预应力混凝土用钢棒、钢丝和钢绞线

1. 预应力混凝土用钢棒

预应力混凝土用钢棒是用低合金钢热轧圆盘条经过冷加工后(或不经冷加工)淬火和回火得到。预应力混凝土用钢棒按钢棒表面形状分为光圆钢棒、螺旋槽钢棒、螺旋肋钢棒和带肋钢棒四种。预应力混凝土用钢棒应满足《预应力混凝土用钢棒》(GB/T 5223.3—2005)标准的要求。

预应力混凝土用钢棒具有高强度、高韧性、低松弛、与混凝土握裹力强,良好的可焊性、镦锻性。在国内外已被广泛应用于高强度预应力混凝土离心管桩、电杆、高架桥墩、铁路轨枕及高层建筑、基坑支护、大型预制板等预应力构件中。

2. 预应力混凝土用钢丝

根据《预应力混凝土用钢丝》(GB/T 5223—2014),预应力混凝土用钢丝按加工状态分为冷拉钢丝(WCD)和消除应力钢丝两类。其代号为冷拉钢丝(WCD)和低松弛钢丝(WLR)。按钢丝外形分为光圆钢丝(P)、螺旋肋钢丝(H)和刻痕钢丝(I)。按《预应力混凝土用钢丝》(GB/T 5223—2014)交货的产品标记应包含"预应力钢丝,公称直径,抗拉强度等级,加工状态代号,外形代号,标准编号"等内容,如公称直径为 4.00 mm,抗拉强度为 1 670 Mpa 冷拉光圆钢丝标记为:预应力钢丝 4.00 - 1670 - WCD - P - GB/T 5223—2014。

预应力混凝土钢丝有强度高、柔性好、无接头、质量稳定可靠、施工方便、不需冷拉、不需焊接等优点,主要用于大跨度屋架极薄腹梁、大跨度吊车梁、桥梁、电杆和轨枕等的预应力结构。

3. 预应力混凝土用钢绞线

钢绞线是以热轧盘条经冷拔后捻制成钢绞线,捻制后,钢绞线应进行连续的稳定化处理。按结构可分为 8 类,其代号为:1×2 用两根钢丝捻制的钢绞线;1×3 用三根钢丝捻制的钢绞线;1×31 用三根刻痕钢丝捻制的钢绞线;1×7 用七根钢丝捻制的标准型钢绞线;1×71 用六根刻痕钢丝和一根光圆中心钢丝捻制的钢绞线;(1×7)C 用七根钢丝捻制又经模拔的钢绞线;1×19S 用 19 根钢丝捻制的 1+9+9 西鲁式钢绞线;1×19W 用 19 根钢丝捻制的 1+6+6/6 瓦林吞式钢绞线。

按《预应力混凝土用钢绞线》(GB/T 5224—2014)交货的产品标记应包含"预应力钢绞线,结构代号,公称直径,强度级别,标准号"等内容,如公称直径为 15.20 mm,抗拉强

度为 1860 MPa 的 7 根钢丝捻制的标准型钢绞线的标记为:预应力钢绞线 1×7-15.20-1860-GB/T 5224—2014。

钢绞线具有强度高、与混凝土黏结性能好、断面面积大、使用根数少、柔性好、易于在混凝土结构中排列布置、易于锚固等优点,主要用于大跨度、重荷载、曲线配筋的后张法预应力钢筋混凝土结构中。

7.1.5 钢的化学成分对钢材性能的影响

钢材的性能主要取决于其中的化学成分。钢的化学成分主要是铁和碳,此外还有少量的硅、锰、磷、硫、氧和氮等元素,这些元素的存在对钢材性能也有不同的影响。

1. 碳(C)

碳是形成钢材强度的主要成分,是钢材中除铁以外含量最多的元素。含碳量对普通碳素钢性能的影响如图 7-6 所示。由图 7-6 可看出,一般钢材都有最佳含碳量,当达到最佳含碳量时,钢材的强度最高。随着含碳量的增加,钢材的硬度提高,但其塑性、韧性、冷弯性能、可焊性及抗锈蚀能力下降。因此,建筑钢材对含碳量要加以限制,一般不应超过 0.22%,在焊接结构中还应低于 0.20%。

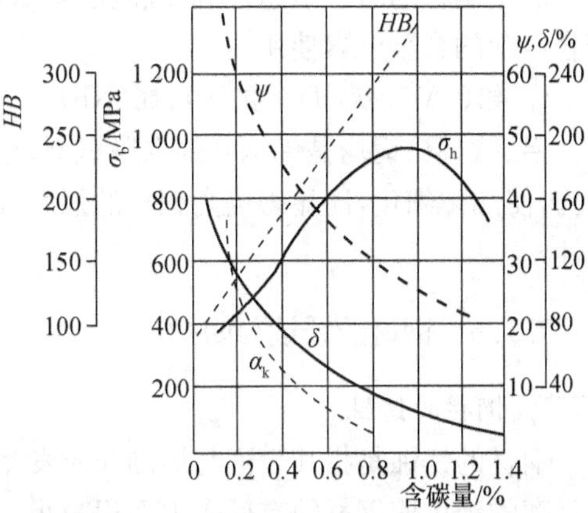

图 7-6 含碳量对碳素结构钢性能的影响

2. 硅(Si)

硅是还原剂和强脱氧剂,是制作镇静钢的必要元素。硅适量增加时可提高钢材的强度和硬度而不显著影响其塑性、韧性、冷弯性能及可焊性。在碳素镇静钢中硅的含量为 0.12%~0.3%,在低合金钢中硅的含量为 0.2%~0.55%。硅过量时钢材的塑性和韧性明显下降,而且可焊性能变差,冷脆性增加。

3. 锰(Mn)

锰是钢中的有益元素,它能显著提高钢材的强度而不过多降低塑性和冲击韧性。锰有脱氧作用,是弱脱氧剂,同时还可以消除硫引起的钢材热脆现象及改善冷脆倾向。锰是低合金钢中的主要合金元素,含量一般为 1.2%~1.6%,过量时会降低钢材的可焊性。

4. 硫(S)

硫是钢中极其有害的元素,属杂质。钢材随着含硫量的增加,将大大降低其热加工性、可焊性、冲击韧性、疲劳强度和抗腐蚀性。此外,非金属硫化物夹杂经热轧加工后还会在厚钢板中形成局部分层现象,在采用焊接连接的节点中,沿板厚方向承受拉力时,会发生层状撕裂破坏。因此,对硫的含量必须严加控制,一般不超过 0.045%~0.05%,Q235 的 C 级与 D 级钢要求更严。

5. 磷(P)

磷为有害元素,含量增加,钢材的强度提高,塑性和韧性显著下降,特别是温度愈低,对韧性和塑性的影响愈大,磷在钢中的偏析作用强烈,使钢材冷脆性增大,并显著降低钢材的可焊性。因而应严格控制其含量,一般不超过 0.045%。但采取适当的冶金工艺处理后,磷也可作为合金元素,含量为 0.05%～0.12%。

6. 氧(O)

氧为有害元素。主要存在于非金属夹杂物内,可降低钢的机械性能,特别是韧性,使钢材热脆,其作用比硫剧烈。氧有促进时效倾向的作用,氧化物造成的低熔点亦使钢的可焊性变差。

7. 氮(N)

氮对钢材性质的影响与碳、磷相似,使钢材的强度提高,塑性特别是韧性显著下降。氮可加剧钢材的时效敏感性和冷脆性,降低可焊性。在有铝、铌、钒等的配合下,氮可作为低合金钢的合金元素使用。

8. 铝(Al)、钛(Ti)、钒(v)、铌(Nb)

铝、钛、钒、铌均是炼钢时的强脱氧剂,也是钢中常用的合金元素。可改善钢材的组织结构,使晶体细化,能显著提高钢材的强度,改善钢的韧性和抗锈蚀性,同时又不显著降低塑性。

7.1.6 钢材的锈蚀与防护

1. 钢材的锈蚀

钢材的锈蚀是指其表面与周围介质发生化学反应而遭到破坏。钢材锈蚀后,产生不同程度的锈坑使钢材的有效受力面积减小,承载能力下降,不仅浪费钢材,而且会造成应力集中,加速结构破坏。根据锈蚀作用的机理,钢材的锈蚀可分为化学锈蚀和电化学锈蚀两种。

化学锈蚀是指钢材直接与周围介质发生化学反应而产生的锈蚀。这种锈蚀多数是氧化作用,使钢材表面形成疏松的氧化物。电化学锈蚀是指钢材与电解质溶液接触而产生电流,形成微电池而引起的锈蚀。

2. 钢材的防护

钢结构防止锈蚀的方法通常是采用表面刷漆。常用底漆有红丹、环氧富锌漆、铁红环氧底漆等。面漆有调和漆、醇酸磁漆、酚醛磁漆等。薄壁钢材可采用热浸镀锌等措施。

混凝土配筋的防锈措施应根据结构的性质和所处环境条件等决定,主要是保证混凝土的密实、保证足够的保护层厚度、限制氯盐外加剂的掺加量和保证混凝土一定的碱度等,还可掺用阻锈剂。

钢材的组织及化学成分是引起钢材锈蚀的内因。通过调整钢的基本组织或加入某些合金元素,可有效地提高钢材的抗腐蚀能力。例如,炼钢时在钢中加入铬、镍等合金元素,可制得不锈钢。总之通过改变钢材本身的易腐蚀性、隔离环境中的侵蚀性介质或改变钢材表面的电化学过程等途径,可以起到钢材防腐蚀的作用。

7.2　钢筋拉伸性能检测

7.2.1　现行检测方法

钢筋拉伸性能的检测按现行标准《金属材料　拉伸试验　第 1 部分：室温试验方法》（GB/T 228.1—2010）进行。

7.2.2　检测仪器

（1）试验机应按照《静力单轴试验机的检验　第 1 部分：拉力和压力试验机测力系统的检验与校准》（GB/T 16825.1—2008）进行，并应为 1 级或优于 1 级准确度。

（2）引伸计其准确度应符合《单轴试验用引伸计的标定》（GB/T 12160—2002）的要求。

（3）钢筋打点机或划线机、游标卡尺（精度为 0.1 mm）。

7.2.3　检测步骤

1. 试样的制作

试样原始标距 L_0 与原始横截面积 S_0 有 $L_0 = k \sqrt{S_0}$ 关系者称为比例试样。国际上使用的比例系数 k 的值为 5.65（即 $L_0 = 5.65 \sqrt{S_0}$）。原始标距应不小于 15 mm。当试样横截面面积太小，以致采用比例系数 k 为 5.65 的值不能符合这一最小标距要求时，可以采用较高的值（优先采用 11.3 的值）或采用非比例试样。非比例试样其原始标距（L_0）与其原始横截面积 S_0 无关。

对于 $d \geqslant 4$ mm 的钢筋，属于比例试样，其标距 $L_0 = k \sqrt{S_0}$，比例系数 k 的值通常取 5.65，也可以取 11.3。对于比例试样，应将原始标距的计算值按 GB/T 8170 - 2008 修约至最接近 5 mm 的倍数。试件平行长度 $L_c \geqslant L_0 + d_0/2$，对于仲裁试验 $L_c \geqslant L_0 + 2d_0$。钢筋试验一般采用不经机械加工的试样。试样的总长度取决于夹持方法，原则上 $L_t > L_c + 4d_0$。

对于 $d < 4$ mm 的钢丝，属于非比例试件，其原始标距 L_0 应取 200 ± 2 mm 或 100 ± 1 mm。试验机两夹头之间的试样长度 L_c 最小值为 $L_0 + 20$ mm。

试样原始标距应用小标记、细划线或细墨线标记，但不得用引起过早断裂的缺口作标记；可以标记一系列套叠的原始标距；也可以在试样表面划一条平行于试样纵轴的线，并在此线上标记原始标距。

2. 检查、调零

检查拉力试验机各部件是否正常工作，调整试验机测力度盘的指针，使其对准零点，并拨动从动指针，使之与主动针重叠。

3. 检测的要求

将试件固定在试验机夹头内，开动试验机进行拉伸，直至试件拉断。除非产品标准另有规定,试验速率取决于材料特性并应符合《金属材料室温拉伸试验方法》(GB/T 228—2002)的规定。

7.2.4 应变速率控制的试验速率(方法 A)

1. 总则

方法 A 是为了减小测定应变速率敏感参数(性能)时的试验速率变化和试验结果的测量不确定度。

本部分阐述了两种不同类型的应变速率控制模式。第一种应变速率 $\dot{e}_{L_e}$ 是基于引伸计的反馈而得到。第二种是根据平行长度估计的应变速率 $\dot{e}_{L_c}$,即通过控制平行长度与需要的应变速率相乘得到的横梁位移速率来实现。

如果材料显示出均匀变形能力,力值能保持名义的恒定,应变速率 $\dot{e}_{L_e}$ 和根据平行长度估计的应变速率 $\dot{e}_{L_c}$ 大致相等。如果材料展示出不连续屈服或锯齿状屈服(如某些钢和 AlMg 合金在屈服阶段或如某些材料呈现出的 Portevin-LeChatelier 锯齿屈服效应)或发生缩颈时,两种速率之间会存在不同,随着力值的增加,试验机的柔度可能会导致实际的应变速率明显低于应变速率的设定值。

试验速率应满足下列要求:

(1) 在直至测定 R_{eH}、R_p 或 R_t 的范围,应变速率 $\dot{e}_{L_e}$ 是用引伸计标距 L_e 测量时单位时间的应变增加值。这一范围需要在试样上装夹引伸计,消除拉伸试验机柔度的影响,以准确控制应变速率(对于不能进行应变速率控制的试验机,根据平行长度部分估计的应变速率 $\dot{e}_{L_c}$ 也可用);

(2) 对于不连续屈服的材料,应变速率 $\dot{e}_{L_c}$ 是根据横梁位移速率和试样平行长度 L_c 计算的试样平行长度的应变单位时间内的增加值。这种情况下是不可能用装夹在试样上的引伸计来控制应变速率的,因为局部的塑性变形可能发生在引伸计标距以外。在平行长度范围利用恒定的横梁位移速率 ν_c 根据式(7-2)计算得到的应变速率具有足够的准确度。

$$\nu_c = L_c \times \dot{e}_{L_c} \tag{7-2}$$

式中,$\dot{e}_{L_c}$ 为平行长度估计的应变速率;L_c 为平行长度。

(3) 在测定 R_p、R_t 或屈服结束之后,应该使用 $\dot{e}_{L_e}$ 或 $\dot{e}_{L_c}$。为了避免由于缩颈发生在引伸计标距以外控制出现问题,推荐使用 $\dot{e}_{L_c}$。

在测定相关材料性能时,应保持 7.2.4 的 2.~4. 规定的应变速率,如图 7-7 所示。

在进行应变速率或控制模式转换时,不应在应力—延伸率曲线上引入不连续性,而歪曲 R_m、A_g 或 A_{gt} 值,如图 7-8 所示。这种不连续效应可以通过降低转换速率得以减轻。

应力—延伸率曲线在加工硬化阶段的形状可能受应变速率的影响。采用的试验速率应通过文件来规定,具体参见 GB/T 228.1—2010 的 10.6。

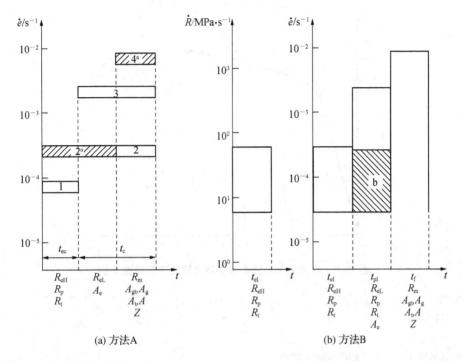

(a) 方法A   (b) 方法B

说明:$\dot{e}$——应变速率;

$\dot{R}$——应力速率;

t——拉伸试验时间进程;

t_c——横梁控制时间;

t_{ec}——引伸计控制时间或横梁控制时间;

t_{el}——测定表1列举的弹性性能参数的时间范围;

t_f——测定表1列举的通常到断裂的性能参数的时间范围;

t_{pl}——测定表1列举的塑性性能参数的时间范围;

1——范围1:$\dot{e}=0.000\,07\ \text{s}^{-1}$,相对误差±20%;

2——范围2:$\dot{e}=0.000\,25\ \text{s}^{-1}$,相对误差±20%;

3——范围3:$\dot{e}=0.002\,5\ \text{s}^{-1}$,相对误差±20%;

4——范围4:$\dot{e}=0.006\,7\ \text{s}^{-1}$,相对误差±20%(0.4 min^{-1},相对误差±20%);

5——引伸计控制或横梁控制;

6——横梁控制。

a 推荐的。

b 如果试验机不能测量或控制应变速率,可扩展至较低速率的范围(见7.2.5中2.的(5))。

图 7-7 拉伸试验中测定 R_{eH}、R_{eL}、A_e、R_p、R_t、R_m、A_g、A_{gt}、A、A_t 和
Z 时应选用的应变速率范围

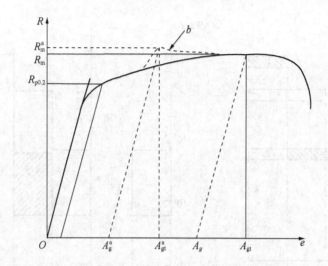

图 7-8 在应力—应变曲线上不允许的不连续性示例

说明：

e——延伸率；

R——应力。

a 非真实值，产生了突然的应变速率增加。

b 应变速率突然增加时的应力—应变行为。

2. 上屈服强度 R_{eH} 或规定延伸强度 R_p、R_t 和 R_r 的测定

在测定 R_{eH}、R_p、R_t 和 R_r 时，应变速率 $\dot{e}_{L_e}$ 应尽可能保持恒定。在测定这些性能时，$\dot{e}_{L_e}$ 应选用下面两个范围之一（见图 7-7）：

——范围 1：$\dot{e}_{L_e} = 0.000\ 07\ s^{-1}$，相对误差 $\pm 20\%$；

——范围 2：$\dot{e}_{L_e} = 0.000\ 25\ s^{-1}$，相对误差 $\pm 20\%$（如果没有其他规定，推荐选取该速率）。

如果试验机不能直接进行应变速率控制，应该采用通过平行长度估计的应变速率 $\dot{e}_{L_e}$，即恒定的横梁位移速率，该速率应用式（7-2）进行计算。如考虑试验机系统的柔度，参见 GB/T 228.1-2010 的附录 F。

3. 下屈服强度 R_{eL} 和屈服点延伸率 A_e 的测定

上屈服强度之后，在测定下屈服强度和屈服点延伸率时，应当保持下列两种范围之一的平行长度估计的应变速率 $\dot{e}_{L_c}$（见图 7-7），直到不连续屈服结束：

——范围 2：$\dot{e}_{L_c} = 0.000\ 25\ s^{-1}$，相对误差 $\pm 20\%$（测定 R_{eL} 时推荐该速率）；

——范围 3：$\dot{e}_{L_c} = 0.002\ s^{-1}$，相对误差 $\pm 20\%$。

4. 抗拉强度 R_m，断后伸长率 A，最大力下的总延伸率 A_{gt}，最大力下的塑性延伸率 A_g 和断面收缩率 Z 的测定

在屈服强度或塑性延伸强度测定后，根据试样平行长度估计的应变速率 $\dot{e}_{L_c}$ 应转换成下述规定范围之一的应变速率（见图 7-7）：

——范围 2：$\dot{e}_{L_c}=0.000\ 25\ \mathrm{s}^{-1}$，相对误差 ±20%；

——范围 3：$\dot{e}_{L_c}=0.002\ \mathrm{s}^{-1}$，相对误差 ±20%；

——范围 4：$\dot{e}_{L_c}=0.006\ 7\ \mathrm{s}^{-1}$，相对误差 ±20%（0.4 min^{-1}，相对误差 ±20%）（如果没有其他规定，推荐选取该速率）。

如果拉伸试验仅仅是为了测定抗拉强度，根据范围 3 或范围 4 得到的平行长度估计的应变速率适用于整个试验。

7.2.5　应力速率控制的试验速率(方法 B)

1. 总则

试验速率取决于材料特性并应符合下列要求。如果没有其他规定，在应力达到规定屈服强度的一半之前，可以采用任意的试验速率。超过这点以后的试验速率应满足下述规定。

2. 测定屈服强度和规定强度的试验速率

（1）上屈服强度 R_{eH}。

在弹性范围和直至上屈服强度，试验机夹头的分离速率应尽可能保持恒定并在表 7 - 12 规定的应力速率范围内。

注：弹性模量小于 150 000 MPa 的典型材料包括锰、铝合金、铜和钛。弹性模量大于 150 000 MPa 的典型材料包括铁、钢、钨和镍基合金。

表 7 - 12　应力速率

材料弹性模量 E/MPa	应力速率 R/(MPa · s^{-1})	
	最小	最大
<150 000	2	20
≥150 000	6	60

（2）下屈服强度 R_{eL}。

如仅测定下屈服强度，在试样平行长度的屈服期间应变速率应在 0.000 25 s^{-1} ~ 0.002 5 s^{-1} 之间。平行长度内的应变速率应尽可能保持恒定。如不能直接调节这一应变速率，应通过调节屈服即将开始前的应力速率来调整，在屈服完成之前不再调节试验机的控制。

任何情况下，弹性范围内的应力速率不得超过表 7 - 12 规定的最大速率。

（3）上屈服强度 R_{eH} 和下屈服强度 R_{eL}。

如在同一试验中测定上屈服强度和下屈服强度，测定下屈服强度的条件应符合 7.2.5 中 2. 的（2）的要求。

（4）规定塑性延伸强度 R_p、规定总延伸强度 R_t 和规定残余延伸强度 R_r。

在弹性范围试验机的横梁位移速率应在表 7 - 12 规定的应力速率范围内，并尽可能保持恒定。

在塑性范围和直至规定强度(规定塑性延伸强度、规定总延伸强度和规定残余延伸强度)应变速率不应超过 0.002 5 s^{-1}。

(5) 模梁位移速率。

如试验机无能力测量或控制应变速率,应采用等效于表 7-12 规定的应力速率的试验机横梁位移速率,直至屈服完成。

(6) 抗拉强度 R_m、断后伸长率 A、最大力总延伸率 A_{gt}、最大力塑性延伸率 A_g 和断面收缩率 Z。

测定屈服强度或塑性延伸强度后,试验速率可以增加到不大于 $0.008\ s^{-1}$ 的应变速率(或等效的横梁分离速率)。

如果仅仅需要测定材料的抗拉强度,在整个试验过程中可以选取不超过 $0.008\ s^{-1}$ 的单一试验速率。

7.2.6 上屈服强度(R_{eH})和下屈服强度(R_{eL})的测定

(1) 图解方法。试验时记录力—延伸曲线或力—位移曲线。从曲线图读取力首次下降前的最大力和不记初始瞬时效应时屈服阶段中的最小力或屈服平台的恒定力。将其分别除以试样公称横截面面积(S_0),如表 7-13 所示,得到上屈服强度和下屈服强度。仲裁试验采用图解方法。

表 7-13　钢筋的公称横截面积(S_0)

公称直径/mm	公称横截面积/mm²	公称直径/mm	公称横截面积/mm²
8	50.27	22	380.1
10	78.54	25	490.9
12	113.1	28	615.8
14	153.9	32	804.2
16	201.1	36	1 018
18	254.5	40	1 257
20	314.2	50	1 964

(2) 指针方法。试验时,读取测力度盘指针首次回转前指示的最大力和不记初始效应时屈服阶段中指示的最小力或首次停止转动指示的恒定力。将其分别除以试样公称横截面面积(S_0)得到上屈服强度和下屈服强度。

(3) 可以使用自动装置(如微处理机等)或自动测试系统测定上屈服强度和下屈服强度,可以不绘制拉伸曲线图。

7.2.7 断后伸长率(A)的测定

(1) 为了测定断后伸长率,应将试样断裂的部分仔细地配接在一起,使其轴线处于同一直线上,并采取特别措施,确保试样断裂部分适当接触后测量试样断后标距。这对于小横截面试样和低伸长率试样尤为重要。应使用分辨力优于 $0.1\ mm$ 的量具或测量装置测定断后伸长量 $L_u - L_0$,准确到 $\pm 0.25\ mm$。

原则上只有断裂处与最接近的标距标记的距离不小于原始标距的 1/3 的情况方为有效。但断后伸长率大于或等于规定值,不管断裂位置处于何处,测量均为有效。断后伸长率按式(7-3)计算。

$$A = \frac{L_u - L_0}{L_0} \times 100\%\qquad\qquad(7-3)$$

(2) 移位法测定断后伸长率。当试样断裂处与最接近的标距标记的距离小于原始标距的 1/3 时,可以使用如下方法。

试验前,原始标距(L_0)细分为 N 等份。试验后,以符号 X 表示断裂后试样短段的标距标记,以符号 Y 表示断裂试样长段的等分标记,此标记与断裂处的距离最接近于断裂处至标记 X 的距离。

如 X 与 Y 之间的分格数为 n,按如下测定断后伸长率.

① 如 $N-n$ 为偶数(如图 7-9(a)所示),测量 X 与 Y 之间的距离和测量从 Y 至距离为 $\frac{1}{2}(N-n)$ 个分格的 Z 标记之间的距离,按照式(7-4)计算断后伸长率。

$$A = \frac{XY + 2YZ - L_0}{L_0} \times 100\%\qquad\qquad(7-4)$$

② 如 $N-n$ 为奇数(如图 7-7(b)所示),测量 X 与 Y 之间的距离和测量从 Y 至距离分别为 $\frac{1}{2}(N-n-1)$ 和 $\frac{1}{2}(N-n+1)$ 个分格的 Z' 和 Z'' 标记之间的距离。按照(7-5)式计算断后伸长率。

$$A = \frac{XY + YZ' + YZ'' - L_0}{L_0}\qquad\qquad(7-5)$$

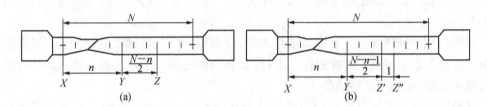

图 7-9　移位方法的图示说明

(3) 能用引伸计测定断裂延伸的试验机,引伸计标距(L_e)应等于试样原始标距(L_0),无需标出试样原始标距的标记。以断裂时的总延伸作为伸长值,测量时,为了得到断后伸长率,应从总延伸中扣除弹性延伸部分。

7.2.8　断裂总延伸率的测定

按照(3)测定的断裂总延伸除以试样原始标距得到断裂总伸长率。

7.2.9　抗拉强度(R_m)的测定

对于呈现明显屈服(不连续屈服)现象的金属材料,从记录的力—延伸曲线图或力—位移曲线图,或从测力度盘,读取过了屈服阶段之后的最大力;对于呈现无明显屈服(连续屈服)现象的金属材料,从记录的力—延伸曲线图或力—位移曲线图,或从测力度盘,读取试验过程中的最大力。最大力除以试样原始横截面面积(S_0)得到抗拉强度。

$$R_m = F_m / S_0 \tag{7-6}$$

7.2.10　试验结果及处理

热轧光圆钢筋、带肋钢筋试验结果评定:

(1)屈服点、抗拉强度、伸长率均符合相应标准规定的指标。

(2)做拉力试验的两根试件中,如有一根试件的屈服点、抗拉强度和伸长率三个指标中有一个指标不符合标准规定时,即为拉伸性能不合格。取双倍数量复检,在第二次拉力试验中如仍有一个指标不符合规定,不论这个指标在第一次试验中是否合格,拉伸性能试验项目判定不合格,即该批钢筋为不合格。

(3)试验出现下列情况之一者,试验结果无效:

① 试样在标距上或标距外裂隙;

② 试验由于操作不当,如试样夹偏而造成性能不符合规定要求;

③ 试验后试样出现两个或两个以上缩颈;

④ 试验记录有误或设备仪器发生故障影响结果准确性,遇有试验结果作废时应补做试验。

试验后试样上显示出冶金缺陷(如分层、气泡、夹渣及缩孔等),应在试验记录及报告中注明。

试验出现下列情况之一时试验结果无效,应重做同样数量试样的试验:a. 试样断裂在标距外或断在机械刻画的标距标记上,而且断后伸长率小于规定最小值;b. 试验期间设备发生故障,影响了试验结果。

试验测定的性能结果数值应按照相关产品标准的要求进行修约。未规定具体要求时,应按照如下要求进行修约:强度性能值修约至1 MPa;屈服点延伸率修约至0.1%,其他延伸率和断后伸长率修约至0.5%;断面收缩率修约至1%。修约的方法按照《数值修约规则》(GB/T 8170-2008)的规定。

7.3　钢筋冷弯性能检测

7.3.1　现行检测标准

钢筋冷弯性能的检测按现行标准《金属材料弯曲试验方法》(GB/T 232—2010)进行。

7.3.2　试验设备

应在配备下列弯曲装置之一的试验机或压力机上完成试验。

（1）支辊式弯曲装置，如图 7-10 所示。支辊长度应大于试样宽度或直径，支辊半径应为 1～10 倍试样厚度，支辊应具有足够的硬度，除非另有规定，支辊间距离应按式（7-7）确定。

$$L=d+3a\pm0.5a \tag{7-7}$$

L 在试验期间应保持不变。弯曲压头直径应在相关产品标准中规定。弯曲压头宽度应大于试样宽度或直径，弯曲压头应具有足够的硬度。

（2）V 形模具式弯曲装置。

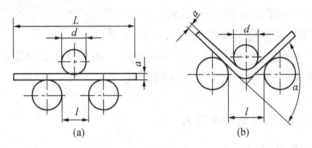

(a)　(b)

图 7-10　支辊式弯曲装置

（3）虎钳式弯曲装置。

（4）翻板式弯曲装置，如图 7-11 所示。

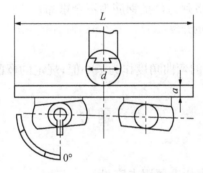

图 7-11　翻板式弯曲装置

7.3.3　试验步骤

钢筋试样应按照《钢及钢产品　力学性能试验取样位置和试样制备》（GB/T 2975—1998）的要求取样。试样表面不得有划痕和损伤，试样长度应根据试样直径和所使用的试验设备确定。

（1）由相关产品标准规定，采用下列方法之一完成试验：① 试样在给定的条件和在力作用下弯曲至规定的弯曲角度；② 试样在力作用下弯曲至两臂相距规定距离且互相平行；③ 试样在力作用下弯曲至两臂直接接触。

（2）试样弯曲至规定弯曲角度的试验。应将试样放于两支辊或V形模具或两水平翻板上，试样轴线应与弯曲压头轴线垂直，弯曲压头在两支座之间的中点处对试样连续施加力使其弯曲，直至达到规定的弯曲角度。

（3）试样弯曲至180°角两臂相距规定距离且相互平行的试验。采用支辊式弯曲装置的试验方法时，首先对试样进行初步弯曲（弯曲角度尽可能大），然后将试样置于两平行压板之间连续施加压力使其两端进一步弯曲，直至两臂平行。采用翻板式弯曲装置的方法时，在力作用下不改变力的方向，弯曲直至达到180°角。

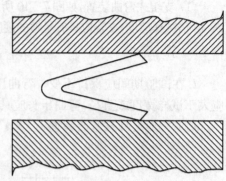

图 7 - 12　试样置于两平行压板之间

（4）试样弯曲至两臂直接接触的试验。应首先将试样进行初步弯曲（弯曲角度尽可能大），然后将试样置于两平行压板之间（如图7-12所示）连续施加压力使其两端进一步弯曲，直至两臂直接接触。

（5）弯曲试验时，应缓慢施加弯曲力。

7.3.4　试验结果及处理

（1）试件经冷弯试验后，受弯曲部位外侧表面，如无裂纹、断裂或起层，判为合格。作冷弯的两根试件中，如有一根试件不合格，可取双倍数量试件重新做冷弯试验，第二次冷弯试验中，如仍有一根不合格判为该批钢筋为不合格品。

注：弯曲表面金属体上出现的开裂，长度大于2 mm，而小于等于5 mm，宽度大于0.2 mm，而小于0.5 mm时称为裂纹。

（2）相关产品标准规定的弯曲角度作为最小值；规定的弯曲压头直径作为最大值。

习题七

一、填空题

1. 碳素结构钢的牌号由代表屈服点字母_____、_____、_____和_____四部分构成。

2. 随着时间的进展，钢材强度_____，塑性和韧性_____，称为钢材的_____性质。

3. 冷弯试验是按规定的弯曲角度和弯曲压头直径进行试验，试件的弯曲处不发生_____，即认为冷弯性能合格。

二、选择题

1. 钢材伸长率越大，表示其（　　）越好。

A. 抗压强度　　　　B. 塑性　　　　　　C. 硬度　　　　　　D. 抗拉强度

2. 设计时，钢材强度取值的依据是钢材的（　　）。

　　A. 屈服强度　　　　B. 抗压强度　　　　C. 抗拉强度　　　　D. 抗剪强度

　　3. 钢筋经冷拉和时效处理后,以下说法正确的是(　　)。

　　A. 屈服强度降低　　　　　　　　B. 抗拉强度提高

　　C. 冲击吸收能力增大　　　　　　D. 断后伸长率增大

　　4. 热轧光圆钢筋的牌号是(　　)。

　　A. HPB235　　　B. HRB335　　　C. CRB500　　　D. CRB550

　　5. 钢结构设计时,低碳钢以(　　)作为设计计算取值的依据。

　　A. 弹性极限　　　B. 屈服强度　　　C. 抗拉强度　　　D. 抗压强度

　　6. 建筑结构钢合理的屈强比一般为(　　)。

　　A. 0.50～0.65　　B. 0.60～0.75　　C. 0.70～0.75　　D. 0.80～0.85

　　7. 钢材随着含碳量的增加,其(　　)降低。

　　A. 抗拉强度　　　B. 硬度　　　　C. 塑性　　　　D. 屈服强度

　　8. 伸长率是衡量钢材的(　　)指标。

　　A. 弹性　　　　B. 塑性　　　　C. 脆性　　　　D. 硬度

　　9. 建筑工程中所用的钢绞线一般采用(　　)钢材为原料加工而成。

　　A. 普通碳素结构钢　　　　　　　B. 优质碳素结构钢

　　C. 普通低合金结构钢　　　　　　D. 普通中合金钢

　　10. 钢材表面锈蚀的主要原因是(　　)。

　　A. 钢材本身含有杂质

　　B. 表面不平,经冷加工后存在内应力

　　C. 有外部电解质作用

　　D. 电化学作用

三、问答题

　　1. 钢有哪些种类? 土木工程常用什么钢材?

　　2. 钢材的化学成分对性能有何影响?

　　3. 屈服点、抗拉强度和伸长率在工程上有何意义?

　　4. 影响钢材的冲击韧性的因素有哪些? 何谓脆性转变温度和时效敏感性?

　　5. 什么是钢材的冷弯性能? 它的表示方法及实际意义是什么?

　　6. 冷加工和时效处理后,钢材的性能如何变化?

　　7. 钢材的腐蚀类型及原因是什么? 有哪些防腐措施?

　　8. 碳素结构钢和低合金高强度结构钢的牌号如何表示? 有哪几个牌号?

　　9. 试述碳素结构钢和低合金结构钢在工程中的应用。

　　10. 混凝土结构工程中常用钢筋、钢丝和钢绞线有哪些品种? 每种如何选用?

四、计算题

　　有一钢筋试件,直径为 25 mm,原始标距为 120 mm,做拉伸试验,屈服点荷载为 198.0 kN,最大荷载为 248.3 kN,拉断后测得断后标距长为 135 mm,求该钢筋的屈服强度、抗拉强度及断后伸长率。

第8章 仪器自校自检方法

扫一扫可见
本章电子资源

8.1 电热鼓风恒温干燥箱校验方法

8.1.1 适用范围

本方法适用于新购的、在用的和修理过的建筑材料检测用电热干燥箱和电热鼓风干燥箱的校验工作。

8.1.2 技术要求

(1) 应有铭牌,其中包括制造厂、规格型号电压、功率、工作尺寸、出厂编号和日期。
(2) 外观应平整光洁,响声正常,电源控制系统正常。
(3) 绝缘性能良好。
(4) 调温范围:室温～200℃,温度控制器可将温度控制保持在指定值±1℃范围内。
(5) 升温时间(常温升至150℃)应不超过100 min。

8.1.3 校验用标准器具和辅助工具

(1) 温度计:量程200℃,分度值1℃。
(2) 辅助工具:计时器和试电笔。

8.1.4 校验方法

在常温下对被校仪器进行各项校验。在进行各项校验时,被校仪器的工作空间均不置放试样。

1. 外观与工作性状态校验

(1) 检查铭牌、外观及响声并记录结果。
(2) 接通电源,检查电源控制系统并记录结果。
(3) 用试电笔检查绝缘性能并记录结果。

2. 技术参数校验

(1) 温度校验及标定。

在箱顶温度计插孔中插入标准温度计,启动被校仪器,调整温度控制器,使之先后达到下列温度控制示值:40℃、50℃、60℃、80℃、105℃、110℃、135℃和150℃。待温度稳定后同时观察记录箱顶的标准温度计示值。

（2）温度稳定性测定。

启动被校仪器，调整温度控制器至所需控制的温度，待温度升至控制值后，通过箱顶的标准温度计观察并记录 30 min 内温度波动的最高值和最低值，观察并记录下列温度的波动结果：40℃、50℃、60℃、80℃、105℃、110℃、135℃和150℃，精确至 0.5℃。

（3）温度升温时间测定调整温度控制器至 150℃ 的控制值，启动被检仪器，同时用计时器开始计时，当温度升到 150℃ 时记录此时计时器的时间，准确至 1 min。

8.1.5 校验结果

（1）外观与工作性状态应满足 8.1.2 的（1）、（2）、（3）条款的规定。

（2）技术参数应满足 8.1.2 的（4）、（5）条款的规定。

（3）校验周期为一年。

8.2 可调温电炉校验方法

8.2.1 适用范围

（1）本方法适用于校验新购、在用和经修理的可调温电炉。

（2）可调温电炉用于各种需按规定要求控制加热速度和温度的检测项目。

8.2.2 技术要求

（1）应有铭牌，其中包括制造厂、型号、电压、功率、出厂编号与日期。

（2）应有三线插头，电热丝紧贴炉底，使上部离电炉槽面距离＞3 mm。

（3）炉体绝缘性能良好。

（4）能按要求调整加热速度和温度。

8.2.3 校验用标准器具和用具

（1）深度游标卡尺：量程 300 mm，分度值 0.02 mm。

（2）电笔。

8.2.4 校验方法

（1）观察检查铭牌和插头是否符合要求。

（2）用深度游标卡测量电热丝上部与电炉槽面距离三处，均应＞3 mm。

（3）用电笔测量炉体是否带电。

（4）接通电源，使电炉处于加热状态，旋动控温旋钮，在离电炉面 100 mm 处用手感测量，温度是否有变化。

8.2.5 校验结果评定和处置

（1）凡符合技术要求的可调温电炉可判为合格，贴绿色《合格证》标签。

（2）凡不符合技术要求的可调电炉均为不合格产品,贴红色《停用证》,不准使用,或经修理和重新校验合格后再使用。

（3）校验周期:在正常情况下,每三个月校验一次,如经修理后必须重新校验合格后方可继续使用。

8.3　电热恒温水浴箱校验方法

8.3.1　适用范围

（1）本方法适用于校验新购、在用和修理过的电热恒温水浴箱。

（2）电热恒温水浴箱用于各种有恒温水浴要求试件的直接或辅助加热和温度精密控制。

8.3.2　技术要求

（1）外观平整光洁,有铭牌,其中包括制造厂、型号、出厂编号及日期。

（2）工作状态。

① 带有温度控制器,能自动控制水温,读数数显,绝缘性能良好。

② 温度范围:室温~100℃。

③ 恒温精度:

a. 普浴水浴:±1℃。

b. 超级水浴:±0.5℃。

8.3.3　校验用标准器具和用具

（1）精密温度计:量程100℃,分度值0.1℃。

（2）电笔。

8.3.4　校验方法

（1）观察检查外观质量和铭牌是否符合8.3.2的(1)条要求。

（2）加水接通电源,用电笔测量箱体是否带电。

（3）旋动控制旋钮,观察检查仪器显示值是否随温度变化而变化。

（4）将精密温度计插入水浴中,调整温度控制器,使水浴先后稳定显示下列温度值:10℃、20℃、30℃、50℃、70℃和100℃,温度稳定后同时观察记录精密温度计显示值,并计算温度误差。

8.3.5　校验结果评定和处置

（1）凡符合技术要求的水浴可判为合格,贴绿色《合格证》标签。

（2）凡不符合技术要求的水浴均为不合格品,贴红色《停用证》标签,不能使用,并立即移出检测区域。

（3）水浴经修理后，必须重新经校验合格后，方可继续使用。

（4）检验周期为一年。

8.4　低温实验箱校验方法

8.4.1　适用范围

（1）本方法规定了新购的、在用和修理过的建筑材料检测用低温箱校验工作。

（2）本方法也适用于类似仪器周期校验。

8.4.2　技术要求

（1）应有铭牌，其中包括制造厂、规格型号、出厂编号和日期。

（2）外观应平整光洁，响声正常，电源控制系统正常。

（3）绝缘性良好。

（4）自动控温装置可将温度控制在指定值±2℃范围内。

（5）在被校仪器内装满试件后，箱内温度应在 2 h 内降至−20℃。

8.4.3　校验用标准器具和辅助工具

（1）标准器具：电子测温仪，量程−30～130℃，分度值 0.1℃。

（2）辅助工具：计时器，试电笔。

8.4.4　校验方法

在进行 8.4.4 的 1.、2.（1）、2.（2）的条款校验时，被校仪器均不置放试样。

1. 外观与工作性状态校验

（1）检查铭牌、外观及响声并记录结果。

（2）接通电源，检查电源控制系统并记录结果。

（3）用试电笔检查绝缘性能并记录结果。

2. 技术参数校验

（1）温度校验及标定。

将电子测温仪探头放入被校仪器内部中心位置，关闭箱门，启动被校仪器，调整温度控制器至指定值，当被校仪器显示到指定值时，立即记录电子测温仪显示屏示值。观察和记录范围为：−5℃、−10℃、−15℃、−20℃、−25℃和−30℃，精确至 0.5℃。计算电子测温仪指示值与低温箱温度控制器显示值的误差值（精确至 0.1℃）。该误差值即为被校仪器修正值，在检测过程中，应采用被校仪器修正值控制温度。

（2）温度稳定性测定。

启动被校仪器，调整温度控制器至指定的修正控制温度（即实际温度为：−5℃、−10℃、−15℃、−20℃、−25℃和−30℃）±2℃的范围内，待温度降至控制范围之内后，观察并记录 30 min 内控制器能否正常控制。

(3) 降温时间测定。

打开箱门,在常温下将试件装满被校仪器后关闭箱门,启动被校仪器,调整温度控制器至修正温度−20℃,同时用计时器开始计时,待温度降至−20℃时记录此时计时器的时间,此期间的时间即为降温时间,精确至 1 min。

8.4.5 校验结果

(1) 外观与工作性状态应满足 8.4.2 的 1.、2. 条款的规定。
(2) 技术参数应满足 8.4.2 的(4)、(5)条款的规定。
(3) 校验周期为一年。

8.5 混凝土实验用搅拌机校验方法

8.5.1 适用范围

(1) 本方法适用于新制的或使用中的试验室用混凝土搅拌机的校验。
(2) 试验室用混凝土搅拌机系用于按《普通混凝土力学性能试验方法标准》(GB/T 50081—2002)和《普通混凝土长期性能和耐久性能试验方法》(GB/T 50082—2009)制作试件时搅拌混凝土的专用设备,它的制造应符合 GB/T 9142—2000 的有关规定。

8.5.2 技术要求

(1) 应有铭牌,其中包括制造厂、型号、出厂编号与日期。
(2) 外表面应平整光洁、启动平稳,工作正常。
(3) 应带有控制器,绝缘性良好。
(4) 达到混凝土匀质性要求的搅拌时间为:

$$自落式 \leqslant 50 \ s;$$
$$强制式 \leqslant 45 \ s.$$

匀质性指标按 GB/T 9142—2000 标准中单位粗骨料含量误差 $\Delta G \leqslant 5\%$,混凝土中砂浆的密度误差 $\Delta M \leqslant 0.8\%$。
(5) 满载后停机 5 min 后再启动,应能正常运转。
(6) 超载 10% 的情况下能正常运转。
(7) 卸料时间:强制式 $\leqslant 15$ s,自落式 $\leqslant 30$ s。
(8) 噪声:$<80dB(A)$。

8.5.3 校验用标准器具和辅助工具

(1) 秒表:量程 30 min,分度值 0.01 s。
(2) 气压式含气量测定仪:量程 8%,分度值 0.1%。
(3) 磅秤:称量 100 kg,分度值 50 g。

（4）试验用标准振动台。频率误差 50±1 Hz，振幅误差优于±10％。

（5）筛：孔径为 5 mm。

（6）声级计：误差小于±2dB(A)。

8.5.4　校验方法

（1）外观。

用感官和启动试验检查，要符合 8.5.2 的(1)、(2)、(3)条规定。

（2）技术参数校验。

① 达到混凝土匀质性搅拌时间的检验，按《混凝土搅拌机》(GB/T 9142—2000)的有关规定进行校验。

② 观测满载停机 5 min 后再启动，应能正常运转。

③ 观测超载 10％搅拌机运行情况，应能正常运转。

④ 2 次测试，用秒表计时，混凝土残留量≤5％的卸料时间，应符合 8.5.2 的(7)条的规定。

⑤ 10 m 以内为空旷地，四周无高大建筑物检测操作端离机高度 1.5 m 处在搅拌作业时的噪声，应符合 8.5.2 的(8)条的规定。

8.5.5　校验结果评定

（1）新搅拌机必须全部符合技术要求。

（2）使用中的搅拌机除 8.5.2 的(1)条外，应全部符合技术要求。

（3）如第一次试验不合格，可再复测一次，以复测的检测结果为评定结果。

（4）校验周期一年。

8.6　混凝土拌合物维勃稠度仪校验方法

8.6.1　适用范围

（1）本方法适用于新制成的或使用中的以及检修后的维勃稠度仪校验。

（2）维勃稠度仪系用于按《普通混凝土拌合物性能试验方法标准》(GB/T 50080—2002)检验混凝土拌合物稠度试验中维勃稠度法的专用仪器。

8.6.2　技术要求

1. 振动台

（1）应有铭牌，其中包括制造厂、型号、出厂编号与日期。

（2）表面平整光洁，振动平稳。

（3）带有控制器，绝缘性能良好，机壳留地脚螺丝孔。

（4）振动频率：3 000±200 次/min。

（5）装有空容器时台面振幅：50±0.1 mm。

2. 容器

(1) 容器应用蝶式螺丝与台面连接,内径:$D=240\pm5$ mm。

(2) 高 $h=200\pm2$ mm。

(3) 壁厚 $\delta_1\geqslant3$ mm。

(4) 筒底厚 $\delta_2\geqslant7.5$ mm。

3. 坍落度筒与捣棒

坍落度筒与捣棒应符合《坍落度筒及捣棒的校验方法》要求。

4. 旋转架

(1) 透明圆盘直径 $d=230\pm2$ mm。

(2) 透明圆盘厚度 $\delta_3=10\pm2$ mm。

(3) 测杆、圆盘及荷重块总重量 $G=2\,750\pm50$ g。

(4) 测杆及喂料斗的轴线应与容器的轴线重合,同轴度 $\varepsilon\leqslant2$ mm。

8.6.3 校验用标准器具

(1) 二级机械式测振仪。

(2) 电子数显卡尺:量程 300 mm,分度值 0.01 mm。

(3) 电子天平:量程 5 100 g,分度值 0.1 g。

(4) 钢直尺:量程 500 mm,分度值 1 mm。

8.6.4 校验方法

(1) 外观与工作状态校验。

用感官和启动试验检查,要符合 8.6.2 中 1. 的(1)、(2)、(3)条规定。

(2) 技术参数校验。

(1) 用测振仪测量振动频率。

(2) 用测振仪测装有空容器时台面的振幅。

(3) 用卡尺测量容器的内径 D_1、D_2、D_3、高度 h 及筒壁厚度 δ_1、筒底厚 δ_2。D_1、D_2、D_3 取算术平均值。

(4) 按《坍落度筒及捣棒的校验方法》的要求,检验坍落度筒与捣棒。

(5) 用卡尺测透明圆盘直径 d_1、d_2、d_3、厚度 δ_3。圆盘直径 d_1、d_2、d_3 取算术平均值。

(6) 用电子天平称荷重块质量 G。

(7) 用钢直尺测量测杆的轴线与容器的轴线是否重合。

8.6.5 校验结果评定

(1) 新维勃稠度仪必须全部符合技术要求。

(2) 使用中的维勃稠度仪应符合 8.6.2 中 1. 的(4)、(5),以及 8.6.2 中 2.、3.、4. 条规定。

(3) 校验周期一年。

8.7　坍落度筒及捣棒校验方法

8.7.1　适用范围

(1) 本方法适用于新制的、使用中的以及检测后的坍落度筒及捣棒的校验。

(2) 坍落度筒及捣棒系用于按《普通混凝土拌和物试验方法标准》(GB/T 50080—2002)检验普通混凝土拌合物稠度的专用设备,它的制造应符合 GB/T 50080—2002 中第 3.1.2 条的要求。

8.7.2　技术要求

1. 坍落度筒

(1) 外表面应平整光洁,内壁应光滑,无凹凸部位。

(2) 筒的内部尺寸:底部直径 $D=200\pm1$ mm;

顶部直径 $d=100\pm1$ mm;

高　　度 $h=300\pm1$ mm;

筒壁厚度 $\delta\geqslant1.5$ mm。

(3) 底面与顶面应互相平行。高度差 $<\pm4$ mm(在直径方向上)。

2. 捣棒

(1) 捣棒直径为 16 ± 0.2 mm,长度为 $L=600\pm5$ mm;

(2) 端部呈圆形。

8.7.3　校验用标准器具

(1) 钢卷尺:量程 5 m,分度值为 1 mm;

(2) 深度游标卡尺:量程 300 mm,分度值 0.02 mm;

(3) 电子数显卡尺:量程 300 mm,分度值 0.01 mm。

8.7.4　校验方法

1. 外观校验

用感官来检验坍落度筒内外表面是否平整光洁,有无凹凸部位。捣棒外表面是否光洁,端头是否呈现圆形。

2. 技术参数校验

(1) 分别用电子数显卡尺测定底部与顶部圆垂直方向的两个直径 D_1、D_2 及 d_1、d_2,取算术平均值。

(2) 用深度游标卡尺测量筒的高度 h_1、h_2,取算术平均值。

(3) 在筒壁上任意取 2 个点,用电子数显卡尺测其筒壁厚度 δ_1、δ_2,取算术平均值。

(4) 用深度游标卡尺测量高度差 C_1、C_2,取算术平均值。

(5) 用钢卷尺测量捣棒长度 L。

（6）在捣棒上均匀地取 2 个点，用电子数显卡尺测量其直径 ϕ_1、ϕ_2，取算术平均值。

8.7.5 校验结果评定

（1）新的或使用中的坍落度筒与捣棒，必须全部符合技术要求。
（2）校验周期一年。

8.8 混凝土拌合物容量筒校验方法

8.8.1 适用范围

（1）本方法适用于新的或使用中的容量筒的校验。
（2）容量筒系用于按《普通混凝土拌合物性能试验方法标准》（GB/T 50080—2002）测试混凝土拌合物表观密度的专用仪器。

8.8.2 技术要求

（1）金属制成圆筒，两旁装有手把，要求外观平整光滑。
（2）内径 D：186±2 mm；
（3）净高 h：186±2 mm；
（4）壁厚：$\delta \geqslant 3$ mm；
（5）容积：5 L±10 mL；
（6）顶面与底面应平行；
（7）顶面及底面与圆柱体轴线的垂直度 ε 不大于 2 mm。

8.8.3 校验用标准器具

（1）电子数显卡尺：量程 300 mm，分度值 0.01 mm；
（2）深度游标卡尺：量程 300 mm，分度值 0.02 mm；
（3）直角尺；
（4）塞尺：量程 2 mm，分度值 0.02 mm。

8.8.4 校验方法

（1）用目测检查其外观。
（2）用电子数显卡尺测量其内径，取均匀分布的 3 个值 D_1、D_2、D_3。
（3）用电子数显卡尺测量其净高，取均匀分布的 3 个值 h_1、h_2、h_3。
（4）用电子数显卡尺测量其壁厚，取均匀分布的 3 个值 δ_1、δ_2、δ_3。
（5）将容量筒放在工作台上，用直角尺和塞尺测量筒壁的垂直度，取均匀分布的 3 个值 ε_1、ε_2、ε_3。

8.8.5 校验结果评定

（1）新的或使用中的容量筒均应符合技术要求 8.8.2 中的（1）～（7）条规定。

(2) 校验周期一年。

8.9　混凝土成型用标准振动台校验方法

8.9.1　适用范围

(1) 本方法适用于新制的、使用中的及检修后的混凝土成型用振动台的校验。

(2) 混凝土成型用标准振动台系用于按《普通混凝土力学性能试验方法标准》(GB/T 50081—2002)和《普通混凝土长期性能和耐久性能试验》(GB/T 50082—2009)中成型混凝土试件时的专用设备。

8.9.2　技术要求

(1) 应有铭牌,其中包括制造厂、型号、规格、出厂编号与日期。

(2) 外表面平整光洁,振动平衡,声音正常,台面应水平。

(3) 电气部件绝缘性能应良好。

(4) 基座与基础用地脚螺栓固定。

(5) 振动台面尺寸:(1 000±5) mm×(1 000±5) mm。

(6) 振动频率:50±3 Hz。

(7) 空载时的有效振幅为:0.5±0.02 mm。

8.9.3　校验用标准器具

(1) 二级测振仪。

(2) 钢卷尺:量程 5 m,分度值 1 mm。

8.9.4　校验方法

1. 外观与工作状态校验

用目测和启动试验检查,要符合 8.9.2 中的(1)～(4)条规定。

2. 技术参数校验方法

(1) 用钢卷尺测量振动台面的尺寸。

(2) 用测振仪测振动台面的频率与有效振幅时,应待振动台振动平稳后测,测振点布置在振动台的四周边,共 4 点,如不能同时测 4 个点时,至少要同时测 2 个点。先测 1、2 点,后测 3、4 点。所测 4 个点均应符合第 8.9.2 中(6)和(7)条要求。

(3) 振动频率可根据电机转速测定,也可以采用测振仪测定。

8.9.5　校验结果评定

(1) 新振动台必须全部符合技术要求。

(2) 使用中的振动台应符合 8.9.2 中(6)和(7)条技术要求。

(3) 校验周期一年。

8.10 混凝土抗压试模校验方法

8.10.1 适用范围

(1) 本方法适用于新的或使用中的混凝土立方体抗压试模的校验。

(2) 混凝土立方体试模系用于按《普通混凝土力学性能试验方法标准》(GB/T 50081—2002)测试混凝土力学性能试验制作试件用的试模。

8.10.2 技术要求

(1) 混凝土试模应由铸铁或钢制成,内表面应机械加工平整光滑,并不应有任何砂眼和缺陷。

(2) 试模尺寸及允许误差如表8-1所示。

表8-1 试模尺寸及允许误差

试模尺寸/mm	相邻面间的夹角/°	内表面的不平度/mm
$(100\pm0.5)\times(100\pm0.5)\times(100\pm0.5)$	90 ± 0.5	$\leqslant0.050$
$(150\pm0.5)\times(150\pm0.5)\times(150\pm0.5)$	90 ± 0.5	$\leqslant0.075$
$(200\pm0.5)\times(200\pm0.5)\times(200\pm0.5)$	90 ± 0.5	$\leqslant0.100$

8.10.3 校验用标准器具

(1) 钢直尺:量程500 mm,分度值1 mm。

(2) 角度规:量程180°,分度值0.2°。

(3) 电子数显卡尺:量程300 mm,分度值0.01 mm。

(4) 深度游标卡尺:量程300 mm,分度值0.02 mm。

(5) 塞尺:量程2 mm,分度值0.02 mm。

8.10.4 校验方法

(1) 用目测检查,要符合第8.10.2中的(1)条要求。

(2) 用电子数显卡尺测量每边长度,其值应符合相应试模的尺寸要求。

(3) 用深度游标卡测量试模每边高度,其值应符合相应试模的尺寸要求。

(4) 用钢直尺与塞尺测量试模各内表面的不平度,其数值应符合相应试模的要求。

(5) 用角度规测量各相邻面的角度。

8.10.5 校验结果评定

(1) 新的或使用中的试模,必须全部符合要求。

(2) 对试模定期检查,应根据试模的使用频率来决定,至少3个月应检查一次。

8.11 混凝土抗折试模校验方法

8.11.1 适用范围

(1) 本方法适用于新的或使用中的混凝土立方体抗折试模的校验。

(2) 混凝土立方体试模系用于按《普通混凝土力学性能试验方法标准》(GB/T 50081—2002)测试混凝土力学性能试验制作试件用的试模。

8.11.2 技术要求

(1) 混凝土抗折试模应由铸铁或钢制成,内表面应机械加工平整光滑,并不应有任何砂眼或缺陷。

(2) 试模尺寸及允许误差如表 8-2 所示。

表 8-2 试模尺寸及允许误差

试模尺寸/mm	相邻面间的夹角/°	内表面的不平度/mm
150×150×600	±0.5(宽高) ±2(长度)	±0.075(宽高)±0.3(长度)
150×150×550	90±0.5	±0.075(宽高)±0.275(长度)
100×100×400		±0.05(宽高)±0.2(长度)

8.11.3 校验用标准器具

(1) 钢直尺:量程 500 mm,分度值 1 mm。

(2) 角度规:量程 180°,分度值 0.2°。

(3) 电子数显卡尺:量程 300 mm,分度值 0.01 mm。

(4) 深度游标卡尺:量程 300 mm,分度值 0.02 mm。

(5) 塞尺:量程 2 mm,分度值 0.02 mm。

8.11.4 校验方法

(1) 用感官检查,要符合第 8.11.2 中的(1)条要求。

(2) 用电子数显卡尺测量每边长度,其值应符合相应试模的尺寸要求。

(3) 用深度游标卡测量试模每边高度,其值应符合相应试模尺寸要求。

(4) 用钢直尺与塞尺,测量试模各内表面的不平度,其数值应符合相应试模的要求。

(5) 用角度规测量各相邻面的角度。

8.11.5 校验结果评定

(1) 新的或使用中的试模,必须全部符合要求。

(2) 对试模定期检查,应根据试模的使用频率来决定,至少每 3 个月应检查一次。

8.12 标准养护室校验方法

8.12.1 适用范围

（1）本方法适用于新建或正在使用中的标准养护室（简称标养室）的校验。

（2）标养室系用于按《普通混凝土力学性能试验方法标准》（GB/T 50081—2002）和《普通混凝土长期性能和耐久性能试验方法》（GB/T 50082—2009）的要求进行混凝土试件标准养护的专用设施。

8.12.2 技术要求

（1）标养室的温度标准为 20±2℃，相对湿度标准为 95% 以上，室内温湿度均匀性也应满足上述要求；

（2）室内应设有试件放置架，试件放在架子上彼此间隔应为 10～20 mm；

（3）无论采用哪种加湿装置，水必须雾化而不能用水直接淋湿试件。

8.12.3 校验用标准器具

干湿温度计。

8.12.4 校验方法

（1）用直接观测检查 8.12.2 中的（2）、（3）要求。

（2）用通风干湿球温度计测量标养室各点温度、相对湿度，每隔 2 h 测量一次，测 8 次。

（3）测点布置如下：在实际使用范围之内，至少应布置 5 个测点，即按室内上下两条对角线设置测点，室内一个转角处设一点，两条对角线交点设一个测点。

各测点及所有测点的观测值，温度场均匀性（温度梯度）按式（8-1）计算标准偏差：

$$\sigma_s = \sqrt{\dfrac{\sum\limits_{i=1}^{n}(X_i - \bar{X})^2}{n-1}} \qquad (8-1)$$

式中，σ_s 为温度或湿度的标准偏差；X_i 为温度或湿度的观测值；$\bar{X}$ 为温度或湿度的平均值；n 为观测次数。

8.12.5 校验结果评定

（1）标养室应满足全部要求。若其中一条达不到技术要求，应即时调整或更新，否则不得使用。

（2）校验周期一年。

8.13　建筑用砂试验筛校验方法(1)

按《建设用砂》GB/T 14684—2011 方法。

8.13.1　适用范围

(1) 本方法适用于新的或使用中的建筑用砂试验标准筛的校验。

(2) 建筑用砂试验标准筛系用于按国家推荐标准《建设用砂》(GB/T 14684—2011) 测试建筑用砂颗粒级配的专用设备。

8.13.2　技术要求

(1) 筛框上应有金属铭牌,包括网(筛)孔基本尺寸、执行标准、金属丝和筛框的材料、制造企业的名称及标识。

(2) 筛框应平整光滑,无变形及折痕。

(3) 丝(筛)网与筛框间的连接应能防止待筛分物料的泄漏。

(4) 丝(筛)网应无明显的缺陷,包括纺织缺陷、折痕和杂质。

(5) 一套试验筛包括 7 个筛及筛底、筛盖、筛框内径均为 300 mm,试验筛基本尺寸如表 8-3 所示。

表 8-3　砂试验筛基本尺寸

筛孔尺寸	9.50 mm	4.75 mm	2.36 mm	1.18 mm	600 μm	300 μm	150 μm
孔　形	方孔	方孔	方孔	方孔	方孔	方孔	方孔
丝　径	—	—	1 mm	0.63 mm	400 μm	200 μm	100 μm
节　距	12.1 mm	6.6 mm	—	—	—	—	—

(6) 网孔尺寸偏差符合表 8-4,筛孔尺寸偏差应符合表 8-5 的要求。

(7) 网孔尺寸不能大于 W(基本尺寸)$+X$(极限偏差)。

表 8-4　砂试验筛网孔尺寸偏差

网孔基本尺寸(W)	网孔尺寸公差/mm			网孔尺寸在"$W+X$"和"$W+Z$"之间的网孔数目不得超过	金属丝直径允许选择范围/mm
	极限偏差 $+X$	平均尺寸偏差 Y	中间偏差 $Z=(X+Y)/2$		
2.36 mm	0.25	±0.08	0.17		1.15～0.85
1.18 mm	0.16	±0.04	0.1		0.72～0.54
600 μm	0.101	±0.021	0.061	6%	0.460～0.340
300 μm	0.065	±0.012	0.038		0.230～0.170
150 μm	0.043	±0.006 6	0.025		0.115～0.085

表8-5 砂试验筛筛孔尺寸偏差

筛孔尺寸/mm	筛孔尺寸偏差/mm	节距允许范围 P/mm
9.50	±0.21	10.2～13.8
4.75	±0.14	5.6～7.6

(8) 网孔平均尺寸不能大于 W(基本尺寸)$+Y$(平均尺寸偏差),并不得小于 $W-Y$。

(9) 网孔尺寸在"$W+X$"和"$W+Z$"之间的网孔数目不得超过网孔总数的 6%。

8.13.3 校验用标准器具

(1) 刻度放大镜:量程 6 mm,分度值 0.01 mm。

(2) 电子数显卡尺:量程 300 mm,分度值 0.01 mm。

8.13.4 校验方法

(1) 目测或手感检查应符合 8.13.2 中的(1)～(4)要求。

(2) 用刻度放大镜按 8.13.2 中的(5)～(9)的要求检验。

(3) 平均网孔尺寸和平均丝径的测量在丝网的经向和纬向上应至少含有 10 个网孔。

(4) 筛孔和节距尺寸的测量。

应在筛板上选定的任一区域沿着夹角为 90°的角两边直线方向测量,每条线至少 100 mm 长,每个方向上 5 个筛孔。用卡尺校验。

8.13.5 校验结果评定

(1) 试验标准筛必须满足技术要求的全部指标。

(2) 校验周期一年。

8.14 建筑用砂试验筛校验方法(2)

建筑用砂试验筛按《普通混凝土用砂、石质量及检验方法标准》(JGJ 52—2006)进行校验。

8.4.1 适用范围

(1) 本方法适用于新的或使用中的建筑用砂试验标准筛的校验。

(2) 建筑用砂试验标准筛系用于行业标准《普通混凝土用砂、石质量及检验方法标准》(JGJ 52—2006)测试建筑用砂级配的专用设备。

8.14.2 技术要求

(1) 筛框上应有金属铭牌,包括筛孔基本尺寸、执行标准、金属丝和筛框的材料、制造企业的名称及标识。

(2) 筛框应平整光滑,无变形及折痕。

(3) 筛与筛框间的连接应能防止待筛分物料的泄露。

(4) 筛应无明显的缺陷,包括编织缺陷、折痕和杂质。

(5) 一套试验筛包括 7 个筛及筛底、筛盖、筛框内径均为 300 mm,试验筛基本尺寸如表 8-6。

表 8-6 试验筛基本尺寸

砂的公称粒径	砂筛筛孔的公称直径	方孔筛筛孔边长
5.00 mm	5.00 mm	4.75 mm
2.50 mm	2.50 mm	2.36 mm
1.25 mm	1.25 mm	1.18 mm
630 μm	630 μm	600 μm
315 μm	315 μm	300 μm
160 μm	160 μm	150 μm
80 μm	80 μm	75 μm

(6) 方孔筛筛孔尺寸偏差应符合表 8-7 的要求。

表 8-7 方孔筛筛孔尺寸偏差

方孔筛公称直径(W)/mm	网孔尺寸公差/mm			网孔尺寸在"$W+X$"和"$W+Z$"之间的网孔数目不得超过	金属丝直径允许选择范围/mm
	极限偏差 $+X$	平均尺寸 $\pm$偏差 Y	中间偏差 $Z=(X+Y)/2$		
5.00	0.339	0.150 6	0.244 8		0.015
2.50	0.24	0.076	0.158		0.014
1.25	0.16	0.04	0.10		0.012
0.630	0.104	0.022	0.063	6%	0.010
0.315	0.067	0.012	0.040		0.007
0.160	0.044	0.006 9	0.025		0.004
0.080	0.030	0.004 3	0.017		0.003

(8) 单个筛孔尺寸不能大于 W(基本尺寸)+X(极限偏差)。

(9) 筛孔平均尺寸不能大于 W(基本尺寸)+Y(平均尺寸偏差),并不得小于 $W-Y$。

(10) 筛孔尺寸在"$W+X$"和"$W+Z$"之间的网孔数目不得超过筛孔总数的 6%。

8.14.3 校验用标准器具

(1) 刻度放大镜:量程 6 mm,分度值 0.01 mm。

(2) 电子数显卡尺:量程 300 mm,分度值 0.1 mm。

8.14.4 校验方法

(1) 目测或手感检查应符合 8.14.2 中的(1)～(4)要求。

（2）用刻度放大镜按 8.14.2 中的（6）～（10）的要求检测。

（3）平均筛孔尺寸和平均丝径的测量在丝网的经向和纬向上测量 10 个筛孔。

（4）筛孔和节距尺寸的测量。

应在筛板上选定一区域沿着夹角为 90°或 60°的角两边直线方向测量，每条线至少 100 mm 长，每个方向上 5 个筛孔。用卡尺校验。

8.14.5　校验结果评定

（1）试验标准筛必须满足技术要求的全部指标。

（2）校验周期一年。

8.15　建筑用石子试验筛校验方法（1）

建筑用石子试验筛按《建设用卵石、碎石》（GB/T 14685—2001）标准进行校验。

8.15.1　适用范围

（1）本方法适用于新的或使用中的建筑用石试验标准筛的校验。

（2）建筑用石试验标准筛系用于按国家推荐标准《建设用卵石、碎石》（GB/T 14685—2001）测试建筑用卵石、碎石级配的专用设备。

8.15.2　技术要求

（1）筛框上应有金属铭牌，包括筛孔的形状和基本尺寸、执行标准、金属板和筛框的材料、制造企业的名称及标识。

（2）筛板应平整无毛刺，安装时冲孔面朝上。

（3）一套试验筛为方孔筛 2.36～90 mm 的 12 个筛及筛底、筛盖、筛框内径均为 300 mm。

一套试验筛各筛的筛孔尺寸、节距如表 8-8 所示。

表 8-8　石子试验筛筛孔尺寸和节距

筛孔尺寸/mm	2.36	4.75	9.50	16.0	19.0	26.5	31.5	37.5	53.0	63.0	75.0	90.0
节距 P/mm	3.75	6.6	12.1	20	23.6	33.5	40	47.5	67	80	95	112

8.15.3　校验用标准器具

电子数显卡尺：量程 300 mm，分度值 0.01 mm。

8.15.4　校验方法

（1）贴靠在均匀的照明背景上观察筛板，如在筛孔的外观上无发现明显的缺陷，则应按下条方法校验。

（2）筛孔和节距尺寸的测量。

筛板上圆孔多于 20 个时，应在筛板上选定的任一区域沿着夹角为 90°的角两边直线方向测量，每条线至少 100 mm 长，每个方向上 5 个筛孔。用卡尺校验。

筛孔尺寸、节距偏差，如表 8-9 所示。

8.15.5　校验结果评定

（1）试验标准筛必须满足技术要求的全部指标。

（2）校验周期一年。

表 8-9　石子试验筛筛孔尺寸和节距偏差

筛孔尺寸 W/mm	筛孔尺寸偏差/mm	节距允许范围 P/mm
2.36	±0.11	3.2~4.3
4.75	±0.14	5.6~7.6
9.5	±0.21	10.2~13.8
16.0	±0.27	18~23
19.0	±0.29	21.3~27.1
26.5	±0.35	30~38.5
31.5	±0.4	36~46
37.5	±0.45	42.5~54.6
53.0	±0.55	60~77
63.0	±0.6	72~92
75.0	±0.7	82~103
90	±0.8	101~129

8.16　建筑用石子试验筛校验方法（2）

建筑用石子试验筛按《普通混凝土用砂、石质量及检验方法标准》（JGJ 52—2006）标准进行校验。

8.16.1　适用范围

（1）本方法适用于新的或使用中的建筑用石试验标准筛的校验。

（2）建筑用石试验标准筛系用于按行业标准《普通混凝土用砂石质量标准及检验方法标准》（JGJ 52—2006）测试建筑用卵石、碎石级配的专用设备。

8.16.2　技术要求

（1）筛框上应有金属铭牌，包括筛孔的形状和基本尺寸、执行标准、金属板和筛框的材料、制造企业的名称及标识。

（2）筛板应平整无毛刺,安装时冲孔面朝上。

（3）一套试验为圆孔筛 2.5～100 mm 的 12 个筛及筛底,筛盖,筛框内径均为 300 mm。

一套试验筛各号筛的筛孔尺寸、孔距,如表 8-10 所示。

表 8-10 石子试验筛筛孔尺寸和孔距

筛孔孔径 W/mm	2.50	5.00	10.0	16.0	20.0	25.0	31.5	40.0	50.0	63.0	80.0	100
孔距 P/mm	5.0	7.5	13	18	25	30	35	50	66	80	—	—

8.16.3 校验用标准器具

电子数显卡尺:量程 300 mm,分度值 0.01 mm。

8.16.4 校验方法

（1）贴靠在均匀的照明背景上观察筛板,如在筛孔的外观上无发现明显的缺陷,则应按表 8-11 方法校验。

表 8-11 石子试验筛圆孔尺寸、孔距偏差

圆孔基本尺寸/mm	圆孔尺寸偏差/mm	最佳孔距/mm	允许偏差/mm
2.5	±0.11	3.9	4.5～3.3
5.00	±0.14	6.9	7.9～5.9
10.0	±0.21	12.6	14.5～11.3
16.0	±0.26	18	23～18
20.0	±0.30	25	29～22.5
25.0	±0.35	31.5	36～28.5
31.5	±0.4	40	46～36
40.0	±0.45	50	57.5～45
50.0	±0.55	63	72.5～56.5
63.0	±0.60	80	92～72
80.0	±0.79	100	115～90
100	±0.85	125	144～113

（2）圆孔直径和孔距的测量。

筛板上圆孔数多于 20 个时,选定的任一区域沿着夹角 90°的角两边直线方向测量,每条线至少 100 mm 长,每个方向上 5 个筛孔;小于 20 个时,全数检测。用卡尺校验。

8.16.5 校验结果评定

（1）试验标准筛必须满足技术要求的全部指标。

(2) 校验周期一年。

8.17　建筑用砂、石容积升校验方法

8.17.1　适用范围

本方法适用于校验各种规格建筑试验用砂石容积升。

8.17.2　校验原理

水在一定温度范围内的密度为 $1\ g/cm^3$，因此在该温度范围内水的质量 $1\ g$ 即是水的体积 $1\ mL$。将水倒入容积升中至满，然后准确称量倒入水的质量，即可对容积升的容积进行校准。

8.17.3　技术要求

(1) 容积升的制造尺寸和精度应符合规定要求。
(2) 校验允许偏差为容积升公称容积的 $\pm1\%$。

8.17.4　校验环境

(1) 校验环境温度 $15\sim30℃$。
(2) 试验水温 $20\pm2℃$。

8.17.5　校验用标准器具和用品

(1) 玻璃温度计：量程 $50℃$，分度值 $1℃$；
(2) 电子天平：量程 $5\ 100\ g$，分度值 $0.1\ g$；
(3) 台秤：量程 $10\ kg$，分度值 $5\ g$；
(4) 磅秤：量程 $100\ kg$，分度值 $50\ g$；
(5) 玻璃板；
(6) 水桶、水勺等。

8.17.6　校验方法

(1) 用玻璃温度计测量水温，并使之处于规定范围内。
(2) 称出容积升和玻璃板的质量 G_2。称量范围 $\leqslant5\ kg$，精确到 $1\ g$；$\leqslant10\ kg$ 精确到 $5\ g$。
(3) 以 $20\pm2℃$ 的饮用水装满容积升，用一玻璃板沿筒口推移，使其紧贴水面，如有水泡，则向筒内添水排除。擦干筒外水分，然后称出其质量 G_1。称量范围 $\leqslant5\ kg$ 精确到 $1\ g$；$\leqslant10\ kg$ 精确到 $5\ g$；$>10\ kg$ 精确到 $50\ g$。
(4) 按式(8-2)计算容积升容积，精确至 $1\ mL$。

$$V=(G_1-G_2)\times\rho_水 \qquad\qquad (8-2)$$

式中,V 为容积升容积,mL;G_1 为容积升、玻璃板和水的总质量 g,G_2 为容积升和玻璃板的质量,g;$\rho_水$ 为水的密度,1 g/cm³ 。

(5) V 与容积升公称容积之差即为容积升的容积偏差。

8.17.7 校验结果评定和处置

(1) 凡符合技术要求的容积升可判为合格,贴绿色《合格证》标签。

(2) 凡不符合技术要求的容积升均为不合格品,贴红色《停用证》,不准作量具使用,并必须移出检测区域。

(3) 校验周期一年。

8.18 石子针、片状规状仪校验方法

8.18.1 适用范围

(1) 本方法适用于新的或使用中的针、片状规准仪的校验。

(2) 针、片状规准仪系用于按《建设用卵石、碎石》GB/T 14685—2011 测定碎石或卵石针状和片状颗粒含量指标的专用仪器。

8.18.2 技术要求

(1) 针状规准仪。

由厚 5 mm 和宽 20 mm、长 348.7 mm 的钢板条为底座和规准柱为 $\phi6$ mm 组成,其规准柱的净间距如表 8-12 所示。

表 8-12 规准柱净间距

规准柱内径/mm	17.1±0.9	30.6±1.2	42.0±2.0	54.6±3.0	69.6±4.0	82.8±5.0

(2) 片状规准仪。

由厚 3 mm 和宽 120 mm、长 240 mm 的其上开成 6 个不同规格的长孔规准板和支架组成,其规准仪板上孔洞净宽如表 8-13 所示。

表 8-13 规准仪板孔洞净宽

孔洞净宽/mm	2.8±0.15	5.1±0.25	7.0±0.35	9.1±0.45	11.6±0.55	13.8±0.75

8.18.3 校验用标准器具

电子数显卡尺:量程 300 mm,分度值为 0.01 mm。

8.18.4 校验方法

(1) 用电子数显卡尺测量针状规准仪各立柱之间的净距,每一间距测量两次,取平

均值。

(2) 用电子数显卡尺测量片状规准仪板上的孔洞净宽,每孔测量 2 次,取平均值。

8.18.5　校验结果评定

(1) 凡经检验符合本方法要求的针、片状规准仪可认为合格。不符合上述要求的应更新。

(2) 校验周期一年。

8.19　石子压碎指标值测定仪校验方法

8.19.1　适用范围

(1) 本方法适用于新的或使用中的建筑用石压碎值测定仪的校验。

(2) 建筑用石压碎值测定仪用于按《建设用卵石、碎石方法》(GB/T 14685—2011)测试建筑用石压碎值指标的专用仪器。

8.19.2　技术要求

(1) 仪器应有铭牌,包括制造厂、出厂日期、规格。

(2) 压碎值测定仪由加压头、圆模与底盘组成,压碎值测定仪见《建设用卵石、碎石》(GB/T 14685—2011)。

(3) 加压头直径 $d = 150 {}^{~0}_{-1}$ mm。

(4) 圆模内径 $D_1 = 152 \pm 1$ mm,圆模筒厚 $\delta = 10 \pm 1$ mm。

(5) 底盘外径 $D_2 = 182 \pm 1$ mm,内径 $D_3 = 172 \pm 1$ mm。

8.19.3　校验用标准器具

电子数显卡尺:量程 300 mm,分度值 0.01 mm。

8.19.4　校验方法

用电子数显卡尺量取加压头直径 d;

用电子数显卡尺量取圆模内径 D_1;

用电子数显卡尺量取圆模筒厚 δ;

用电子数显卡尺量取底盘外径 D_2;

用电子数显卡尺量取底盘内径 D_3。

在直径两垂直方向各测一次,取算术平均值,筒厚在筒壁上均匀取 3 点,取算术平均值。

8.19.5　校验结果评定

(1) 新购置与使用中的压碎值测定仪,其加压头、圆模、底盘的有关尺寸必须符合要求。

(2) 校验周期一年。

8.20 砂浆稠度仪校验方法

8.20.1 适用范围

（1）本方法适用于砂浆稠度仪的校验。

（2）本测定仪系用于按《建筑砂浆基本性能试验方法》(JGJ/T 70—2009)规定测定砂浆稠度的专用设备。

8.20.2 技术要求

砂浆稠度仪主要由支架、底座、带滑杆的圆锥体（重 300 ± 2 g），刻度盘及盛砂浆的圆锥形金属筒，圆锥体的高度为 145 mm，锥底直径为 75 mm，圆锥形金属筒的高度为 180 mm，锥底内径为 150 mm 组成的。

8.20.3 校验用标准器具

（1）电子天平：量程 5 100 g，分度值 0.1 g。

（2）电子数显卡尺：量程 300 mm，分度值 0.01 mm。

8.20.4 校验方法

（1）将滑杆、锥体在电子天平上合计称量。

（2）检测刻度盘与齿条工作性能是否良好。

（3）检查滑杆是否顺直，上下是否灵活。

（4）用卡尺测量筒内径及上、上层高度，对称测量，取平均值。

8.20.5 校验结果评定

（1）凡经校验符合本方法要求的砂浆稠度仪可判为合格，不符合或有严重变形应进行维修或更新。

（2）校验周期一年。

8.21 砂浆分层度仪校验方法

8.21.1 适用范围

（1）本方法适用于砂浆分层度仪的校验。

（2）砂浆分层度仪系用于《建筑砂浆基本性能试验方法》(JGJ/T 70—2009)规定测定砂浆拌合物分层度的专用仪器。

8.21.2　技术要求

(1) 砂浆分层度仪主要同上、下两层金属圆筒及左右两根连接螺栓组成。要求外观光洁无凹凸痕，上、下层连接吻合紧密，并设橡皮垫圈。

(2) 筒内径为 150 ± 1 mm，上层（无底）高为 200 ± 1 mm，下层（有底）高为 100 ± 1 mm。

8.21.3　校验用标准器具

(1) 电子数显卡尺：量程 300 mm，分度值 0.01 mm。

(2) 深度游标卡：量程 300 mm，分度值 0.02 mm。

8.21.4　校验方法

(1) 目测检查外观质量应符合 8.21.2 的(1)条要求。

(2) 用电子数显卡尺测量上下层圆筒内径垂直方向各 2 个点。

(3) 用深度游标卡测量上下层圆筒高度均匀匀分布各 2 个点。

8.21.5　校验结果评定

(1) 凡经校验符合本方法要求的砂浆分层度仪可判为合格，不符合或有严重变形应进行维护或更新。

(2) 校验周期为一年。

8.22　砂浆抗压试模校验方法

8.22.1　适用范围

(1) 本方法适用于新的或使用中的砂浆抗压试模的校验。

(2) 砂浆立方体试模系用于按《建筑砂浆基本性能试验方法》(JGJ/T 70—2009)测试砂浆力学性能试验制作试件用的试模。

8.22.2　技术要求

(1) 砂浆试模应由铸铁或钢制成，内表面应机械加工平整光滑，并不应有任何砂眼或缺陷。

(2) 试模尺寸为每边 70.7 ± 0.2 mm。

(3) 试模 5 个内表面不平度，每 100 mm 不超过 ±0.05 mm。

(4) 组装后相邻面的不垂直度不超过 $\pm0.5°$。

8.22.3　校验用标准器具

(1) 钢直尺：量程 500 mm，分度值 1 mm。

（2）角度规：量程 180°，分度值 0.2°。

（3）电子数显卡尺：量程 300 mm，分度值 0.01 mm。

（4）深度游标卡尺：量程 300 mm，分度值 0.02 mm。

（5）塞尺：量程 2 mm，分度值 0.02 mm。

8.22.4　校验方法

（1）用感官检查，要符合 8.22.2 中（1）条要求。

（2）用电子数显卡尺测量每边长度，其值应符合 8.22.2 中（2）要求。

（3）用深度游标卡测量试模高度，其值应符合 8.22.2 中（2）要求。

（4）用角度规测量各相邻的角度，其值应符合 8.22.2 中（4）要求。

（5）用钢直尺和塞尺测量试模 5 个内表面不平度，其值应符合 8.22.2 中（3）要求。

8.22.5　校验结果评定

（1）新的或使用中的试模，必须全部符合要求。

（2）校验周期一年。

8.23　水泥净浆搅拌机校验方法

8.23.1　适用范围

（1）本方法适用于新的或使用中的及检修后的水泥净浆搅拌机的校验。

（2）水泥净浆搅拌机系用于按《水泥标准稠度用水量、凝结时间、安定性检验方法》（GB/T 1346—2011）标准规定水泥和水混合后搅拌成均匀的试验用净浆，供测定水泥标准稠度、凝结时间及制作安定性试件的专用设备，它的制造应符合《水泥净浆搅拌机》（JC/T 729—2005）标准要求。

8.23.2　技术要求

（1）应有铭牌，其中要包括名称、制造厂名、型号及出厂编号与合格证。

（2）净浆搅拌机的工作程序：低速搅拌 120±3 s，停 15 s，高速搅拌 120±3 s。

（3）搅拌机运转时声音正常，锅和叶片不得有明显的晃动现象。

（4）搅拌叶片与搅拌锅之间工作间隙：2±1 mm。

8.23.3　校验用标准器具

（1）电子秒表：量程 30 min，分度值 0.01 s。

（2）塞尺：量程 2 mm，分度值 0.02 mm。

8.23.4　校验方法

（1）开动搅拌机听声音是否正常，看锅和叶片运转是否平稳，目测铭牌是否完整。

（2）自动控制程序：用秒表测量各阶段所需时间，重复 2 遍。

（3）叶片与搅拌锅的工作间隙测量：人工转动叶片，用塞尺检测间隙，检测点至少为不重复的 6 点。

8.23.5　校验结果评定

（1）被校验的搅拌机各项指标均应达到本方法的技术要求，如达不到技术要求，应及时调整或更换。

（2）检验周期一年。

8.24　水泥标准稠度及凝结时间测定仪校验方法

8.24.1　适用范围

（1）本方法适用于新制的和使用中及修理后的维卡仪的校验。

（2）维卡仪是根据水泥浆体的触变性按《水泥标准稠度用水量、凝结时间、安定性检验方法》(GB/T 1346—2011)要求测定水泥标准稠度用水量和凝结时间的专用仪器。

8.24.2　技术要求

（1）仪器应有铭牌。

（2）标准稠度试杆：有效长度 50 ± 1 mm，直径 $\phi10\pm0.05$ mm。

（3）初凝用试针：有效长度 50 ± 1 mm，直径 $\phi1.13\pm0.05$ mm。

（4）终凝用试针：有效长度 30 ± 1 mm，直径 $\phi1.13\pm0.05$ mm。装有 $\phi5$ mm 圆形附件，其中上排气孔应保证畅通，试针突出附件 0.5 ± 0.1 mm。

（5）滑动部分总重量：300 ± 1 g。

（6）试杆、试针联结的滑动杆表面应光滑，能靠重力自由下落，不得有紧涩和晃动现象。

（7）试模内径：上口 $\phi65\pm0.5$ mm，下口 $\phi75\pm0.5$ mm，高 40 ± 0.2 mm，玻璃板厚 $4\sim5$ mm。

8.24.3　校验用标准器具

（1）电子天平：称量 5 100 g，分度值 0.1 g。

（2）电子数显卡尺：量程 300 mm，分度值 0.01 mm。

8.24.4　校验方法

（1）用电子数显卡尺分别测量标准稠度试杆、初凝用试针、终凝用试针的有效长度、直径、试针突出附件，每项分别测量 2 次，均符合技术要求为合格，否则为不合格。

（2）用天平称滑动部分总质量。

（3）反复提升滑动部分，检测靠自重是否能自由下落，不应有紧涩和晃动现象。

（4）用电子数显卡尺测量试模各部分尺寸和玻璃板厚度。

8.24.5　校验结果评定

（1）维卡仪校验指标全部符合技术要求为合格。
（2）校验周期一年。

8.25　水泥雷氏夹校验方法

8.25.1　适用范围

（1）本方法适用于新购置和使用中的雷氏夹的校验。
（2）雷氏夹系用于按《水泥标准稠度用水量、凝结时间、安定性检验方法》（GB/T 1346—2011）检验水泥安定性测试膨胀值的专用仪器。

8.25.2　技术要求

本仪器由铜质材料制成，其技术要求应符合下列规定。
（1）环模几何尺寸：
内径：$\phi 30\pm0.42$ mm；
外径：$\phi 31\pm0.26$ mm；
高度：30 ± 0.5 mm。
（2）指针：长度：150 mm；
直径：$\phi 2$ mm。
（3）弹性限变：
$C-A=17.5\pm2.5$ mm，且 $A=B$。

8.25.3　校验用标准器具

（1）雷氏夹测定仪：量程 50 mm，分度值 0.5 mm。
（2）砝码：300 g。

8.25.4　校验方法

（1）在雷氏夹测定仪上测出雷氏夹自由状态下两试针尖的距离 A。然后将雷氏夹一根指针的根部用金属丝（或弦线）悬挂在雷氏夹膨胀测定仪上，在另一根指针的根部挂上 300 g 质量的砝码，在左侧标尺上读数 C，去掉砝码后，再测一次两指针的针尖距离 B。
（2）当雷氏夹使用过程中膨胀值超过 5 mm 时，再次使用应重新校验。并做好记录，或更换新的。

8.25.5　校验结果评定

（1）若 $C-A$ 在 17.5 ± 2.5 mm 范围内，且去掉砝码后 $A=B$ 为合格，否则为不合格。

（2）校验周期一年。

8.26　水泥细度标准筛校验方法

8.26.1　适用范围

（1）本方法适用于新的或使用中的水泥标准筛校验。

（2）水泥标准筛系用于按《水泥细度检验方法 筛析法》(GB/T 1345—2005)规定水泥细度的专用设备,筛网应符合《金属丝编织网试验筛》(GB/T 6003.1—2012)要求。

8.26.2　技术要求

（1）外观。

① 应有铭牌:其中包括制造厂、筛布、规格、出厂编号与日期。

② 没有伤痕、脱焊、筛布无皱折、松弛、断丝、斜拉或黏有其他杂物等现象。

（2）筛网:试验筛修正系数不应超出 0.80～1.20 范围。

（3）有效直径:负压筛:150 mm

　　　　　　水筛:125 mm

　　　　　　手工筛:150 mm

　　高度:负压筛:25 mm

　　　　　水筛:80 mm

　　　　　手工筛:50 mm

8.26.3　校验用标准器具

（1）电子数显卡尺:量程 0～300 mm,分度值 0.01 mm。

（2）细度标准粉。

8.26.4　校验方法

（1）外观:目测。

（2）筛网:

① 将标准样装入干燥洁净的密闭广口瓶中,盖上盖子摇动 2 min,消除结块。静置 2 min 后,用一根干燥洁净的搅拌棒搅匀样品。按照《水泥细度检验方法　筛析法》(GB/T 1345—2005)中 7.1 称量标准样品精确至 0.01 g,将标准样品倒进被标定试验筛,中途不得有任何损失。接着按《水泥细度检验方法　筛析法》(GB/T 1345—2005)中 7.2 或 7.3 或 7.4 进行筛析试验操作。每个试验筛的标定应称取 2 个标准样品连续进行,中间不得插做其他样品试验。2 个样品结果的算术平均值为最终值,但当 2 个样品筛余结果相差大于 0.3%时,应称第 3 个样品进行试验,并取接近的两个结果进行平均作为最终结果。

② 试验筛修正系数按下式计算:

$$C = F_n / F_t \tag{8-3}$$

式中,C 为试验筛修正系数,计算至 0.01;F_n 为标准粉给定的筛余百分数,%;F_t 为标准粉在试验筛上的筛余百分数,%。

(3) 筛框:用卡尺测量。

8.26.5 校验结果评定

(1) 各项检测均符合技术要求,评为合格。
(2) 校验周期一年。

8.27 水泥胶砂流动度测定仪校验方法

8.27.1 适用范围

(1) 本方法适用于新的或使用中的水泥胶砂流动度的校验。
(2) 水泥胶砂流动度测定系用于按《水泥胶砂流动度测定方法》(GB/T 2419—2005)检验水泥胶砂流动度的专用仪器。

8.27.2 技术要求

(1) 圆盘桌面直径 300±1 mm,跳动部分总质量 4.35±0.15 kg,圆盘跳动落距为 10±0.2 mm。
(2) 截锥圆模尺寸,如表 8-14 所示。

表 8-14 截锥圆模尺寸

上口内径	70±0.5 mm
下口内径	100±0.5 mm
高	60±0.5 mm
下口外径	120 mm
模壁厚	大于 5 mm

(3) 截锥圆模上有套模,套模下口须与圆模上口配合。
(4) 捣棒:直径 20±0.5 mm,长约 200 mm 的金属棒。
(5) 截锥圆模无残缺,无锈蚀。

8.27.3 校验用具标准器具

(1) 电子数显卡尺:量程 300 mm,分度值 0.01 mm。
(2) 电子天平:量程 5 100 g,分度值 0.1 g。
(3) 内卡规。

8.27.4 校验方法

(1) 外观:用目测检查无残缺、无锈蚀。

（2）跳桌：圆盘直径、试模截锥圆模尺寸及捣棒尺寸数显卡尺测量。

（3）圆盘跳动落距用内卡规测量，重复 2 次。

（4）跳动部分质量用电子天平称量。

8.27.5　校验结果评定

（1）各项检验结果均符合技术要求，即为合格。

（2）检验周期一年。

8.28　水泥胶砂搅拌机校验方法

8.28.1　适用范围

（1）本方法适用于新的或使用中的及检修后的水泥胶砂搅拌机的校验。

（2）水泥胶砂搅拌机系用于按《水泥胶砂强度检验方法（ISO 法）》（GB/T 17671—1999）检验水泥强度时制备胶砂的专用设备，它的制造应符合《行星式水泥胶砂搅拌机》（JC/T 681—2005）标准要求。

8.28.2　技术要求

（1）应有铭牌，其中要包括名称、制造厂名、型号及出厂年月编号与合格证。

（2）胶砂搅拌机的工作程序，自动控制程序为：低速 30±1 s，同时自动加砂开始 30±1 s 全部加完，高速 30±1 s，停 90±1 s，高速 60±1 s。

（3）叶片与锅底、锅壁的工作间隙：3 ± 1 mm。

（4）搅拌机运转时声音应正常，锅和叶片不得有明显的晃动现象。

（5）将 1 350 g ISO 砂加入搅拌锅内，在低速运转的 30 s 内完成，全部进入锅内不得外溅，损失≤1 g。

8.28.3　校验用标准器具

（1）电子秒表：量程 30 min，分度值 0.01 s。

（2）专用测量杆：量程分别为 2 mm 和 4 mm。

（3）电子天平：称量 5 100 g，分度值 0.1 g。

8.28.4　校验方法

（1）外观：开动搅拌机听声音是否正常，看锅和叶片运转是否平稳。

（2）自动控制程序：用秒表测量各阶段所需时间，重复两遍。

（3）叶片与锅底、锅壁的工作间隙测量：人工转动叶片用测量杆检测间隙，检测点至少为不重复的 6 点。

（4）将 1 350 g ISO 砂注入砂桶，搅拌结束后再用天平称桶内的砂子，平行检测两遍，取平均值，损失不大于 1 g。

8.28.5 校验结果评定

（1）被校验的搅拌机各项指标均应达到本方法的技术要求，如达不到技术要求应及时调整或更换。

（2）检验周期一年。

8.29 水泥试模校验方法

8.29.1 适用范围

（1）本方法适用于新制或使用中的水泥试模的校验。

（2）水泥试模用于按《水泥胶砂强度检验方法(ISO)》(GB/T 17671—1999)成型水泥强度试块专用的试模，其制造质量应符合(《水泥胶砂试模》JC/T 726—2008)的规定。

8.29.2 技术要求

（1）试模为可装卸的三联模，由隔板、端板和底座组成，隔板和端板应有编号，组装后内壁各接触面应互相垂直，其有效尺寸如表 8－15 所示。

表 8－15　试模有效尺寸

试模	试模尺寸/mm
长(A)	160±0.8
宽(B)	40±0.2
高(C)	40±0.1

（2）模内壁应无残损、砂眼、生锈等缺陷。

（3）试模的重量应与振实台设备匹配。

8.29.3 校验用标准器具

（1）电子数显卡尺：量程 300 mm，分度值 0.01 mm。

（2）深度游标卡尺：量程 300 mm，分度值 0.02 mm。

8.29.4 校验方法

（1）外观：用肉眼检查模内应无残损、砂眼、生锈等缺陷。隔板和端板应对号组装，隔板与底板接触应无间隙。

（2）模的每条隔板与端板的夹角用直角尺测量是否垂直。

（3）每条模长、宽用电子数显卡尺测量，长(A)应在宽度方向的两端检查 2 点；宽(B)应在长度方向两端及中间检查 3 点；模高用深度游标卡尺测量，高(C)应在长度方向的两端及中间检查 3 点。

8.29.5 校验结果评定

（1）新的或使用中的试模，必须全部符合技术要求。
（2）校验周期一年。

8.30 水泥胶砂试体振实台校验方法

8.30.1 适用范围

（1）本方法适用于新制的或使用中的以及检修后的水泥胶砂试体振实台的校验。
（2）胶砂振实台系用于按《水泥胶砂强度检验方法（ISO法）》（GB/T 17671—1999）检测水泥强度时试件成型的专用设备，它的制造应符合《水泥胶砂试件成型振实台》（JC/T 682—2005）的要求。

8.30.2 技术要求

（1）振实台应装有铭牌，其中包括仪器名称、型号规格、生产厂家、出厂编号与日期。
（2）振实台启动后，其台盘无摆动现象，声音正常。
（3）振实台的振幅：15 ± 0.3 mm。
（4）振动频率60次：60 ± 2 s。
（5）台盘装上空试模后包括臂杆，模套和卡具总重量：13.75 ± 0.25 kg。
（6）台盘中心到臂杆轴中心的距离：800 ± 1 mm。

8.30.3 校验用仪器设备

（1）电子秒表量程：30 min，分度值0.01 s。
（2）量规：$\phi60$ mm，厚$14.7_{0}^{+0.05}$ mm 和$15.3_{-0.05}^{0}$ mm。
（3）磅秤：量程100 kg，分度值50 g。
（4）钢卷尺：量程5 m，分度值1 mm。

8.30.4 校验方法

（1）外观与工作性状态校定：
用感官和启动试验来检查铭牌、振实台启动后情况。铭牌应完整，台盘无摆动，声音正常为合格。
（2）振幅检测：有14.7 mm和15.3 mm量规检测。当在突头和止动器之间放入14.7 mm量规时，转动凸轮，凸轮与滚轮相接触；当放入15.3 mm量规时，再转动凸轮，则凸轮与滚轮不接触。符合以上情况为合格，否则为不合格。
（3）振动频率检测：启动振实台，先空振一周，然后开动振实台的同时用秒表计时，读取振实台振动60次的时间。
（4）用直尺量出台盘长L_1，然后用直尺测量台盘以外臂杆（包括转轴）长L_2，而用长尺

测量转轴外部直径 ϕ，则台盘中心到臂杆轴中心为水平距离 L_0 为：$L_0=L_1/2+L_2-\phi/2$。

8.30.5　校验结果评定

（1）被校振实台的各项指标均符合本方法技术要求评为合格，否则为不合格。
（2）检验周期一年。

8.31　水泥沸煮箱校验方法

8.31.1　适用范围

（1）本方法规定了新购的或使用中的及检修过的水泥检测用水泥沸煮箱的校验工作。
（2）水泥沸煮箱系用于按《水泥标准稠度用水量、凝结时间、安定性检验方法》(GB/T 1346-2011)，检测水泥安定性的专用设备。它的制造应符合《水泥安定性试验用沸煮箱》(JC/T 955)的要求。
本方法也适用于类似仪器的周期校验。

8.31.2　技术要求

（1）应有铭牌，其中包括制造厂、规格型号、出厂编号和日期。
（2）外观应平整光洁，排水孔功能正常，通电系统正常。
（3）绝缘性能良好。
（4）管状加热器功率为：3+1 kW/220 V。
（5）箅板与加热器之间距离应不低于 50 mm。
（6）升温时间（室温至沸腾）：30±5 min
（7）恒沸时间：3 h±5 min

8.31.3　校验用标准器具和辅助工具

（1）钢直尺：量程 500 mm，分度值 1 mm。
（2）辅助工具：计时器、试电笔、万用电表。

8.31.4　校验方法

在常温下对被校仪器进行各项校验。
在进行各项校验时，被校仪器的工作空间均不放置试样。
（1）被校仪器的外观与工作性状态校验。
① 检查铭牌、外观、排水孔功能并记录结果。
② 接通电源，检查电源控制系统并记录结果。
③ 用试电笔检查绝缘性能并记录结果。
④ 用万用电表检查加热器并记录结果。
（2）被校仪器的技术参数校验。

① 篦板测定。

用钢直尺测量篦板与加热之间的距离并记录最小值,精确至 1 mm。

② 时间测定。

a. 升温时间测定。

箱中放水至 180 mm 深,盖好箱盖,接通电源,按动"启动"和"升温"按钮,同时记录起始时间,此时仪器开始工作,沸煮箱中的水开始升温,当水加热至沸腾时,记录此时计时器的时间。该时间值与起始时间之差即为升温时间,精确至 1 min。

b. 沸煮时间测定。

水沸腾后,"升温"灯灭,"保温"灯亮,此时立即记录保温起始时间,保温至规定时间后,蜂鸣器发生蜂鸣声,沸煮箱内全部停止工作,此时立即记录蜂鸣时间。蜂鸣时间与保温起始时间之差即为沸煮时间,精确到 1 min。

8.31.5　校验结果

(1) 外观与工作性状态应满足 8.31.2 中的(1)~(4)条款的规定。

(2) 技术参数应满足 8.31.2 中的(5)~(7)条款的规定。

(3) 校验周期为一年。

8.32　水泥抗压夹具校验方法

8.32.1　适用范围

(1) 本方法适用于新制或使用中的水泥抗压夹具的校验。

(2) 水泥抗压夹具系用于按《水泥胶砂强度检验方法(ISO)》(GB/T 17671—1999)标准测定水泥抗压强度的专用设备。其制造质量应符合《40 mm×40 mm 水泥抗压夹具》(JC/T 683—2005)规定。

8.32.2　技术要求

(1) 抗压夹具应具有牢固的铭牌,其内容包括仪器名称、规格型号、制造厂名、出厂编号和出厂日期。

(2) 水泥抗压夹具上压板应活动自由,在夹具内不放试块时,压力机若加压到工作位置,不应有负荷显示。其有效尺寸如表 8-16 所示。

表 8-16　水泥抗压夹具有效尺寸

夹具的上、下压板	使用后允许尺寸/mm
长	>40
宽	40±0.1
自由距离	>45

(3) 夹具的上、下板应无残损、生锈等缺陷。

8.32.3　校验用标准器具

电子数显卡尺：量程 300 mm，分度值 0.01 mm。

8.32.4　校验方法

(1) 用数显卡尺分别测量夹具的上、下压板长、宽，每条边各测 2 个点。测量上下压板自由距离。
(2) 外观：用肉眼检查夹具的上、下压板应为无残损、生锈等缺陷，铭牌牢固、齐全。

8.32.5　校验结果评定

(1) 外观和夹具的上、下压板尺寸及上下压板间自由距离符合技术要求，即为合格。
(2) 检验周期一年。

8.33　沥青针入度仪校验方法

8.33.1　适用范围

(1) 本方法适用于测定针入度范围从(0～500)/10 mm 的固体和半固体沥青材料的针入度。
(2) 沥青针入度仪系用于按《沥青针入度测定法》(GB/T 4509—2010)及《公路工程沥青及沥青混合料试验规程》(JTG E20—2011)检测石油沥青针入度的专用仪器。

8.33.2　技术要求

(1) 本仪器是由底座、立柱、支架，刻度盘和标准部件等组成。
(2) 针表面应光洁无锈、无弯曲。
(3) 针连杆质量应为 47.5±0.05 g，针和针连杆组合件总质量应为 50±0.05 g。
(4) 标准针直径 1.01±0.01 mm，针长 50±1 mm，针尖锥体角度为 8°40′～9°40′，针尖圆锥部分直径 0.15±0.01 mm，外露长 42.5±2.5 mm，洛氏硬度为 HRC54～HRC60。
(5) 金属箍直径为 3.2±0.05 mm，长度为 38±1 mm。
(6) 针与金属箍总质量为 2.5±0.05 g。
(7) 针入度仪附带标准砝码为 50±0.05 g 和 100±0.05 g 各一个。
(8) 刻度盘最大量程 35 mm，分度值 0.1 mm。

8.33.3　校验用标准器具

(1) 外径千分尺：量程 25 mm，分度值 0.01 mm。
(2) 电子数显卡尺：量程 300 mm，分度值 0.01 mm。
(3) 读数显微镜：量程 6 mm，分度值 0.01 mm。

（4）电子天平：量程 500 g,分度值 0.01 g。

8.33.4　校验方法

（1）观察检查针外观质量及刻度盘最大量程。

（2）用电子天平分别测定标准针、金属箍质量及针与金属箍总质量;测定针连杆质量和针连杆组合件(含针与金属箍)总质量;测定附带标准砝码质量。

（3）用电子数显卡尺测量标准针及组合件长度,用外径千分尺测量标准针与组合件的直径。

（4）用读数显微镜测量针尖端圆端部分直径。

8.33.5　校验结果评定

（1）沥青针入度仪应符合 8.33.2 中的(1)～(7)条技术要求的规定,符合技术要求为合格,超出允许偏差的应报废或另换新针,经重新校验合格后方可使用。

（2）校验周期一年。

8.34　沥青延度仪校验方法

8.34.1　适用范围

（1）本方法适用于新的或使用中的沥青延度仪的校验。

（2）沥青延度仪系用于按《沥青延度测定法》(GB/T 4508—2010)及《公路工程沥青及沥青混合料试验规程》(JTGE 20—2011)方法检测沥青延度的专用仪器。

8.34.2　技术要求

（1）沥青延度仪由拉伸装置、标尺、试模、水槽和控温器组成,各部分外观应整洁完整,铭牌齐全。

（2）拉伸速度:50±2.5 mm/min。

（3）最大可拉伸长度:1 500 mm。

（4）标尺的任意 300 mm 一段允许偏差±1 mm。

（5）试模尺寸试件:总长 75±0.5 mm;端模中间缩颈部分长度 30±0.3 mm;端模口宽和开始缩颈处宽度 20±0.2 mm;最小横断面宽 10±0.1 mm;厚度(全部)10±0.1 mm。

（6）控温仪:10～100 ±0.5℃。

8.34.3　校验用标准器具

（1）秒表:量程 30 min,分度值 0.01 s。

（2）电子数显卡尺:量程 300 mm,分度值 0.01 mm。

（3）精密温度计:量程 0～50℃,分度值 0.1℃。

8.34.4　校验方法

(1) 观察检查 8.34.2 中的(1)条要求。

(2) 调整零点,开机移动,同时按动秒表,到 1 min 时读取标尺上的移动距离并记录,共测 3 次,取算术平均值,在 50±2.5 mm/min 内为合格。

(3) 在标尺上用电子数显卡尺任测 3 个 300 mm 段,任一段的偏差不大于 1 mm 为合格。

(4) 用电子数显卡尺测量试模各内侧尺寸各 3 次,取算术平均值,在允许偏差范围内为合格。

(5) 使温控仪设定温度为 25℃,当水温达到恒温时,用精密温度计测量水温,任一处的误差均≤0.5℃为合格。

8.34.5　校验结果评定

(1) 新的或使用中的沥青延度仪其各项技术指标必须符合技术要求,否则应报废或更换部件,经重新校验合格后方可使用。

(2) 校验周期一年。

8.35　石油沥青软化点仪校验方法

8.35.1　范围

(1) 本方法适用于新的或使用中的沥青软化点测定仪的校验。

(2) 沥青软化点测定仪系用于按《沥青软化点测定法　环球法》(GB/T 4507—2014)及《公路工程沥青及沥青混合料试验规程》(JTGE 20—2011)检测沥青软化点的专用仪器。

8.35.2　要求

(1) 沥青软化点测定仪由钢球、试样环、钢球定位器、支架、温度计组成。

(2) 钢球。

① 钢球和试样环外表面光滑完整无锈迹。

② GB/T 4507—2014 规定直径为 9.5 mm,重量 3.50±0.05 g。

③ JTGE 20—2011 规定直径 $9.53^{+0}_{-0.005}$ mm,重量 3.50±0.05 g。

(3) 试样环:尺寸及允许偏差见 GB/T 4507—2014 的图 1,JTGE 20—2011 的图 2。

(4) 钢球定位器:尺寸及允许偏差见 GB/T 4507—2014 的图 1c),JTGE 20—2011 的图 3。

(5) 支架:尺寸及允许偏差见 GB/T 4507—2014 的图 1d),JTGE 20—2011 的图 4。

(6) 支承架上肩环底部距离下支撑板上表面距离。

① GB/T 4507—2014 规定为 25 mm。

② JTGE 20—2011 规定为 25.4±0.05 mm。

（7）下支撑板的下表面距离槽底部距离。

① GB/T 4507—2014 规定为 16±3 mm。

② JTGE 20—2011 规定为 12.7～19.0 mm。

（8）耐热玻璃烧杯内径不小于 86 mm,高度不小于 120 mm。

8.35.3　校验用标准器具

（1）外径千分尺:量程 25 mm,分度值 0.01 mm。

（2）电子天平:量程 500 g,分度值 0.01 g。

（3）电子数显卡尺:量程 300 mm,分度值 0.01 mm。

（4）钢直尺:量程不小于 500 mm,分度值 1 mm。

8.35.4　校验方法

（1）检查钢球和试样环表面是否光滑完整无锈迹。

（2）用外径千分尺测钢球相互垂直的 3 个直径,再用电子天平称其重量。

（3）用外径千分尺测量试样环图示各部的尺寸。

（4）用电子数显卡尺测量钢球定位器图示各部尺寸。

（5）用电子数显卡尺测量支架图示各部尺寸。

（6）用电子数显卡尺测量支承架上肩环底部距离下支撑板上表面距离。

（7）用电子数显卡尺测量下支撑板的下表面距离槽底部距离。

（8）用钢直尺测量耐热玻璃烧杯尺寸。

8.35.5　校验结果评定

（1）沥青软化点测定仪必须符合技术要求,尺寸偏差在允许范围内,否则应更换或调整,经重新校验合格后方可使用。

（2）校验周期一年。

8.36　玻璃量瓶、量筒校验方法

8.36.1　适用范围

本方法适用于各种有刻度数的试验用玻璃量瓶、量筒。

8.36.2　校验原理

水在一定温度范围内的密度为 $1\ g/cm^3$,因此在该温度范围内水的质量 $1\ g$ 即是水的体积 $1\ mL$。将水倒入量瓶、量筒中刻度线处,然后准确称量倒入水的质量,即可对量瓶、量筒刻度数进行校准。

8.36.3　技术要求

(1) 量瓶、量筒的刻度线分格应符合规定要求。
(2) 校验允许偏差为刻度最小分格的半格。

8.36.4　校验环境

(1) 校验环境温度为 20±2℃,相对湿度＞50％。
(2) 试验水温 20±2℃。

8.36.5　校验用标准器具和用品

(1) 精密温度计:量程 50℃,分度值 0.1℃。
(2) 电子天平:量程 5 100 g,分度值 0.1 g。
(3) 玻璃漏斗。
(4) 玻璃滴管。
(5) 水勺。

8.36.6　校准方法

(1) 用玻璃温度计测量水温,并使之处于规定范围内。
(2) 洗净量瓶、量筒,擦干;在电子天平上称出量瓶、量筒质量 G,精确至 0.1 g。
(3) 用水勺通过漏斗将 20±2℃净水加入量瓶、量筒中,使之分别达到接近最大刻度值的 20％、40％、60％、80％、100％,然后用滴管加水,使之分别精确达到规定刻度值。应注意,不能使水黏在量瓶、量筒的内外壁上,以免增加校验人为误差。
(4) 用电子天平称量量瓶、量筒与水在各个刻度值的总质量 G_1、G_2、G_3、G_4、G_5,精确至 0.1 g。
(5) G_1、G_2、G_3、G_4、G_5 分别减去 G_0,即得水分别在规定刻度时的实测体积 V_1、V_2、V_3、V_4、V_5。
(6) V_1、V_2、V_3、V_4、V_5 与规定刻度值之差即为量瓶、量筒的容积偏差。

8.36.7　校验结果评定和处置

(1) 凡符合技术要求的量瓶、量筒可判为合格,贴绿色《合格证》标签。
(2) 凡不符合技术要求的量瓶、量筒均为不合格品,贴红色《停用证》,不准作量具使用,并必须移出检测区域。
(3) 校验周期:在正常使用情况下,经校验合格的玻璃量瓶、量筒可以长期使用。

参考文献

[1] 曹世晖,汪文萍,孙明. 建筑工程材料与检测[M]. 长沙:中南大学出版社,2015

[2] 宋岩丽. 建筑材料与检测[M]. 北京:人民交通出版社,2008

[3] 林祖宏. 建筑材料[M]. 北京:北京大学出版社,2008

[4] 武桂芝,张守平,刘进宝. 建筑材料[M]. 郑州:黄河水利出版社,2009

[5] 孙家国,叶琳,张冬梅. 建筑材料与检测[M]. 郑州:黄河水利出版社,2010

[6] 高军林. 建筑材料与检测[M]. 北京:中国电力出版社,2008

[7] 谭平. 建筑材料检测实训指导[M]. 北京:中国建筑工业出版社,2008

[8] 刘正武. 土木工程材料[M]. 上海:同济大学出版社,2005

[9] 戴自璋,陆平. 材料性能测试[M]. 武汉:武汉理工大学出版社,2002

[10] 吴科如,张雄. 建筑材料[M]. 2版. 上海:同济大学出版社,1998

[11] 中华人民共和国国家标准. GB/T 175—2007 通用硅酸盐水泥[S]. 北京:中国建筑工业出版社,2007

[12] 中华人民共和国国家标准. GB/T 1345—2005 水泥细度检验方法 筛析法[S]. 北京:中国标准出版社,2005

[13] 中华人民共和国国家标准. GB/T 1346—2011 水泥标准稠度用水量、凝结时间、安定性检验方法[S]. 北京:中国标准出版社,2011

[14] 中华人民共和国国家标准. GB/T 17671—1999 水泥胶砂强度测定方法(ISO法)[S]. 北京:中国标准出版社,1999

[15] 中华人民共和国国家标准. GB/T 14684—2011 建设用砂[S]. 北京:中国标准出版社,2011

[16] 中华人民共和国国家标准. GB/T 14685—2011 建设用卵石、碎石[S]. 北京:中国标准出版社,2011

[17] 中华人民共和国国家标准. GB/T 50080—2002 普通混凝土拌合物性能试验方法[S]. 北京:中国建筑工业出版社,2002

[18] 中华人民共和国国家标准. GB/T 50081—2002 普通混凝土力学性能试验方法标准[S]. 北京:中国建筑工业出版社,2002

[19] 中华人民共和国国家标准. GB/T 50107—2010 混凝强度检验评定标准[S]. 北京:中国建筑工业出版社,2010

[20] 中华人民共和国国家标准. GB/T 50082—2009 普通混凝土长期性能和耐久性能试验方法标准[S]. 北京:中国建筑工业出版社,2009

[21] 中华人民共和国行业标准. JGJ/T 70—2009 建筑砂浆基本性能试验方法标准[S]. 北京:中国建筑工业出版社,2009

[22] 中华人民共和国国家标准. GB/T 700—2006　碳素结构钢[S]. 北京:中国标准出版社,2006

[23] 中华人民共和国国家标准. GB/T 1591—2008　低合金高强度结构钢[S]. 北京:中国标准出版社,2008

[24] 中华人民共和国国家标准. GB 1499.1—2008　钢筋混凝土用钢　第1部分:热轧光圆钢筋[S]. 北京:中国标准出版社,2013

[25] 中华人民共和国国家标准. GB/T 5223—2014　预应力混凝土用钢丝[S]. 北京:中国标准出版社,2014

[26] 中华人民共和国国家标准. GB 13788—2008　冷轧带肋钢筋[S]. 北京:中国标准出版社,2008

[27] 中华人民共和国国家标准. GB/T 228.1—2010　金属材料　拉伸试验　第1部分:室温试验方法[S]. 北京:中国标准出版社,2010

[28] 中华人民共和国国家标准. GB/T 232—2010　金属材料　弯曲试验方法[S]. 北京:中国标准出版社,2010

[29] 中华人民共和国国家标准. GB/T 494—2010　建筑石油沥青[S]. 北京:中国标准出版社,2010

[30] 中华人民共和国国家标准. GB/T 15180—2010　重交通道路石油沥青[S]. 北京:中国标准出版社,2010

[31] 中华人民共和国国家标准. GB/T 4507—2014　沥青软化点测定法　环球法[S]. 北京:中国标准出版社,1999

[32] 中华人民共和国国家标准. GB/T 4509—2010　沥青针入度测定法[S]. 北京:中国标准出版社,1998

[33] 中华人民共和国国家标准. GB/T 4508—2010　沥青延度测定法[S]. 北京:中国标准出版社,1999

[34] 中华人民共和国国家标准. GB/T 12573—2008　水泥取样方法[S]. 北京:中国标准出版社,2008

[35] 中华人民共和国行业标准. JGJ 63—2006　混凝土用水标准[S]. 北京:中国建筑工业出版社,2006